高职高专工程造价类创新型教材

安装工程计量与计价
（第 2 版）

主　编　宋　莉　孙晶晶　张　荣
副主编　周　芳　邹钱秀　李心思

东南大学出版社
SOUTHEAST UNIVERSITY PRESS
·南京·

内容提要

本书以《通用安装工程工程量计算规范》(GB 50856—2013)、《重庆市通用安装工程计价定额》(CQAZDE—2018)为主要依据编写，根据建筑安装工程的新知识接受能力，选择难度不大，但针对性较能较能反映案例进行编写。

本书以安装专业学生为对象而编写，以便于读者动手操作和动脑思考，通过案例与实践教学在较短时间内，适合各专业领域不同层次的读者学习。

本书共分为8章：第1章工程造价概述，第2章安装工程常用材料与施工工艺，第3章安装工程计量，第4章安装排水工程计量，第5章电气工程计量，第6章消防工程计量，第7章通风空调工程计量，第8章安装工程工程造价计量。

本书可作为高职高职院校工程造价、工程管理、建筑施工技术、电气工程等专业的教材参考用书，也可供相关采用相关专业从业人员和建筑施工经营管理人员自学和工程造价从业人员学习之参考。

图书在版编目（CIP）数据

安装工程计量与计价 / 朱莉，孙曙明，张荣主编.
— 2版. — 南京：东南大学出版社，2023.1
ISBN 978-7-5766-0488-7

Ⅰ. ①安… Ⅱ. ①朱… ②孙… ③张… Ⅲ. ①建筑安装—工程造价—高等职业教育—教材 Ⅳ. ①TU723.3

中国版本图书馆CIP数据核字(2022)第234560号

责任编辑：弓佳　　责任校对：张万莹　　封面设计：顾晓阳　　责任印制：周荣虎

安装工程计量与计价（第2版）

主　　编　朱莉　孙曙明　张荣
出版发行　东南大学出版社
社　　址　南京市四牌楼2号
邮　　编　210096
经　　销　全国各地新华书店
印　　刷　南京京新印刷有限公司
开　　本　787 mm×1092 mm　1/16
印　　张　16
字　　数　399千
版　　次　2017年7月第1版　2023年1月第2版
印　　次　2023年1月第1次印刷
书　　号　ISBN 978-7-5766-0488-7
定　　价　46.00元

* 本社图书若有印装质量问题，请直接与营销部联系，电话：025-83791830。

前　　言

随着科学技术的发展和人民生活水平的提高,建筑物的功能不断地被更新、充实和拓展,在整个建筑物的建造过程中,安装工程所占的投资比例也日益增大,目前建筑行业中安装工程正受到前所未有的关注。

目前,土建造价人员的数量逐渐达到饱和,部分土建造价员开始向安装造价员倾斜,而安装造价涉及给水排水工程、暖通空调工程、电气工程、消防工程等14个专业,其系统性极强,而当前从事安装造价的人员大多只具备一项或两项专业基础,很难满足企业对员工一专多能的要求,高职院校开设的"安装工程计量与计价"这门课程正是抓住了这个契机。如何让学生通过本门课程的学习,熟练地完成安装工程各专业工程量清单及清单投标报价的编制,掌握安装工程造价的审核及工程结算的方法,并能与工作岗位轻松接轨,成为高职院校工程造价专业亟待解决的问题。

编者在对目前国内高职工程造价专业人才培养模式、安装工程造价的发展与市场需求、国家现行安装造价员的岗位知识和技能进行综合分析的基础上,将基于工作过程的教学模式运用到教学中,选择与土建工程交叉较多的给水排水、电气、消防、通风空调等专业作为重点教学内容,将理论教学融合到实际案例中,教学的进度不再受课本的限制,由简到繁、由浅入深地安排整个学期的教学内容,按照给水排水工程、电气工程、消防工程、通风空调工程这样的顺序展开,每个模块以《通用安装工程工程量计算规范》(GB 50856—2013)、《重庆市通用安装工程计价定额》(CQAZDE—2018)为编写依据,按照基本理论、识图、清单列项、工程量计算、工程量清单编制等5个环节进行,保证学生在以后的工作中基础扎实,对边缘的专业知识和技能有一定的创新精神和创造能力。

本书内容翔实,步骤清晰,让学生轻松学习,让教师轻松授课。本书提供了较为完整的授课电子资料包:包括CAD电子图纸(由于整套图纸页数太多,所以不方便附后)、完整的案例工程手工算量参考答案、工程量清单参考结果等,请使用学校向出版社询问并配套使用。

由于编者水平有限,编写时间仓促,书中难免有错误和不妥的地方,敬请读者批评指正。

编者
2022 年 10 月

目　　录

1 工程造价概述

1.1 概述

1.1.1 工程造价的两种含义

中国建设工程造价管理协会对于工程造价的解释包括两层含义：

①工程造价是指建设一项工程预期或实际开支中的全部固定资产投资费用，即工程投资或建设成本。显然，这一含义是从投资者——业主的角度来定义的。在投资活动中所支付的全部费用形成了固定资产和无形资产，而所有这些开支构成了工程造价。从这个意义上说，工程造价即为工程投资费用，建设项目工程造价即为建设项目固定资产投资。

②工程造价是指建筑产品的价格，即工程价格。工程价格即为建成一项工程，预计或实际在土地市场、设备市场、技术劳务市场以及承包市场等交易活动中所形成的建筑安装工程的价格和建设工程的总价格。显然，工程造价的第二种含义是以市场经济为前提的。通常，人们将工程造价的第二种含义认定为工程承发包价格。它是工程造价中重要的，也是最典型的价格形式；是在建筑市场通过招投标，由需求主体即投资者和供给主体即承包商共同认可的价格。

1.1.2 工程造价两种含义的关系

工程造价两种含义之间既存在区别又存在联系。

①工程投资是对投资方（即业主或项目法人）而言的。对建设工程的投资者来说，面对市场经济条件下的工程造价即为项目投资，是"购买"项目要付出的价格。从性质上讲，建设成本的管理属于对具体工程项目的投资管理范畴。从管理目标看，作为项目投资或投资费用，投资者在进行项目决策或项目实施中，首先应保证决策的正确性。其次，在项目实施中完善项目功能，提高工程质量，降低投资费用，按期或提前交付使用等，也是投资者始终关注的问题。因此，降低工程造价是投资者始终如一的追求。

②工程价格是对于承发包双方而言的。工程承发包价格形成于发包方和承包方的承发包关系中，即合同的买卖关系中。双方的利益是矛盾的。在具体工程上，双方都在通过市场谋求有利于自身的承发包价格，并保证价格的兑现和风险的补偿，因此双方都需要对具体工程项目进行管理。这种管理显然属于价格管理范畴。

③工程造价的两种含义关系密切。工程投资涵盖建设项目的所有费用，而工程价格只包括建设项目的局部费用，如承发包工程部分的费用。在总体数额及内容组成上，建设项目投资费用总是高于工程承发包价格。工程投资不含业主的利润和税金，是投资者的固定资产；而工程价格则包含了承包方的利润和税金。同时工程价格以"价格"形式进入建设项目投资费用，是工程投资费用的重要组成部分。但是，无论工程造价是哪种含义，它强调的都只是工程建设所消耗资金的数量标准。

根据工程造价的含义，工程造价的理论框架包括的内容详见表1.1。

表 1.1　工程造价的理论框架

研究重点　具体内容　理论框架	工程投资	工程价格	工程成本	工程项目管理
活动参与主体	投资者、业主	业主、承包商	承包商	全团队
主要阶段	前期投资决策阶段	招标投标、合同实施阶段	工程实施阶段	全生命周期
管理侧重点	投资主体决策行为分析	建筑市场管理、价格管理	成本管理	集成化管理

1.1.3　工程造价的特点

由工程建设的特点所决定,工程造价有以下特点:

(1)造价的单件性

由于建设项目的实物形态各不相同,不同地区构成工程费用的各种价值要素也存在差异,最终导致建设项目造价千差万别。因此,对于建设项目不能像其他工业产品一样按品种、规格、质量成批定价,只能通过特殊的程序(即编制工程预算、竣工结算等),针对每个建设项目计算其工程造价,即单件计价。

(2)计价的多次性

建设项目生产过程是一个周期长、消耗数量大的生产消费过程,如果包括可行性研究、设计过程在内,整个生产过程就要分阶段进行,逐步深入。为了适应工程建设过程中各方经济关系的建立,适应项目管理和工程造价控制的要求,需要按照建设阶段多次进行计价,从投资估算、设计概算、施工图预算或清单报价到招标承包合同价,再到各项工程的结算价和最后竣工决算价,整个计价过程是一个由粗到细、由浅到深确定工程实际造价的过程。整个计价过程各个环节之间相互衔接,前者制约后者,后者补充前者。

(3)造价的组合性

工程造价的计算是分部组合而成,其计算过程和计算顺序是:分部分项工程单价——单位工程造价——单项工程造价——建设项目总造价。

(4)方法的多样性

计算造价的方法有单价法和实物法等,计算投资估算的方法有设备系数法、生产能力指数估算法等。

(5)依据的复杂性

影响工程造价的因素很多,计价依据比较复杂,种类繁多,主要可分为以下七类:

①计算设备和工程量的依据。包括项目建议书、可行性研究报告、设计文件等。

②计算人工、材料、机械等实物消耗量的依据。包括投资估算指标、概算定额、预算定额等。

③计算过程单价的价格依据。包括人工单价、材料价格、机械台班费等。

④计算设备单价的依据。包括设备原价、设备运杂费、进口设备关税等。

⑤计算其他相关费用的依据。主要是相关的费用定额和指标。

⑥政府规定的相关税、费。

⑦物价指数和工程造价指数。

1.1.4　工程造价的作用

工程造价除具有一般商品价格职能以外,还有自己特殊的职能,包括:预测职能、控制职能、评价职能、调节职能等。

工程造价是项目决策、制订投资计划和控制投资、筹集建设资金的依据,同时也是合理利益分配和调节产业结构的重要手段,是评价投资效果的重要指标。

1.1.5　工程造价的相关概念

（1）静态投资与动态投资

静态投资是以某一基准年、月的建设要素价格为依据所计算出的建设项目投资瞬时值,并包含因工程量误差而引起的工程造价的增减。静态投资包括建筑安装工程费,设备及工、器具购置费,工程建设其他费用和基本预备费等。

动态投资是指完成一个工程项目建设预计投资需要量的总和。动态投资除了包括静态投资所含内容之外,还包括建设期贷款利息、投资方向调节税、涨价预备费等。动态投资适应市场价格运行机制的要求,可使投资的计划、估算、控制更加符合实际。

静态投资和动态投资的内容虽然有所区别,但二者有密切联系。动态投资包含静态投资,静态投资是动态投资最重要的组成部分,也是动态投资的计算基础。两个概念的产生都和工程造价的计算直接相关。

（2）建设项目总投资

建设项目总投资是指投资主体为获取预期收益,在选定的建设项目上投入所需全部资金的经济行为。建设项目按用途可分为生产性建设项目和非生产性建设项目。生产性建设项目总投资包括固定资产投资和包含铺底流动资金在内的流动资产投资两部分。而非生产性建设项目总投资只有固定资产投资,不含上述流动资产投资。建设项目总造价是项目总投资中的固定资产投资总额。

（3）固定资产投资

固定资产投资是指投资主体为了达到特定目的或达到预期收益（效益）而进行的资金垫付行为。在我国,固定资产投资包括基本建设投资、更新改造投资、房地产开发投资和其他固定资产投资四部分。其中,基本建设投资是用于新建、改建、扩建和重建项目的资金投入行为,是形成固定资产的主要手段。更新改造投资是在保证固定资产简单再生产的基础上,通过先进科学技术改造原有技术,以实现扩大再生产为主的资金投入行为,是固定资产再生产的主要方式之一。房地产开发投资是房地产企业开发厂房、宾馆、写字楼、仓库和住宅等房屋建设以及开发土地时的资金投入行为。其他固定资产投资是按规定不纳入投资计划和用专项资金进行基本建设和更新改造的资金投入行为。

建设项目的固定资产投资与建设项目的工程造价,二者在量上是等同的;而建筑安装工程投资与建筑安装工程造价,二者在量上也是等同的。这也表明了工程造价两种含义的统一性。

1.2　建设项目工程造价的构成

我国现行建设项目工程造价的构成,详见表1.2。

表 1.2　建设项目工程造价的构成

序　号	费用项目	费用内容
(1)	建筑安装工程费用	直接费、间接费、利润、税金
(2)	设备及工、器具购置费用	设备购置费(包括备品备件),工、器具及生产家具购置费
(3)	工程建设其他费用	土地使用费、建设单位管理费、研究试验费、勘察设计费、引进技术和进口设备项目的其他费用、供电贴费、施工机构迁移费、临时设施费、工程监理费、工程保险费、工程承包费、生产准备费、办公和生活家具购置费、联合试运转费
(4)	预备费	基本预备费、工程造价调整预备费
(5)	固定资产投资方向调节税	——
(6)	建设期贷款利息	——

1.2.1　建筑安装工程费用

在工程建设中,建筑安装工作是创造价值的生产活动。因此,在工程造价构成中,建筑安装工程费用具有相对独立性,作为建筑安装工程价值的货币表现,亦被称为建筑安装工程造价。从专业角度来说,建筑安装工程费用主要由建筑工程费用和安装工程费用两部分组成。

其中,建筑工程费用包括:

①各类房屋建筑工程费用和列入房屋建筑工程预算的供水、供暖、供电、卫生、通风、煤气等设备费用及其装修、防腐工程的费用,列入建筑工程预算的各种管道、电力、电信和电缆导线敷设工程的费用。

②设备基础、支柱、工作台、烟囱、水塔、水池、灰塔等建筑工程以及各种窑炉的砌筑工程和金属结构工程的费用。

③为施工而进行的场地平整、工程和水文地质勘探、原有建筑物和障碍物的拆除以及施工临时用水、电、气、路和完工后的场地清理、环境绿化、美化等工作的费用。

④矿井开凿、井巷延伸和石油、天然气、钻井以及修建铁路、公路、桥梁、水库、堤坝、灌渠及防洪等工程的费用。

安装工程费用包括:

①生产、动力、起重、运输、传动、医疗、实验等各种需要安装的机械设备的装配费用,与设备相连的工作台、梯子、栏杆等装设工程费用,附设于被安装设备的管线敷设工程费用,以及被安装设备的绝缘、防腐、保温、油漆等工作的材料费和安装费。

②为测定安装工作质量,对单台设备进行单机试运转和对系统设备进行系统联动无负荷试运转工作的调试费。

住房和城乡建设部、财政部发布的"建标〔2013〕44 号文"明确了建筑安装工程造价的费用由人工费、材料(包含工程设备,下同)费、施工机具使用费、企业管理费、利润、规费和税金组成,见图 1.1。

(1)人工费

人工费是指按工资总额构成规定,支付给从事建筑安装工程施工的生产工人和附属生产单位工人的各项费用。内容包括:

①计时工资或计件工资:是指按计时工资标准和工作时间或对已做工作按计件单价支付给

个人的劳动报酬。

②奖金:是指对超额劳动和增收节支支付给个人的劳动报酬。如节约奖、劳动竞赛奖等。

③津贴、补贴:是指为了补偿职工特殊或额外的劳动消耗和因其他特殊原因支付给个人的津贴,以及为了保证职工工资水平不受物价影响支付给个人的物价补贴。如流动施工津贴、特殊地区施工津贴、高温(寒)作业临时津贴、高空津贴等。

④加班加点工资:是指按规定支付的在法定节假日工作的加班工资和在法定日工作时间外延时工作的加点工资。

⑤特殊情况下支付的工资:是指根据国家法律、法规和政策规定,因病、工伤、产假、计划生育假、婚丧假、事假、探亲假、定期休假、停工学习、执行国家或社会义务等原因按计时工资标准或计时工资标准的一定比例支付的工资。

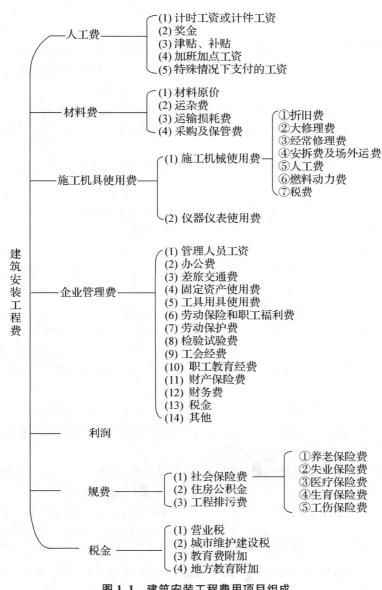

图 1.1　建筑安装工程费用项目组成

（2）材料费

材料费是指施工过程中耗费的原材料、辅助材料、构配件、零件、半成品或成品、工程设备的费用。内容包括：

①材料原价：是指材料、工程设备的出厂价格或商家供应价格。

②运杂费：是指材料、工程设备自来源地运至工地仓库或指定堆放地点所发生的全部费用。

③运输损耗费：是指材料在运输装卸过程中不可避免的损耗。

④采购及保管费：是指为组织采购、供应和保管材料、工程设备的过程中所需要的各项费用。包括采购费、仓储费、工地保管费、仓储损耗。

工程设备是指构成或计划构成永久工程一部分的机电设备、金属结构设备、仪器装置及其他类似的设备和装置。

（3）施工机具使用费

施工机具使用费是指施工作业所发生的施工机械、仪器仪表使用费或其租赁费。

①施工机械使用费：以施工机械台班耗用量乘以施工机械台班单价表示，施工机械台班单价应由下列七项费用组成：

a. 折旧费：指施工机械在规定的使用年限内，陆续收回其原值的费用。

b. 大修理费：指施工机械按规定的大修理间隔台班进行必要的大修理，以恢复其正常功能所需的费用。

c. 经常修理费：指施工机械除大修理以外的各级保养和临时故障排除所需的费用。包括为保障机械正常运转所需替换设备与随机配备工具附具的摊销和维护费用，机械运转中日常保养所需润滑与擦拭的材料费用及机械停滞期间的维护和保养费用等。

d. 安拆费及场外运费：安拆费指施工机械（大型机械除外）在现场进行安装与拆卸所需的人工、材料、机械和试运转费用以及机械辅助设施的折旧、搭设、拆除等费用；场外运费指施工机械整体或分体自停放地点运至施工现场或由一施工地点运至另一施工地点的运输、装卸、辅助材料及架线等费用。

e. 人工费：指机上司机（司炉）和其他操作人员的人工费。

f. 燃料动力费：指施工机械在运转作业中所消耗的各种燃料及水、电等。

g. 税费：指施工机械按照国家规定应缴纳的车船使用税、保险费及年检费等。

②仪器仪表使用费：是指工程施工所需使用的仪器仪表的摊销及维修费用。

（4）企业管理费

企业管理费是指建筑安装企业组织施工生产和经营管理所需的费用。内容包括：

①管理人员工资：是指按规定支付给管理人员的计时工资、奖金、津贴补贴、加班加点工资及特殊情况下支付的工资等。

②办公费：是指企业管理办公用的文具、纸张、账表、印刷、邮电、书报、办公软件、现场监控、会议、水电、烧水和集体取暖降温（包括现场临时宿舍取暖降温）等费用。

③差旅交通费：是指职工因公出差、调动工作的差旅费、住勤补助费，市内交通费和误餐补助费，职工探亲路费，劳动力招募费，职工退休、退职一次性路费，工伤人员就医路费，工地转移费以及管理部门使用的交通工具的油料、燃料等费用。

④固定资产使用费：是指管理和试验部门及附属生产单位使用的属于固定资产的房屋、设备、仪器等的折旧、大修、维修或租赁费。

⑤工具用具使用费：是指企业施工生产和管理使用的不属于固定资产的工具、器具、家具、交通工具和检验、试验、测绘、消防用具等的购置、维修和摊销费。

⑥劳动保险和职工福利费：是指由企业支付的职工退职金、按规定支付给离休干部的经费、集体福利费、夏季防暑降温、冬季取暖补贴、上下班交通补贴等。

⑦劳动保护费：是企业按规定发放的劳动保护用品的支出，如工作服、手套、防暑降温饮料以及在有碍身体健康的环境中施工的保健费用等。

⑧检验试验费：是指施工企业按照有关标准规定，对建筑以及材料、构件和建筑安装物进行一般鉴定、检查所发生的费用，包括自设试验室进行试验所耗用的材料等费用。不包括新结构、新材料的试验费，对构件做破坏性试验及其他特殊要求检验试验的费用和建设单位委托检测机构进行检测的费用，对此类检测发生的费用，由建设单位在工程建设其他费用中列支。但对施工企业提供的具有合格证明的材料进行检测不合格的，该检测费用由施工企业支付。

⑨工会经费：是指企业按《工会法》规定的全部职工工资总额比例计提的工会经费。

⑩职工教育经费：是指按职工工资总额的规定比例计提，企业为职工进行专业技术和职业技能培训，专业技术人员继续教育、职工职业技能鉴定、职业资格认定以及根据需要对职工进行各类文化教育所发生的费用。

⑪财产保险费：是指施工管理使用的财产、车辆等的保险费用。

⑫财务费：是指企业为施工生产筹集资金或提供预付款担保、履约担保、职工工资支付担保等所发生的各种费用。

⑬税金：是指企业按规定缴纳的房产税、车船使用税、土地使用税、印花税等。

⑭其他：包括技术转让费、技术开发费、投标费、业务招待费、绿化费、广告费、公证费、法律顾问费、审计费、咨询费、保险费等。

（5）利润

利润是指施工企业完成所承包工程获得的盈利。

（6）规费

规费是指按国家法律、法规规定，由省级人民政府和省级有关权力部门规定必须缴纳或计取的费用。包括：

①社会保险费。

a. 养老保险费：是指企业按照规定标准为职工缴纳的基本养老保险费。

b. 失业保险费：是指企业按照规定标准为职工缴纳的失业保险费。

c. 医疗保险费：是指企业按照规定标准为职工缴纳的基本医疗保险费。

d. 生育保险费：是指企业按照规定标准为职工缴纳的生育保险费。

e. 工伤保险费：是指企业按照规定标准为职工缴纳的工伤保险费。

②住房公积金：是指企业按照规定标准为职工缴纳的住房公积金。

③工程排污费：是指按规定缴纳的施工现场工程排污费。

其他应列而未列入的规费，按实际发生计取。

（7）税金

税金是指国家税法规定的应计入建筑安装工程造价内的营业税、城市维护建设税、教育费附加以及地方教育附加。

1.2.2　设备及工器具购置费用

设备及工器具购置费用是由设备购置费用和工器具、生产家具购置费用组成的，是固定资产投资中的积极部分。在生产性工程建设中，设备及工器具购置费用与资本的有机构成相联系。设备及工器具购置费用占工程造价比重的增大意味着生产技术的进步和资本有机构成的提高。

设备购置费用是指为工程建设项目购置或自制的达到固定资产标准的设备、工具、器具的费用。

工器具及生产家具购置费用是指新建或扩建项目初步设计中规定的必须购置的未达到固定资产标准的设备、仪器、工卡模具、器具、生产家具和备品备件的费用。

1.2.3　工程建设其他费用

工程建设其他费用是指从工程筹建起到工程竣工验收交付使用止的整个建设期间，除建筑安装工程费用和设备及工器具购置费用之外，为保证工程建设顺利完成和交付使用后能够正常发挥效用而发生的各项费用的总和。

工程建设其他费用，按其内容大体可分为三类。

（1）土地使用费

指建设项目通过划拨方式取得土地使用权而支付的土地征用及迁移补偿费，或者通过土地使用权出让方式取得土地使用权而支付的土地使用权出让金。

（2）与项目建设有关的其他费用

与项目建设有关的其他费用包括：建设单位管理费、勘察设计费、研究试验费、临时设施费、工程监理费、工程保险费、供电贴费、施工机构迁移费、引进技术和进口设备其他费以及工程承包费等。

（3）与未来企业生产经营有关的其他费用

与未来企业生产经营有关的其他费用包括：联合试运转费、生产准备费、办公和生活家具购置费等。

1.2.4　预备费

按我国现行规定，预备费包括基本预备费和工程造价调整预备费。

（1）基本预备费

基本预备费是指在初步设计及概算内难以预料的工程费用，费用内容包括：

①在批准的初步设计范围内，技术设计、施工图设计及施工过程中所增加的工程费用和设计变更、局部地基处理等增加的费用。

②一般自然灾害造成的损失和预防自然灾害所采取的措施费用。

③竣工验收时为鉴定工程质量对隐蔽工程进行必要的挖掘和修复费用。

（2）工程造价调整预备费

指建设项目在建设期间内由于价格等变化引起工程造价变化的预测预留费用。工程造价调整预备费的测算方法，一般是根据国家规定的投资综合价格指数，以估算年份价格水平的投资额为基数，采用复利方法计算。

1.2.5　固定资产投资方向调节税

为了贯彻国家产业政策,控制投资规模,引导投资方向,调整投资结构,加强重点建设,促进国民经济持续稳定协调发展,国务院决定,自 1991 年起依照《中华人民共和国固定资产投资方向调节税暂行条例》的规定,对在中华人民共和国境内进行固定资产投资的单位和个人(不包含中外合资经营企业、中外合作经营企业和外资企业)征收固定资产投资方向调节税(简称投资方向调节税)。投资方向调节税根据国家产业政策和项目经济规模实行差别税率。税率分为 0%、5%、10%、15% 和 30% 五个档次。对于基本建设项目投资而言,国家急需发展的项目投资,税率为 0%;国家鼓励发展、但受能源交通等制约的项目投资,税率为 5%;对楼堂馆所项目以及国家严格限制发展的项目投资,需课以重税,税率为 30%;税目税率表中未列出的基本建设项目投资,税率统一为 15%。更新改造项目投资方向调节税实行 0% 和 10% 两档税率,国家急需发展的项目投资,给予优惠扶植,适用零税率;其他更新改造项目投资一律适用 10% 的税率。

固定资产投资项目按其单位工程分别确定适用的税率。计税依据为固定资产投资项目完成的投资额,其中更新改造项目计税依据为建筑工程实际完成的投资额。投资方向调节税按固定资产投资项目的单位工程年度计划投资额预缴。年度终了后,按年度实际完成投资额结算,多退少补。项目竣工后,按全部实际完成投资额进行清算,多退少补。

2012 年 11 月 9 日公布的《国务院关于修改和废止部分行政法规的决定》废止了《中华人民共和国固定资产投资方向调节税暂行条例》。

1.2.6　建设期贷款利息

建设期贷款利息包括向国内银行和其他非银行金融机构贷款、出口信贷、外国政府贷款、国际商业银行贷款以及在境内外发行的债券等在建设期内应偿还的贷款利息。在考虑资金时间价值的前提下,建设期固定利息实行复利计息。对于贷款总额一次性贷出且利息固定的贷款,建设期贷款本息直接按复利公式计算。但当总贷款是分年均衡发放时,按复利利息的计算就较为复杂。

1.3　工程造价计价模式

工程造价管理的核心是工程计价模式及计价依据的管理,它涉及政策、定额、价格、费用、招投标、承发包等内容。

1.3.1　我国现行的工程造价计价依据

(1) 定额

我国计划经济条件下,工程造价管理的核心工作是定额,这是一种以工程定额为计价依据的计价模式,即根据计算核定的工程数量套用政府主管部门统一编制的定额基价计算直接费用,再按统一颁布的各种费用费率计算间接费、利润和税金等,并以此确定工程的价格。

这种管理属于政府定价的"静态管理模式"。该模式进行了"控制量、指导价、竞争费"的改革,政府定期发布调整定额基价的指导价和调整系数,但是,由于政府文件往往相对滞后于市场变化,故终未脱离政府调控下有限度地按照市场供求关系和人、财、物政策确定建筑工程造价的模式。另外,定额反映的是社会平均消耗水平,限制了施工企业本身的价格和技术优势。

（2）工程量清单

随着市场经济的发展以及建设市场的逐步建立和完善，为了适应投标报价的要求，住房和城乡建设部于 2013 年 7 月 1 日正式编写颁发了《建设工程工程量清单计价规范》(GB 50500—2013，本书中简称计价规范)，在建设领域推行工程量清单计价模式。"计价规范"作为国家标准颁布实施，这是按照我国工程造价管理改革的总体目标，本着国家宏观调控、市场竞争形成价格的原则制定的。

1.3.2 国际上其他计价模式

在工程造价计价方面，被广泛采用的三种模式是日本计价模式、英联邦计价模式和美国计价模式。日本、英国和美国作为发达国家，在工程造价管理方面有许多值得借鉴的地方。英国没有计价定额和标准，只有统一的工程量计算规则，即在建筑工程方面，有皇家测量师学会组织制定的《建筑工程工程量标准计算规则》，在土木工程方面，有英国土木工程师学会编制的《土木工程量标准计算规则》。它们较详细地规定了工程项目划分、计量单位和工程量计算规则。工程量是工料测量师按照图纸和技术说明书，依照统一的工程量计算规则计算求得，而价格是根据市场价格，随行就市，所以有关工程造价的信息资料对工料测量师非常重要。工料测量师可以从政府和各类咨询机构发布的造价指数、价格信息指标等获得有关工程造价的资料。

美国没有统一的定额和详细的工程量计算规则。用来确定工程造价的定额、指标、费用标准等，一般是由各个大型的工程咨询公司制定的，如美国施工规范协会编制的《工程量分项细目》，在房屋建筑项目中得到了广泛采用。各个咨询机构根据本地区的具体情况，制定出单位建筑面积的消耗量和基价作为所负责项目的造价估算的标准。此外，美国联邦政府、州政府和地方政府也根据各自的工程造价资料，参考各工程咨询机构的有关造价资料，分别对各自管辖的政府工程项目制定相应的计价标准，以作为项目费用估算的依据。在美国的工程估价体系中，有一个非常重要的组成要素：一个前后连贯统一的工程成本编码。一般工程按其工艺特点细分为若干分部分项工程，每个分部分项工程均有其专用的代码，以便在工程管理和成本核算中进行区分。美国建筑标准协会发布的两套成本编码系统(标准格式和部位单价格式)将工程进行分项划分，并应用于几乎所有的建筑物工程和一般的承包工程。

日本的工程计价模式基于以下标准：第一，日本建设省发布的一整套工程计价标准，如《建筑工程积算基准》《土木工程积算基准》等；第二，量、价分开的定额制度，其中量是公开的，价是保密的。劳务单价通过银行调查取得。材料、设备价格由"建设物价调查会"和"经济调查会"负责定期采集、整理和编辑出版。建筑企业利用这些价格制定内部的工程复合单价，即我们所称的单位估价表。

1.3.3 我国和发达国家计价模式的比较分析

（1）计价方式的比较

发达国家的工程计价方式是一种发挥市场主体主动性的计价方式。企业按照行业、协会统一规定的工程分项方法和成本编码系统对工程进行分项划分，按照规定的工程量计算规则计算工程量，根据过去累积的工程造价资料和公开出版的刊物，以及政府、协会发布的造价资料确定工程造价。而我国的计价方式一直依赖于全国、行业、地区统一的定额，按其规定进行工程量的计算、成本套算和取费，不同投资方、不同项目，执行统一的计价标准。目前民间投资项目已居多数,如果仍然按照国家统一颁布的定额来计价,就会出现买卖双方交易,而由第三者定价的违背市场机制的行为。由于统一定额的存在,造成了承包商投标报价计算基础的同一性。

（2）计价管理模式的比较

国外主要依靠工程咨询机构、项目管理公司或由其政府注册的造价工程师（英国为工料测量师）来完成。这样可使政府不直接进行管理,不参与经济活动,使有关工作人员能从繁重的具体事务中脱离出来,转而制定相关标准和法律来依法进行管理。在我国,据不完全统计,目前从业的工程计价人员已有100万人左右,分布在政府（发改委、建委、财政、审计）、金融（主要是建设银行）、建设单位（大企业、房地产开发公司）、建筑行业（设计单位、施工企业、咨询机构）内。受体制的影响,我国的工程造价管理大到宏观政策的制定,小到每个项目的造价确定和控制,几乎都集中在政府各有关主管部门,故我国"造价师执业资格"制度起步较晚,虽已初步建立起了"造价工程师"注册制度,但是从业人员整体综合素质不容乐观,亟待提高。

（3）价格标准的比较

发达国家主要通过各种渠道获得工程成本统计资料、经验数据、市场价格和各种工程造价的综合指数来计价,不同的行业部门定期编制各种性质的价格指数,指导企业进行报价。我国则依据量价合一的定额进行计价,虽然造价管理机构也定期发布工程造价信息,但多是以公布各种人工、材料、机械台班的单个价格信息为主,公布的综合价格指数不多。价格指数由各地造价管理部门统一发布,这种发布方式仍然不能摆脱其统一性,不能完全反映某一承包商的实际水平。在这种价格基础上,各承包商之间很难展开竞争。

（4）消耗量标准的比较

从市场经济发达国家的工程计价模式来看,大多数国家给定统一的工程量计算规则,而不给定统一的消耗量指标。在工程量清单报价方式下,通行的报价方法是"∑（工程量×综合单价）",即业主根据施工图纸计算工程量,承包商根据自己的施工技术水平和管理水平报单价,求出的合价就是整个项目的总报价。这种计价方式反映了承包商在完成单位工程量所消耗的人工、材料、机械台班数量上的不同标准,是承包商之间展开竞争的一个重要方面。

从目前我国的情况来看,由于实行全国（部门、地区）统一定额,工程量的计算和定额人工、材料、机械台班消耗量的取定都是按照定额的规定执行,所以工程计价中的消耗量标准在一定范围内是统一的,承包商之间没有竞争。近年来在一些地区实行了"统一量、指导价、竞争费"的改革思路,这一改革改变了原计价模式下的"量价合一",初步改变了定额的高度统一性,但是在招投标方式下,仍然不能体现承包商之间施工、管理水平的竞争,竞争的只是人工、材料、机械台班的单价。因此,将消耗量标准市场化的做法是符合市场定价的总体目标的。

（5）价格构成的比较

国外计价模式均实行综合价格,即全费用价格法,将人工费、材料费、机械使用费、管理费、其他费用、利润和税金等全部相加在一起,以综合价格形式报价。在我国,几十年来一直实行直接费、间接费、利润和税金的计价形式,计价开始的直接费（定额的人工、材料、机械使用费）数字并不大,而且又是几年不变的固定价格,经取费计算就会出现成倍增长,形成了遇到情况就收费的现象,迫使政府主管部门不断以"文件"形式进行调整。而国外则将这些因素对成本的影响综合地考虑在报价中,或者在风险系数中予以考虑,绝不会随意开口要价。

通过对发达国家造价管理模式的分析可以看出,发达国家工程造价模式基本体现了市场经济的特点与要求,发挥了市场主体双方在建设产品计价中的主观能动性,实现了市场竞争形成价格的目标。相比之下,我国虽然有着庞大的概预算定额管理体系,各阶段造价计算也有严格细致的规定,然而作为计价依据的概预算定额却是静止、僵化的。以定额为基础的概预算制度,强调计划、统一,实际上却削弱了市场的自主定价权力,不能及时反映市场的千变万化,导致建设产品价格与价值背离、价格与供求关系偏离,没有起到合理确定和控制造价的作用。

1.3.4 我国计价模式的发展方向

①统一工程量计算规则,推广使用全国统一定额。按照"量、价分离"和工程实体性消耗与施工措施性消耗相分离的原则,对计价定额进行改革。属于人工、材料、机械等消耗量标准的由国家制定全国统一基础定额及工程量计算规则,对于施工措施性消耗,在编制标底、编制预算和投标报价时,企业可根据自身优势和经验参考定额自主确定。

②逐渐放开消耗量标准和价格标准。逐步弱化国家对定额消耗量的宏观控制,改变为企业根据自身管理和技术水平自主确定消耗量。对于人工、材料价格、机械台班费用等区别不同情况,实行调整与放开相结合的办法,最终实现市场定价。

③大力发展造价咨询服务业。学习外国的工程咨询工作经验,广泛依靠社会力量来进行计价和管理,逐步实现"计价专业化、管理社会化"的体制。同时,社会造价咨询服务单位不能满足于实施阶段的计价和审价,而应进行全过程各环节的造价确定,向综合性、多功能的建设项目管理机构转变。造价咨询服务单位除日常计价业务的开展外,更应重视积累资料,测算造价参数,发布造价指数和预测价格,使我国的造价咨询业与国外接轨。

本章小节

本章主要讲述以下内容:

1. 工程造价的两种含义。

2. 工程造价的特点:造价的单件性、计价的多次性、造价的组合性、方法的多样性、依据的复杂性。

3. 静态投资、动态投资、建设项目总投资、固定资产投资的概念。

4. 建筑安装工程造价的费用由人工费、材料(包含工程设备,下同)费、施工机具使用费、企业管理费、利润、规费和税金组成。

5. 设备及工器具购置费用是由设备购置费用和工器具、生产家具购置费用组成的,是固定资产投资中的积极部分。

6. 工程建设其他费用包括土地使用费、与建设项目相关的其他费、未来企业生产经营有关的其他费用。

7. 预备费包括基本预备费和工程造价调整预备费。

8. 投资方向调节税是根据国家产业政策和项目经济规模实行差别税率。税率分为 0%、5%、10%、15% 和 30% 五个档次。

9. 建设期贷款利息包括向国内银行和其他非银行金融机构贷款、出口信贷、外国政府贷款、国际商业银行贷款以及在境内外发行的债券等在建设期内应偿还的贷款利息。

思 考 题

1. 简述工程造价的含义。

2. 简述现行建设项目工程造价的构成。

3. 工程造价的特点有哪些?是如何体现的?

4. 固定资产投资的概念。

5. 工程造价计价模式有哪些?

2 安装工程常用材料与施工工艺

2.1 安装工程常用材料

2.1.1 型材、板材和管材

1) 型材

普通型钢主要用于建筑结构,如桥梁、厂房结构,但个别也用于粗大的机械构件。普通型钢可分为冷轧和热轧两种,其中热轧最为常用。型材按其断面形状分为圆钢、方钢、六角钢、角钢、槽钢、工字钢和扁钢等。型材的规格以反映其断面形状的主要轮廓尺寸来表示:圆钢的规格以其直径(mm)来表示;六角钢的规格以其对边距离(mm)来表示;工字钢和槽钢的规格以其高(mm)×宽(mm)×腰厚(mm)来表示;扁钢的规格以厚度(mm)×宽度(mm)来表示。

2) 板材

(1) 钢板

在安装工程中金属薄板是应用较多的材料,如制作风管、气柜、水箱及围护结构。普通钢板(黑铁皮)、镀锌钢板(白铁皮)、塑料复合钢板和不锈耐酸钢板等为常用钢板。普通钢板具有良好的加工性能,结构强度较高,且价格便宜,应用广泛。常用厚度为 0.5～1.5 mm 的薄板制作风管及机器外壳防护罩等,厚度为 2.0～4.0 mm 的薄板可制作空调机箱、水箱和气柜等。空调、超净等防尘要求较高的通风系统,一般采用镀锌钢板和塑料复合钢板。镀锌钢板表面有保护层,起防锈作用,一般不再刷防锈漆。按照《碳素结构钢》(GB/T 700—2006)和《冷轧钢板和钢带的尺寸、外形、重量及允许偏差》(GB/T 708—2006)规定,钢板按轧制方式分为热轧钢板和冷轧钢板。钢板规格表示方法为宽度(mm)×厚度(mm)×长度(mm)。钢板分厚板(厚度>4 mm)和薄板(厚度<4 mm)两种。

①厚钢板。厚钢板的厚度一般为 4.6～60 mm,宽度一般为 600～3 000 mm,长度一般为 1 200～12 000 mm。厚钢板按钢的质量可分为普通钢厚钢板、优质钢厚钢板和复合钢厚钢板。普通钢厚钢板以普通钢为原料热轧而成,多用于容器、桥梁、建筑结构、设备外壳及设备维修等。优质钢厚钢板主要是优质碳素结构钢厚钢板和不锈耐酸钢厚钢板等。优质碳素结构钢厚钢板是用优质碳素结构钢热轧而成;不锈耐酸钢厚钢板是用合金结构钢 1013、2Cr13 等热轧而成,不锈耐酸钢厚钢板主要用于化工高温环境下的耐腐蚀通风系统。复合钢厚钢板是由不同钢号的表层钢板和心部钢板复合而成。

②薄钢板。薄钢板按钢的质量可以分为普通薄钢板和优质薄钢板,按生产方法可分为热轧薄钢板和冷轧薄钢板。热轧薄钢板的规格:厚度为 0.35～4.0 mm,宽度为 500～1 500 mm,长度为 500～4 000 mm。冷轧薄钢板的规格:厚度为 0.2～4.0 mm,宽度为 500～1 500 mm,长度为 500～12 000 mm。

③钢带。钢带按钢的质量分为优质和普通两类,按轧制方法分为热轧和冷轧两类。热轧钢带的厚度为 2.0～6.0 mm,宽度为 20～300 mm,其长度规定为:厚度 2.0～4.0 mm 的钢带,其

长度大于 6.0 m；厚度为 4.0~6.0 mm 的钢带，其长度大于 4.0 m。冷轧普通钢带的分类比较复杂，它是按照制造精度、表面状态和边缘状态等进行分类，并以一定代号表示。钢带可用普通碳素钢、碳素结构钢、弹簧钢、工具钢和不锈钢等钢种制造，大多成卷供应，广泛应用于制造焊缝钢管、弹簧、锯条、刀片和电缆外壳等。

④硅钢片。硅钢是含硅量 0.5%~4.8% 的铁硅合金，是电工领域广泛使用的一种软磁材料。电工用硅钢常轧制成标准尺寸的大张板材或带材使用，俗称硅钢片，广泛用于电动机、发电机、变压器、电磁机构、继电器电子器件及测量仪表中。

（2）铝合金板

铝合金板延展性能好、耐腐蚀，适宜咬口连接，且具有传热性能良好，在摩擦时不易产生火花的特性，所以铝合金板常用于防爆的通风系统。

（3）塑料复合钢板

塑料复合钢板是在普通薄钢板表面喷涂一层 0.2~0.4 mm 厚的塑料层，塑料层具有较好的耐腐蚀和装饰性能。塑料复合钢板在建筑工程中应用广泛。

3）管材

（1）金属钢管

①无缝钢管。无缝钢管可以用普通碳素钢、普通低合金钢、优质碳素结构钢、优质合金钢和不锈钢制成。无缝钢管是用一定尺寸的钢坯经过穿孔机、热轧或冷拔等工序制成的中空而横截面封闭的无焊接缝的钢管。与焊缝钢管相比，无缝钢管有较高的强度，一般能承受 3.2~7.0 MPa 的压力。

a. 一般无缝钢管。主要适用于高压供热系统和高层建筑的冷、热水管和蒸汽管道以及各种机械零件的坯料，通常压力在 0.6 MPa 以上的管路都应采用无缝钢管。由于用途的不同，管子所承受的压力也不同，要求管壁的厚度差别也很大，因此无缝钢管的规格是用外径（mm）×壁厚（mm）来表示。

一般结构用无缝钢管和输送流体用无缝钢管应分别符合《结构用无缝钢管》（GB/T 8162—2018）和《输送流体用无缝钢管》（GB/T 8163—2018）的标准。

除一般无缝钢管外，还有专用无缝钢管，主要有锅炉用无缝钢管、锅炉用高压无缝钢管和不锈耐酸无缝钢管等。

b. 锅炉及过热器用无缝钢管。其外径和壁厚尺寸应符合《低中压锅炉用无缝钢管》（GB 3087—2022）和《高压锅炉用无缝钢管》（GB 5310—2017）的规定。如用 10 或 20 优质碳素结构钢制造的无缝钢管，工作温度小于或等于 450 ℃，工作压力小于或等于 2.5 MPa，多用于过热蒸汽和高温高压热水管。热扎无缝钢管长度通常为 3.0~12.0 m，冷拔无缝钢管长度通常为 3.0~10.0 m。

锅炉用高压无缝钢管是用优质碳素钢和合金钢制造，质量比一般锅炉用无缝钢管好，可以耐高压和超高压。用于制造锅炉设备与高压超高压管道，也可用来输送高温、高压气、水等介质或高温高压含氢介质。

c. 不锈钢无缝钢管。按照《结构用不锈钢无缝钢管》（GB/T 14975—2012）和《流体输送用不锈钢无缝钢管》（GB/T 14976—2012）的规定，如用 00Cr17Ni14Mo2 超低碳钢制造的外径为 25 mm，壁厚为 2 mm，定尺长度为 6 000 mm，尺寸精度为普通级的冷拔无缝钢管，其标记为：WC00Cr17Ni14Mo2—25×2×6000。它们主要用于化工、石油和机械用管道的防腐蚀部位，以及输送强腐蚀性介质，低温或高温介质以及纯度要求很高的其他介质。

②焊接钢管。焊接钢管分为焊接钢管(黑铁管)和将焊接钢管镀锌后的镀锌钢管(白铁管)。按焊缝的形状可分为直缝钢管、螺纹缝钢管和双层卷焊钢管,按其用途不同可分为水、煤气输送钢管,按壁厚可分为薄壁管和加厚管等。

焊接钢管内、外表面的焊缝应平直光滑,符合强度要求,焊缝不得有开裂现象。镀锌钢管的镀锌层应完整和均匀。两头带有螺纹的焊接钢管及镀锌钢管的长度一般为 4.0～9.0 m,带一个管接头(管箍)无螺纹的焊接钢管长度一般为 4.0～12.0 m。焊接钢管和镀锌钢管最大的直径为 150.0 mm。

a. 直缝电焊钢管按材料状态分为软状态钢管(R)和低硬状态钢管(DY)。直缝电焊钢管主要用于输送水、水蒸气和煤气等低压流体和制作结构零件等。电线套管是用易焊接的软钢制造的,它是保护电线用的薄壁焊接钢管。

b. 螺旋缝钢管。螺旋缝钢管按照生产方法可以分为单面螺旋缝焊管和双面螺旋缝焊管两种。单面螺旋缝焊管用于输送水等一般用途,双面螺旋缝焊管用于输送石油和天然气等特殊用途。

c. 双层卷焊钢管。双层卷焊钢管是用优质冷轧钢带经双面镀铜,纵剪分条、卷制缠绕后在还原气氛中钎焊而成,它具有很高的爆破强度和内表面清洁度,有良好的耐疲劳抗震性能。双层卷焊钢管适用于汽车和冷冻设备,电热电器工业中的刹车管、燃料管、润滑油管、加热或冷却器等。

③合金钢管。合金钢管用于各种锅炉耐热管道和过热器管道等。合金钢强度高,在同等条件下采用合金钢管可达到节省钢材的目的。耐热合金钢管具有强度高、耐热性好的优点。其规格范围为公称直径 15.0～500.0 mm,适应温度范围为 -40～570 ℃。几种常用的高温耐热合金钢管的钢号有 12CrMo、15CrMo、Cr2Mo、Cr5Mn 等。但合金钢管的焊接都有特殊的工艺要求,焊后要对焊口部位采取热处理。

④铸铁管。铸铁管分为给水铸铁管和排水铸铁管两种。其特点是经久耐用、抗腐蚀性强、材质较脆,多用于耐腐蚀介质及给排水工程。铸铁管的连接形式分为承插式和法兰式两种。

给水承插铸铁管分为高压管($P<1.0$ MPa)、普压管($P<0.75$ MPa)和低压管($P<0.45$ MPa)。排水承插铸铁管适用于污水的排放,一般都是自流式,不承受压力。双盘法兰铸铁管的特点是装拆方便,工业上常用于输送硫酸和碱类等介质。

⑤有色金属管。

a. 铅及铅合金管。铅管分为纯铅管和合金铅管两种,纯铅管也称为软铅管,牌号为 Pb2、Pb3 等;合金铅管也称硬铅管,常用的牌号为 PbSb0.5,PbSb2,PbSb4 等。铅管的规格通常是用内径(mm)×壁厚(mm)来表示,直径超过 100 mm 的铅管,需用铅板卷制。铅管在化工、医药等方面使用较多,其耐腐蚀性能强,用于输送浓度为 15%～65% 的硫酸、二氧化硫、浓度为 60% 氢氟酸、浓度小于 80% 的醋酸,但不能输送硝酸、次氯酸、高锰酸钾和盐酸。铅管最高工作温度为 200 ℃,当温度高于140 ℃ 时,不宜在压力下使用。铅管的机械性能不高,但自重大,是金属管材中最重的一种。

b. 铜及铜合金管。铜管分为紫铜管和黄铜管两种,紫铜管的牌号有 T2、T3、T4 和 TUP 等,黄铜管的牌号有 H62、H68 等。铜管的导热性能良好,适宜工作温度在 250 ℃ 以下,多用于制造换热器、压缩机输油管、低温管道、自控仪表以及保温拌热管和氧气管道等。

c. 铝及铝合金管。铝管多用于耐腐蚀性介质管道、食品卫生管道及有特殊要求的管道。铝管输送的介质操作温度在 200 ℃ 以下,当温度高于 160 ℃ 时,不宜在压力下使用。铝管分为纯铝管 L2、L6 和防锈铝合金管 LF2、LF6。铝管的特点是重量轻,不生锈,但机械强度较差,不能承受较高的压力,铝管常用于输送浓硝酸、醋酸、脂肪酸、过氧化氢等液体及硫化氢、二氧化碳气体。但铝管不耐碱及含氯离子的化合物,如盐水和盐酸等介质。

d. 钛及钛合金管。钛管具有重量轻、强度高、耐腐蚀性强和耐低温等特点,常被用于其他管材无法胜任的工艺部位。钛管是用 TA1、TA2 工业纯钛制成,适宜温度范围为−140～250 ℃,当温度超过 250 ℃时,其机械性能下降。钛管常用于输送强酸、强碱及其他材质管道不能输送的介质。钛管虽然具有许多优点,但因价格昂贵,焊接难度大,所以没有被广泛采用。

(2)非金属管材

①混凝土管。混凝土管有预应力钢筋混凝土管和自应力钢筋混凝土管两种。主要用于输水管道,管道连接采取承插接口,用圆形截面橡胶圈密封。预应力钢筋混凝土管规格范围为内径 400～1 400 mm,适用压力范围为 0.4～1.2 MPa。自应力钢筋混凝土管规格范围为内径 100～600 mm,适用压力范围为 0.4～1.0 MPa。钢筋混凝土管可以代替铸铁管和钢管,输送低压给水和气等。另外还有混凝土排水管,包括素混凝土管和轻、重型钢筋混凝土管,主要用于输送水。

②陶瓷管。陶瓷管分为普通陶瓷管和耐酸陶瓷管两种,一般都是承插接口。普通陶瓷管的规格范围为内径 100～300 mm,耐酸陶瓷管的规格范围为内径 25～800 mm。普通陶瓷管多用于建筑工程室外排水管道。耐酸陶瓷管用于化工和石油工业输送酸性介质的工艺管道,以及工业中蓄电池间酸性溶液的排水管道等。耐酸陶瓷管用于输送除氢氟酸、热磷酸和强碱以外的各种浓度的无机酸和有机溶剂等介质。

③玻璃管。玻璃管具有表面光滑,不易挂料,输送流体时阻力小,耐磨且价格低廉,并具有保持产品高纯度和便于观察生产过程等特点。用于输送除氢氟酸、氟硅酸、热磷酸和热浓碱以外的腐蚀性介质和有机溶剂。

④玻璃钢管。玻璃钢管质量轻、隔热,耐腐蚀性好,可输送氢氟酸和热浓碱以外的腐蚀性介质和有机溶剂。

⑤石墨管。石墨管热稳定性好,膨胀系数小,不污染介质,能保证产品纯度,抗腐蚀,具有良好的耐酸性和耐碱性,主要用于高温耐腐蚀生产环境中。

⑥铸石管。铸石管的特点是耐磨、耐腐蚀,具有很高的抗压强度。多用于承受各种强烈磨损、强酸和强碱腐蚀的地方。

⑦橡胶管。橡胶具有较好的物理机械性能和耐腐蚀性能。根据用途不同可分为输水胶管、耐热胶管、耐酸碱胶管、耐油胶管和专用胶管(氧乙炔焊接专用管等)。

⑧塑料管。常用的塑料管有硬聚氯乙烯(UPVC)管、氯化聚氯乙烯(CPVC)管、聚乙烯(PE)管、交联聚乙烯(PEX)管、无规共聚聚丙烯(PP-R)管、聚丁烯(PB)管、工程塑料(ABS)管和耐酸酚醛塑料管等。塑料管具有质量轻、耐腐蚀、易成型和施工方便等特点。

a. 硬聚氯乙烯(UPVC)管。硬聚氯乙烯管分轻型管和重型管两种,其直径范围 8.0～200.0 mm。硬聚氯乙烯管具有耐腐蚀性强、质量轻、绝热、绝缘性能好和易加工安装等特点。可输送多种酸、碱、盐和有机溶剂。使用温度范围为−10～40 ℃,最高温度不能超过 60 ℃。使用的压力范围为轻型管在 0.6 MPa 以下,重型管在 1.0 MPa 以下。硬聚氯乙烯管使用寿命较短。硬聚氯乙烯管材的安装采用承插、法兰、丝扣和热熔焊接等方法。

b. 氯化聚氯乙烯(CPVC)管。氯化聚氯乙烯冷热水管道是现今新型的输水管道。该管与其他塑料管材相比,具有刚性高、耐腐蚀、阻燃性能好、导热性能低、热膨胀系数低及安装方便等特点。

c. 聚乙烯(PE)管。聚乙烯管材无毒、质量轻、韧性好、可盘绕,耐腐蚀,在常温下不溶于任何溶剂,低温性能、抗冲击性和耐久性均比聚氯乙烯好。目前聚乙烯管主要应用于饮用水管、雨水管、气体管道、工业耐腐蚀管道等领域。聚乙烯管强度较低,适宜于压力较低的工作环境,且耐热性能不好,不能作为热水管使用。

超高分子量聚乙烯(UHMWPE)是指分子量在150万以上的线型结构聚乙烯(普通聚乙烯的分子量仅为2万~30万)。UHMWPE管的许多性能是普通塑料管无法相比的,耐磨性为塑料之冠,断裂伸长率可达410%~470%,管材柔性、抗冲击性能优良,低温下能保持优异的冲击强度,抗冻性及抗震性好,摩擦系数小,具有自润滑性,耐化学腐蚀,热性能优异,可在−169~110 ℃下长期使用,最适合于寒冷地区。UHMWPE管适用于冷热水管道、化工管道、气体管道等。

d. 交联聚乙烯(PEX)管。在普通聚乙烯原料中加入硅烷接枝料,使塑料大分子链从线性分子结构转变成三维立体交联网状结构。PEX管耐温范围广(−70~110 ℃)、耐压、化学性能稳定、质量轻、流体阻力小、安装简便、使用寿命长,且无味无毒。其连接方式有夹紧式、卡环式、插入式三种。PEX管适用于建筑冷热水管道、供暖管道、雨水管道、燃气管道以及工业用的管道等。

e. 无规共聚聚丙烯(PP-R)管。PP-R管是最轻的热塑性塑料管,相对聚氯乙烯管、聚乙烯管来说,PP-R管具有较高的强度,较好的耐热性,最高工作温度可达95 ℃,在1.0 MPa下长期(50年)使用温度可达70 ℃,另外PP-R管无毒、耐化学腐蚀,在常温下无任何溶剂能溶解,目前它被广泛地用在冷热水供应系统中。但其低温脆化温度仅为−15~0 ℃,在北方地区其应用受到一定限制。

f. 聚丁烯(PB)管。聚丁烯管主要用于输送生活用的冷热水,该管具有很高的耐温性、耐久性和化学稳定性,无味、无毒,温度适用范围是−30~100 ℃,具有耐寒、耐热、耐压、不结垢、寿命长(可达50~100年)的特点。

g. 工程塑料(ABS)管。工程塑料管用于输送饮用水、生活用水、污水、雨水,以及化工、食品、医药工程中的各种介质。目前还广泛用于中央空调、纯水制备和水处理系统中的各用水管道,但该管道对于流体介质温度一般要求小于60 ℃。

h. 耐酸酚醛塑料管。耐酸酚醛塑料是一种具有良好耐腐蚀性和热稳定性的非金属材料,是以热固性酚醛树脂为黏合剂,耐酸材料如石棉、石墨等作填料制成。它用于输送除氧化性酸(如硝酸)及碱以外的大部分酸类和有机溶剂等介质,特别能耐盐酸、低浓度和中等浓度硫酸的腐蚀。

(3) 复合材料管材

①铝塑复合管。铝塑复合管是中间为一层焊接铝合金,内、外各一层聚乙烯,经胶合层黏结而成的五层管子,具有聚乙烯塑料管耐腐蚀和金属管耐压高的优点,铝塑复合管按聚乙烯材料不同分为两种:适用于热水的交联聚乙烯铝塑复合管和适用于冷水的高密度聚乙烯铝塑复合管。铝塑复合管规格为Φ14~Φ32,采用夹紧式铜配件连接,主要用于建筑内配水支管和热水器管。

②钢塑复合管。钢塑复合管是由镀锌管内壁置放一定厚度的UPVC塑料而成,因而同时具有钢管和塑料管材的优越性。管材规格为Φ15~Φ150,以铜配件丝扣连接,使用水温为50 ℃以下,多用作建筑给水冷水管。

③钢骨架聚乙烯(PE)管。钢骨架聚乙烯(PE)管是以优质低碳钢丝为增强相,高密度聚乙烯为基体,通过对钢丝点焊成网与塑料挤出填注同步进行,在生产线上连续拉膜成型的新型双面防腐压力管道。管径为 Φ50~Φ500,法兰连接,主要用于市政和化工管网。

④涂塑钢管。涂塑钢管是在钢管内壁融熔一层厚度为 0.5~1.0 mm 的聚乙烯(PE)树脂、乙烯-丙烯酸共聚物(EAA)、环氧(EP)粉末、无毒聚丙烯(PP)或无毒聚氯乙烯(PVC)等有机物而构成的钢塑复合型管材,它不但具有钢管的高强度、易连接、耐水流冲击等优点,还克服了钢管遇水易腐蚀、污染、结垢及塑料管强度不高、消防性能差等缺点,设计寿命可达 50 年。主要缺点是安装时不得进行弯曲、热加工和电焊切割等作业。

⑤玻璃钢(FRP)管。采用合成树脂与玻璃纤维材料,使用模具复合制造而成,耐酸碱气体腐蚀,表面光滑,质量轻,强度大,坚固耐用,制品表面经加强硬度及防紫外线处理,适用于输送潮湿和酸、碱等腐蚀性气体的通风系统,可输送氢氟酸和热浓碱以外的腐蚀性介质和有机溶剂。

⑥硬聚氯乙烯/玻璃钢(UPVC/FRP)复合管。UPVC/FRP 复合管是由 UPVC(硬聚氯乙烯)、薄壁管作内衬层,外用高强度 FRP 纤维缠绕多层呈网状结构作增强层,通过界面黏合剂,经过特定机械缠绕制造而成。性能集 UPVC 耐腐蚀和 FRP 强度高、耐热性好的优点。克服了 UPVC 在较高温度下承压能力差、室外易老化的缺点,扩大了单一的 UPVC、CPVC 管道系统和 FRP 管的使用范围。该复合管材和管件具有价格低廉,安装维修方便,使用寿命长,管道内表面光滑,摩擦阻力小,耐腐蚀性、耐温性、耐压性、耐磨性好,界面的黏结力强,抗冲击性好,流体阻力小,无电化学腐蚀等优点。产品广泛用于石油、化工、机械、冶金、轻工、电力等行业,该材料管道可用于化学介质输送管、氯碱工业工艺管,污水处理及输送管道、化学较高要求介质输送管、热能输送管、海水输送管、冶金工业化学介质输送管、水电站压力水管、发电厂循环水管等。

2.1.2 常用电气材料

1) 电线

电线主要采用铜和铝制造,按有、无绝缘分成两大类:裸电线和绝缘电线。

(1) 裸电线

裸电线是没有绝缘层的电线,包括铜线、铝线、架空绞线、各种型线。裸电线主要用于户外架空、绝缘导线线芯、室内汇流排和配电柜、箱内连接等用。

①单圆线。包括圆铜线、圆铝线、镀锡圆铜线、铝合金圆线、铝包钢圆线、铜包钢圆线和镀银圆线等。

②裸绞线。包括铝绞线、钢芯铝绞线、轻型钢芯铝绞线、加强型钢芯铝绞线、防腐钢芯铝绞线、扩径钢芯铝绞线、铝合金绞线和硬铜绞线等。

③软接线。包括铜电刷线、铜天线、铜软绞线、铜特软绞线和铜编织线等。

④型线。包括扁铜线、铜母线、铜带、扁铝线、铝母线、管型母线(铝锰合金管)、异形铜排和电车线等。

裸电线的产品型号、各部分代号及其含义用汉语拼音表示,如表 2.1 所示。

表 2.1 裸电线产品型号、各部分代号及其含义

类别 （以导体区分）	特征				派生
	形状	加工	类型	软硬	
C——电车线 G——铜（铁线） HL——热处型铝 　　　镁硅合金线 L——铝线 M——母线 S——电刷线 T——天线 TY——银铜合金	B——扁形 D——带形 G——沟形 K——空心 P——排状 T——梯形 Y——圆形	F——防腐 J——纹制 X——镀锡 YD——镀银 Z——编织	J——加强型 K——扩径型 Q——轻型 Z——支撑式 C——触头用	R——柔软 Y——硬 YB——半硬	A——第一种 B——第二种 1——第一种 2——第二种 3——第三种 4——第四种

（2）绝缘电线

绝缘电线用于电气设备、照明装置、电工仪表、输配电线路的连接等，一般是由导电线芯、绝缘层和保护层组成。绝缘层的作用是防止漏电。

绝缘电线按绝缘材料可分为聚氯乙烯绝缘、聚乙烯绝缘、交联聚乙烯绝缘、橡皮绝缘和丁腈聚氯乙烯复合物绝缘等。电磁线也是一种绝缘线，它的绝缘层是涂漆或包缠纤维如丝包、玻璃丝及纸等。

绝缘电线按工作类型可分为普通型、防火阻燃型、屏蔽型及补偿型等。

导线芯按使用要求的软硬又可分为硬线、软线和特软线等结构类型。常用绝缘导线的型号、名称和用途表示方法如表 2.2 所示。

表 2.2 常用绝缘导线的型号、名称和用途

型　　号	名称	用途
BX（BLX） BXF（BLXF） BXR	铜（铝）芯橡皮绝缘线 铜（铝）芯氯丁橡皮绝缘线 铜芯橡皮绝缘软线	适用于交流 500 V 及以下，或直流 1 000 V 及以下的电气设备及照明装置之用
BV（BLV） BVV（BLVV） BVVB（BLVVB） BVR BV-105	铜（铝）芯聚氯乙烯绝缘线 铜（铝）芯聚氯乙烯绝缘氯乙烯护套圆型电线 铜（铝）芯聚氯乙烯绝缘氯乙烯护套平型电线 铜芯聚氯乙烯绝缘软线 铜芯耐热 105 ℃聚氯乙烯绝缘软线	适用于各种交流、直流电气装置，电工仪表、仪器，电信设备，动力及照明线路固定敷设之用
RV RVB RVS RV-105 RXS RX	铜芯聚氯乙烯绝缘软线 铜芯聚氯乙烯绝缘平型软线 铜芯聚氯乙烯绝缘绞型软线 铜芯耐热 105 ℃聚氯乙烯绝缘连接软电线 铜芯橡皮绝缘棉纱编织绞型软电线 铜芯橡皮绝缘棉纱编织圆型软电线	适用于各种交、直流电器、电工仪器、家用电器、小型电动工具、动力及照明装置的连接 适用电压分别有 500 V、250 V 两种，用于室、内外明装固定敷设或穿管敷设
BBX BBLX	铜芯橡皮绝缘玻璃丝编织电线 铝芯橡皮绝缘玻璃丝编织电线	

2）电力电缆

电力电缆是传输和分配电能的一种特殊电线，主要用于传输和分配电能，广泛用于电力系统、工矿企业、高层建筑及各行各业中。在城市或厂区，使用电缆可使市容和厂区整齐美观并增

加出现走廊,不占用空间。电力电缆的使用电压范围宽,可从几百伏到几千伏,并具有防潮、防腐蚀、防损伤、节约空间、易敷设、运行简单方便等特点。按敷设方式和使用性质,电力电缆可分为普通电缆、直埋电缆、海底电缆、架空电缆、矿山井下用电缆和阻燃电缆等种类。按绝缘方式可以分为聚氯乙烯绝缘、交联聚乙烯绝缘、油浸纸绝缘、橡皮绝缘和矿物绝缘等。

(1)电缆的型号表示法

电缆型号的内容包含有用途类别、绝缘材料、导体材料、铠装保护层等,电缆型号含义见表2.3,一般型号表示如图2.1所示。

表 2.3 电缆型号含义

类　别	导体	绝缘材料	内护套	特征
电力电缆(省略不表示) K:控制电缆 P:信号电缆 YT:电梯电缆 U:矿用电缆 Y:移动式软缆 H:市内电话电缆 UZ:电钻电缆 DC:电气化车辆用电缆	T:铜(可省略) L:铝线	Z:油浸纸 X:天然橡胶 (X)D:丁基橡胶 (X)E:乙丙橡胶 VV:聚氯乙烯 Y:聚乙烯 YJ:交联聚乙烯 E:乙丙胶	Q:铅套 L:铝套 H:橡套 (H)P:非燃性 HF:氯丁胶 V:聚氯乙烯护套 Y:聚乙烯护套 VF:复合物 HD:耐寒橡胶	D:不滴油 F:分相 CY:充油 P:屏蔽 C:滤尘用或重型 G:高压

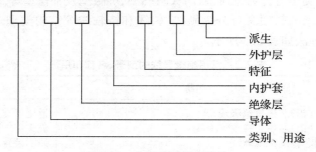

图 2.1 电缆的型号表示法

电缆如有外护层时,在表示型号的汉语拼音字母后面用两个阿拉伯数字来表示外护层的结构。其外护层的结构按铠装层和外被层的结构顺序用阿拉伯数字表示,前一个数字表示铠装结构,后一个数字表示外被层结构类型。电缆通用外护层和非金属套电缆外护层中每一个数字所代表的主要材料及含义见表2.4和表2.5。

表 2.4 电缆通用外护层型号数字含义

第一个数字		第二个数字	
代　号	铠装层类型	代　号	外被层类型
0	无	0	无
1	钢带	1	纤维绕包
2	双钢带	2	聚氯乙烯护套
3	细圆钢丝	3	聚乙烯护套
4	粗圆钢丝	4	—

表 2.5　非金属套电缆外护层的结构组成标准

表示符号	外护层结构		
	内护套	铠装层	外被层
12	绕包型:塑料带或无纺布带 挤出型:塑料套	连锁铠装	聚氯乙烯外套
22		双钢带铠装	聚氯乙烯外套
23			聚乙烯外套
32		单细圆钢丝铠装	聚氯乙烯外套
33			聚乙烯外套
42	塑料套	单粗圆钢丝铠装	聚氯乙烯外套
43			聚乙烯外套
41		双粗圆钢丝铠装	胶黏涂料-聚丙烯或 电缆沥青浸渍麻- 电缆沥青-白垩粉
441			
241		双钢带粗圆钢丝铠装	

还有一些变通标法,如外护层:11—裸金属护套一级外护套;12—钢带铠装一级外护层,20—裸钢带铠装一级外护层;13—细钢丝铠装一级外护层,130—裸细钢丝铠装一级外护层;15—粗钢丝铠装一级外护层,150—裸粗钢丝铠装一级外护层;21—钢带加固外护层;22—钢带铠装二级外护层;23—细钢丝铠装二级外护层;25—粗钢丝铠装二级外护层;29—内钢带铠装外护层;30—裸细钢丝铠装;39—内细钢丝铠装;50—裸粗钢丝铠装;59—内粗钢丝铠装。

表示方法举例:

①ZQ_{21}-3×50-10-250 表示铜芯、纸绝缘、铅包、双钢带铠装、纤维外护层(如油麻)、三芯、50 mm^2、电压为 10 kV、长度为 250 m 的电力电缆。

②$YJLV_{22}$-3×120-10-300 表示铝芯、交联聚乙烯绝缘、聚氯乙烯内护套、双钢带铠装、聚氯乙烯外护套、三芯、120 mm^2、电压 10 kV、长度为 300 m 的电力电缆。

③VV_{22}(3×25+1×16)表示铜芯、聚氯乙烯内护套、双钢带铠装、聚氯乙烯外护套、三芯 25 mm^2、一芯 16 mm^2 的电力电缆。

在实际建筑工程中,一般优先选用交联聚乙烯电缆,其次用不滴油纸绝缘电缆,最后选普通油浸纸绝缘电缆。当电缆水平高差较大时,不宜使用黏性油浸纸绝缘电缆。工程中直埋电缆必须选用铠装电缆。

(2)几种常用电缆及其特性

①聚氯乙烯铜芯(铝芯)导体电力电缆。其型号及名称见表 2.6。

表 2.6　聚氯乙烯铜芯(铝芯)导体电力电缆

型　号		电缆名称	芯数	截面(mm^2)
铜芯	铝芯			
VV-T VV_{22}-T	VLV-T VLV_{22}-T	聚氯乙烯绝缘铜芯(铝芯)导体聚氯乙烯护套铠装电力电缆	3+1	4～300
			3+1+1	4～185
			4+1	4—185

②交联聚乙烯绝缘电力电缆。简称 XLPE 电缆,它是利用化学或物理的方法使电缆的绝缘材料聚乙烯塑料的分子由线型结构转变为立体的网状结构,即把原来是热塑性的聚乙烯转变成热固性的交联聚乙烯塑料,从而大幅度地提高了电缆的耐热性能和使用寿命,且仍能保持其优良的电气性能。其型号及名称见表 2.7。

表 2.7　交联聚乙烯绝缘电力电缆

电缆型号		名称	适用范围
铜芯	铝芯		
YJV	YJLV	交联聚乙烯绝缘聚氯乙烯护套电力电缆	室内,隧道,穿管,埋入土内
YJY	YJLY	交联聚乙烯绝缘聚氯乙烯护套电力电缆	(不承受机械力)
YJV$_{22}$	YJLV$_{22}$	交联聚乙烯绝缘聚氯乙烯护套双钢带铠装电力电缆	室内,隧道,穿管,埋入土内
YJV$_{23}$	YJLV$_{23}$		
YJV$_{32}$	YJLV$_{32}$	交联聚乙烯绝缘聚氯乙烯护套细钢丝铠装电力电缆	竖井,水中,有落差的地方,能承受外力
YJV$_{33}$	YJLV$_{33}$		

③聚氯乙烯绝缘聚氯乙烯护套电力电缆技术数据。聚氯乙烯绝缘聚氯乙烯护套电力电缆长期工作温度不超过 70 ℃,电缆导体的最高温度不超过 160 ℃,短路最长持续时间不超过 5 s,施工敷设最低温度不得低于 0 ℃,最小弯曲半径不小于电缆直径的 10 倍。其技术数据见表 2.8。

表 2.8　聚氯乙烯绝缘聚氯乙烯护套电力电缆技术数据

产品型号		芯数	截面（mm²）	产品型号		芯数	截面（mm²）
铜芯	铝芯			铜芯	铝芯		
VV/VV$_{22}$	VLV VLV$_{22}$	1	1.5～800 2.5～800 10.0～800	VV/VV$_{22}$	VLV VLV$_{22}$	3	1.5～300 2.5～300 4.0～300
VV/VV$_{22}$	VLV VLV$_{22}$	2	1.5～800 2.5～800 10.0～800	VV/VV$_{22}$ VV/VV$_{22}$	VLV VLV$_{22}$ VLV VLV$_{22}$	3+1 4	4.0～300 4.0～185

3)控制及综合布线电缆

(1)控制电缆

控制电缆适用于交流 50 Hz,额定电压 450/750 V、600/1 000 V 及以下的工矿企业、现代化高层建筑等的远距离操作、控制、信号及保护测量回路,作为各类电气仪表及自动化仪表装置之间的连接线,起着传递各种电气信号、保障系统安全、可靠运行的作用。

控制电缆按工作类别可分为普通控制、阻燃(ZR)控制、耐火(NH)、低烟低卤(DLD)、低烟无卤(DW)、高阻燃类(GZR)、耐温类、耐寒类控制电缆等,控制电缆表示方法如表 2.9 所示。

表 2.9　控制电缆表示方法

类别用途	导体	绝缘材料	护套、屏蔽特征	外护层	派生、特征
K—控制电缆	T—铜芯 L—铝芯	Y—聚乙烯 V—聚氯乙烯 X—橡皮 YJ—交联聚乙烯	Y—聚乙烯 V—聚氯乙烯 F—氯丁胶 Q—铝套 P—编织屏蔽	02,03 20,22 23,30 32,33	80,105 1—铜丝缠绕屏蔽 2—铜带绕包屏蔽

注:铜芯代码字母"T"在型号中一般省略。

（2）综合布线电缆

综合布线电缆是用于传输语言、数据、影像和其他信息的标准结构化布线系统,其主要目的是在网络技术不断升级的条件下,仍能实现高速率数据的传输要求。只要各种传输信号的速率符合综合布线电缆规定的范围,则各种通信业务都可以使用综合布线系统。综合布线系统使语言和数据通信设备、交换设备和其他信息管理设备彼此连接。

综合布线系统使用的传输媒体有各种大对数铜缆和各类非屏蔽双绞线及屏蔽双绞线。

大对数铜缆主要型号规格为:

①三类大对数铜缆 UTPCAT3.025～100（25～100 对）。

②五类大对数铜缆 UTPCAT5.025～50（25～50 对）。

③超五类大对数铜缆 UTPCAT51.025～50（25～50 对）。

4）母线及桥架

（1）母线

用途:母线是各级电压配电装置中的中间环节,其作用是汇集、分配和传输电能。主要用于电厂发电机出线至主变压器、厂用变压器以及配电箱之间的电气主回路的连接,又称它为汇流排。

分类:母线分为裸母线和封闭母线两大类。裸母线分为两类:一类是软母线（多股铜绞线或钢芯铝线）,用于电压较高（350 kV 以上）的户外配电装置;另一类是硬母线,用于电压较低的户内外配电装置和配电箱之间电气回路的连接。铜、铝母线的型号名称及机械性能如表 2.10 所示。

表 2.10　铜、铝母线的型号名称及机械性能

型　　号	状态	名称	全部规格		
			布氏硬度（HB）	抗拉强度 （N/mm²）	伸长率（%）
TMR TMY	O 退火的 H 硬的	软铜母线 硬铜母线	≥65	≥206	≥35
LMR LMY	O 退火的 H 硬的	软铝母线 硬铝母线	—	≥68.6 ≥118	≥20 ≥3

（2）桥架

桥架是用不同材料制造出用于敷设电缆的托盘,广泛应用在发电厂、变电站、工矿企业、各类高层建筑、大型建筑及各种电缆密集场所或电气竖井内,集中敷设电缆,使电缆安全可靠地运行和减少外力对电缆的损害并方便维修。

桥架由托盘、梯架的直线段、弯通、附件以及支吊架组合构成,用以支撑电缆的具有连接的

刚性结构系统的总称。电缆桥架具有制作工厂化、系列化、质量容易控制、安装方便等优点。

桥架的分类。按制造材料分为:钢制桥架、铝合金桥架、玻璃钢阻燃桥架;按结构形式分为:梯级式、托盘式、槽式、组合式。

5)常用低压控制和保护电器

低压电器指电压在 1 kV 以下的各种控制设备、继电器及保护设备等。工程中常用的低压电气设备有刀开关、熔断器、低压断路器、接触器、磁力启动器及各种继电器等。

(1)刀开关

刀开关是最简单的手动控制设备,其功能是不频繁的通断电路。根据闸刀的构造,可分为胶盖刀开关和铁壳刀开关两种。如果按极数可分为单极、双极、三极三种,每种又有单投和双投之分。

①胶盖刀开关。主要特点是容量小,常用的有 15 A、30 A,最大为 60 A;没有灭弧能力,容易损伤刀片,只用于不频繁操作,构造简单,价格低廉。

②铁壳刀开关。主要特点是有灭弧能力;有铁壳保护和机械联锁装置(即带电时不能开门),所以操作安全;有短路保护能力;使用在不频繁操作的场合。铁壳刀开关常用容量规格有 10 A、15 A、30 A、60 A、100 A、200 A、300 A、400 A 等。铁壳刀开关容量选择一般为电动机额定电流的 3 倍。

(2)熔断器

熔断器用来防止电路和设备长期通过过载电流和短路电流,是有断路功能的保护元件。它由金属熔件(熔体、熔丝)、支持熔件的接触结构组成。

①瓷插式熔断器。构造简单,国产熔体有 0.5~100 A 多种规格。

②螺旋式熔断器。当熔丝熔断时,色片被弹落,需要更换熔丝管,常用于配电柜中。

③封闭式熔断器。采用耐高温的密封保护管,内装熔丝或溶片。当熔丝熔化时,管内气压很高,能起到灭弧的作用,还能避免相间短路。常用在容量较大的负载上作短路保护,大容量的封闭式熔断器能达到 1 kA。

④填充料式熔断器。这种熔断器是我国自行设计的,主要特点是具有限流作用及较高的极限分断能力,用于具有较大短路电流的电力系统和成套配电的装置中。

⑤自复熔断器。目前低压电气容量逐渐增大,低压配电线路的短路电流也越来越大,要求用于系统保护开关元件的分断能力也不断提高,为此出现了一些新型限流元件,如自复熔断器等。应用时和外电路的低压断路器配合工作,效果很好。

(3)低压断路器

低压断路器是工程中应用最广泛的一种控制设备,曾称自动开关或空开。除具有全负荷分断能力外,还具有短路保护、过载保护和失、欠电压保护等功能,且具有很好的灭弧能力。常用作配电箱中的总开关或分路开关,广泛用于建筑照明和动力配电线路中。

(4)接触器

接触器是一种自动化的控制电器。主要用于频繁接通、分断交、直流电路,具有控制容量大,可远距离操作,配合继电器可以实现定时操作,联锁控制,各种定量控制和失压及欠压保护,广泛应用于自动控制电路,其主要控制对象是电动机,也可用于控制其他电力负载,如电热器、照明、电焊机、电容器组等。

交流接触器广泛用于电力的开断和控制电路。它利用主接点来开闭电路,用辅助接点来执行控制指令。主接点一般只有常开接点,而辅助接点常有两对具有常开和常闭功能的接点,小型的接触器也经常作为中间继电器配合主电路使用。

交流接触的选择内容包括：额定电压、额定电流、线圈的额定电压、操作频率、辅助触头的工作电流等。

（5）磁力启动器

磁力启动器由接触器、按钮和热继电器组成。热继电器是一种具有延时动作的过载保护器件，热敏元件通常为电阻丝或双金属片。另外，为避免由于环境温度升高造成误操作，热继电器还装有温度补偿双金属片。

磁力启动器具有接触器的一切特点，所不同的是一些磁力启动器有热继电器保护，而且能控制正反转运行，即有可逆运行功能。

（6）继电器

继电器种类很多，可用它来构造自动控制和保护系统。下面介绍几种常用的控制继电器和保护继电器。

①热继电器。热继电器主要用于电动机和电气设备的过负荷保护。主要组成部分包括：热元件、双金属片构成的动触头、静触头及调节元件。

电动机和电气设备在运行中发生过负荷是经常有的，对瞬时性过负荷，如电动机电源电压瞬时降低，发生瞬时过负荷等，只要电动机绕组温升不超过允许值，就不能立即切断电路使电动机停运；在工作电路中由于某种原因，发生瞬时过载，只要不影响安全供电，不影响设备安全，也不能立即切断电路。但如果过负荷很严重，而且过负荷时间已很长，则不允许电动机和电路中的设备继续运行，以免加速电动机绕组绝缘和电气设备绝缘老化，甚至烧坏电动机绕组和电气设备，热继电器就是用来实现上述要求的保护电器。

②时间继电器。时间继电器是用在电路中控制动作时间的继电器，它利用电磁原理或机械动作原理来延时触点的闭合或断开。

时间继电器种类繁多，有电磁式、电动式、空气阻尼式、晶体管式等。其中电动式时间继电器的延时精确度较高，且延时时间调整范围较大，但价格较高；电磁式时间继电器的结构简单，价格较低，但延时较短，体积和重量较大。

③中间继电器。中间继电器是将一个输入信号变成一个或多个输出信号的继电器。输入信号是通电和断电，输出信号是接点的接通或断开，用以控制各个电路。

中间继电器较电流继电器增加了接点的数量，同时接点的容量也增大了。根据控制的要求，可选择不同接点数量和型式的中间继电器，以满足控制需求。

④电流继电器。电流继电器是反映电路中电流状况的继电器。当电路中的电流达到或超过整定的动作电流时，电流继电器便动作。电流继电器接点数量少，容量小，一般电流继电器动作后，其接点再去启动中间继电器，由中间继电器接点完成设计要求。在电力系统中电流继电器的启动电流整定值一般由电网调度所提供。

用电流继电器作为电动机保护和控制时，电流继电器线圈的额定电流应大于或等于电动机的额定电流；电流继电器的触头种类、数量、额定电流应满足控制电路的要求；电流继电器的动作电流，一般为电动机额定电流的 2.5 倍。安装电流继电器时，需将线圈串联在主电路上，常闭触头串接于控制电路中与解除器连接，起到保护作用。

⑤速度继电器。速度继电器是用来反映转速和转向变化的继电器。常用于电动机反接制动的控制电路中，当反接制动的电动机转速下降到接近零时它能自动地及时切断电源。

速度继电器由转子、定子和触电三部分组成。

⑥电磁继电器。电磁继电器是在输入电路内电流的作用下,由机械部件的相对运动产生预定响应的一种继电器。包括直流电磁继电器、交流电磁继电器、磁保持继电器、极化继电器、舌簧继电器、节能功率继电器等。

⑦固态继电器。输入、输出功能由电子元件完成而无机械运动部件的一种继电器。

⑧温度继电器。当外界温度达到规定值时而动作的继电器。

⑨加速度继电器。当运动物体的加速度达到规定值时,被控电路将接通或断开。

⑩电压继电器。它是当电路中电压达到规定值时而动作的继电器。其结构与电流继电器基本相同,只是电磁铁圈的匝数很多,且使用时要与电源并联。它广泛应用于失压(电压为零)和欠压(电压小)保护中。所谓失压和欠压保护,就是当某种原因发生,电源电压降低过多或暂时停电时,电动机即自动与电源断开;当电源电压恢复时,如不重按启动按钮,则电动机不能自动启动。如果不是采用继电器控制,而是直接用闸刀开关进行手动控制,由于在停电时未及时拉开开关,当电源电压恢复时,电动机即自行启动,可能造成事故。另外还有过电压继电器,它是当电路电压超过一定值时,因电磁铁吸力而切断电源的继电器,它用于过电压保护(如保护硅管和可控硅元件)。

⑪其他类型的继电器。如光继电器、声继电器、热继电器等。

(7)漏电保护器

漏电保护器又称为漏电保护开关,是为防止人身误触带电体漏电而造成人身触电事故的一种保护装置,它还可以防止由漏电而引起的电气火灾和电气设备损坏等事故。

漏电保护开关的种类:

在名称上可有"触电保护器""漏电开关""漏电继电器"等之分。凡称"保护器""漏电器""开关"者均带有自动脱扣器。凡称"继电器"者,则需要与接触器或低压断路器配套使用,间接动作。

按工作类型可划分为开关型、继电器型、单一型、组合型漏电保护器。组合型漏电保护器由漏电开关与低压断路器组合而成。

按相数或极数可划分为单相一线、单相两线、三相三线(用于三相电动机)、三相四线(动力与照明混合用电的干线)。

按结构原理可划分为电压动作型、电流型、鉴相型和脉冲型。

2.1.3　安装工程常用管件和附件

1)管件

当管道需要连接、分支、转弯、变径时,就需要用管件来进行连接。常用的管件有弯头、三通、异径管和管接头等。

(1)螺纹连接管件

螺纹连接管件分镀锌和非镀锌两种,一般均采用可锻铸铁制造。常用的螺纹连接管件有管接头,用于两根管子的连接或与其他管件的连接,异径管(大小头)用于连接两根直径不同的管子;等径与异径三通、等径与异径四通用于两根管子平面垂直交叉时的连接;活接头用于需经常拆卸的管道上。螺纹连接管件主要用于煤气管道、供暖和给排水管道。在工艺管道中,除需要经常拆卸的低压管道外,其他物料管道上很少使用。

(2)冲压管件和焊接管件

施工中使用的成品冲压管件和焊接管件一般分为冲压无缝弯头、冲压焊接弯头和焊接弯头三种。

①冲压无缝弯头。该弯头是用优质碳素钢、不锈耐酸钢和低合金钢无缝钢管在特制的模具内压制成型的,有90°和45°两种。

②冲压焊接弯头。该弯头采用与管道材质相同的板材用模具冲压成半块环形弯头,然后组对焊接而成。这类弯头通常按组对的半成品出厂,现场施工时根据管道焊缝等级进行焊接。

③焊接弯头。该弯头制作方法有两种,一种是在加工厂用钢板下料,切割后卷制焊接成型,多数用于钢板卷管的配套;另一种是用管材下料,经组对焊接成型。

（3）高压弯头

高压弯头是采用优质碳素钢或低合金钢锻造而成。根据管道连接形式,弯头两端加工成螺纹或坡口,加工精度很高。

2）附件

（1）吹扫接头

吹扫接头（胶管活动接头）有以下两种连接形式:

①接头的一端与胶管相连,另一端与丝扣阀相连。

②接头的一端与胶管相连,另一端与钢管相连。

（2）管端封堵

用在管端起封闭作用的管件,有管帽、管堵和盲板三种。

①管帽。指与管道端部焊接或与管端外螺纹连接的帽状管件。焊接在管端或在管端外螺纹上以封堵管子的管件,用来封闭管路。

②管堵。指用于堵塞管道端部内螺纹的外螺纹管件。有方形管堵、六角形管堵。

③盲板。盲板有焊接盲板及法兰盖（法兰盖为螺栓连接）两种,焊接盲板亦称死盲板、平盖封头。一种是焊接盲板外径等于或略大于管外径,在管端外壁进行焊接封闭;另一种焊接盲板外径略小于管外径,在管端内进行焊接封闭。法兰盖也称盲板法兰,是中间不带孔的法兰,供封住管端用。密封面的形式种类较多,有平面、凸面、凹凸面、榫槽面等,其优点是易于拆卸。

（3）凸台

即管嘴,是自控仪表在工艺管道上的一次性部件,用于连接主管和其他部件。

3）法兰连接

法兰连接是由法兰、垫片及法兰用螺栓连接组成,是一种可拆连接,可用于管道与阀门、管道与管道、管道与设备的连接。螺栓法兰连接结构如图2.2所示。采用法兰连接既有安装拆卸的灵活性,又有可靠的密封性、较高的强度,且结构简单,成本低廉,可多次重复拆卸,应用较广。

（1）法兰

法兰按照连接方式可分为整体法兰、平焊法兰、对焊法兰、松套法兰和螺纹法兰等。

①整体法兰。整体法兰系指泵、阀、机等机械设备与管道连接的进出口法兰,通常和这些管道设备制成一体,作为设备的一部分。

②平焊法兰。又称搭焊法兰。平焊法兰与管子固定时,是将

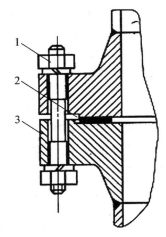

图2.2 螺栓法兰连接结构

1—螺栓;2—垫片;3—法兰

管道端部插至法兰承口底或法兰内口,且低于法兰内平面,焊接法兰外口或里口和外口,使法兰与管道连接。其优点在于焊接装配时较易对中,且价格便宜,因而得到了广泛应用。平焊法兰只适用于压力等级比较低,压力波动、振动及震荡均不严重的管道系统中。

③对焊法兰。又称高颈法兰。它与其他法兰的不同之处在于从法兰与管子焊接处到法兰盘有一段长而倾斜的高颈,此段高颈的壁厚沿高度方向逐渐过渡到管壁厚度,改善了应力的不连续性,因而增加了法兰强度。对焊法兰主要用于工况比较苛刻的场合(如管道热膨胀或其他荷载使法兰处受的应力较大)或应力变化反复的场合以及压力、温度大幅度波动的管道和高温、高压及零下低温的管道。

④松套法兰。俗称活套法兰,分为焊环活套法兰、翻边活套法兰和对焊活套法兰,多用于铜、铝等有色金属及不锈钢管道上。松套法兰的连接实际上也是通过焊接实现的,只是这种法兰是松套在已与管子焊接在一起的附属元件上,通过连接螺栓将附属元件和垫片压紧以实现密封,法兰(即松套)本身不接触介质。这种法兰连接的优点是法兰可以旋转,易于对中螺栓孔,在大口径管道上易于安装,也适用于管道需要频繁拆卸以供清洗和检查的地方。其法兰附属元件材料与管子材料一致,而法兰材料可与管子材料不同(法兰的材料多为 Q235、Q255 碳素钢),因此比较适合于输送腐蚀性介质的管道。但松套法兰耐压不高,一般仅适用于低压管道的连接。

⑤螺纹法兰。螺纹法兰是将法兰的内孔加工成管螺纹,并和带螺纹的管子配合实现连接,是一种非焊接法兰。与焊接法兰相比,它具有安装、维修方便的特点,可在一些现场不允许焊接的场合使用。但在温度高于 260 ℃ 或低于 −45 ℃ 的条件下,建议不使用螺纹法兰,以免发生泄漏。

(2)垫片

垫片是法兰连接时起密封作用的材料。根据管道所输送介质的腐蚀性、温度、压力及法兰密封面的形式,可选择的垫片种类很多。

①橡胶石棉垫片。橡胶石棉垫片是法兰逢接用量最多的垫片,适用于很多介质,如蒸汽、煤气、空气、盐水、酸和碱等。炼油工业常用的橡胶石棉垫片有两种,一种是耐油橡胶石棉垫片,适用于输送油、液化气、丙烷和丙酮等介质;另一种是高温耐油石棉橡胶垫片,使用温度可达 350~380 ℃。

②橡胶垫片。橡胶垫片有一定的耐腐蚀性。这种垫片的特点是利用橡胶的高弹性可达到较好的密封效果,常用于输送低压水、酸和碱等介质的管道法兰连接。

③金属缠绕式垫片。金属缠绕式垫片是由金属带和非金属带螺旋复合绕制而成的一种半金属平垫片。其特性是压缩、回弹性能好;具有多道密封和一定的自紧功能;对于法兰压紧面的表面缺陷不太敏感,不黏接法兰密封面,容易对中,因而拆卸便捷;能在高温、低压、高真空、冲击振动等循环交变的各种苛刻条件下,保持其优良的密封性能。金属缠绕式垫片在石油化工工艺管道上被广泛采用。

④齿形垫片。齿形垫片是利用同心圆的齿形密纹与法兰密封面相接触,构成多道密封环,因此密封性能较好,使用周期长。常用于凹凸式密封面法兰的连接。缺点是在每次更换垫片时,都要对两个法兰密封面进行加工,因而费时费力。另外,垫片使用后容易在法兰密封面上留下压痕,故一般用于较少拆卸的部位。齿形垫片的材质有普通碳素钢、低合金钢和不锈钢等。

⑤金属环形垫片。金属环形垫片是用金属材料加工成截面为八角形或椭圆形的实体金属垫片,具有径向紧密封作用。金属环形垫片主要应用于环连接面型法兰连接,金属环形垫片是依靠与法兰梯槽的内外侧面(主要是外侧面)接触,并通过压紧而形成密封的。按制造材质可分

为低碳钢、不锈钢、紫铜、铝和铅等。依据材料的不同,最高使用温度可达 800 ℃。

⑥塑料垫片。适用于输送各种腐蚀性较强的管道的法兰连接。常用的塑料垫片有聚氯乙烯垫片、聚氟乙烯垫片和聚乙烯垫片等。其使用温度一般小于 200 ℃,不能用于压力较高的场合。

(3)法兰用螺栓

用于连接法兰的螺栓,有单头螺栓和双头螺栓两种,其螺纹一般都是三角形公制粗螺纹。单头螺栓分为半精制和精制两种。双头螺栓多数采用等长双头精制螺栓。螺母为半精制和精制两种,按螺母形式又分为 a 型和 b 型两种,半精制单头螺栓多采用 a 型螺母,精制双头螺栓多采用 b 型螺母。

4)阀门

阀门一般由阀体、阀瓣、阀盖、阀杆及手轮等部件组成。

(1)阀门型号及表示方法

在设备及工业管道系统中,常用阀门有闸阀、截止阀、节流阀、球阀、蝶阀、隔膜阀、旋塞阀、止回阀、安全阀、柱塞阀、减压阀和疏水阀等。

阀门的型号表示方法如图 2.3 所示。

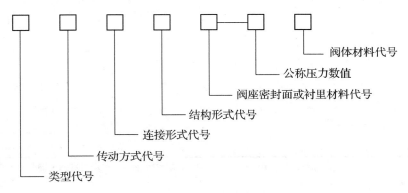

图 2.3　阀门的型号表示方法

①类型代号。类型代号用汉语拼音字母表示,如表 2.11 所示。

表 2.11　阀门类型代号

类　型	代　号	类　型	代　号
闸阀	Z	旋塞阀	X
截止阀	J	止回阀和底阀	H
节流阀	L	安全阀	A
球阀	Q	减压阀	Y
蝶阀	D	疏水阀	S
隔膜阀	G		

注:低温(低于−40 ℃)、保温(带加热套)和带波纹管的阀门,在类型代号前分别加汉语拼音字母"D""B"和"W"。

②传动方式代号。阀门传动方式代号用阿拉伯数字表示,如表 2.12 所示。

表 2.12　阀门传动方式代号

传动方式	代号	传动方式	代号
电磁动	0	锥齿轮	5
电磁波动	1	气动	6
电-液动	2	液动	7
蜗轮	3	气-液动	8
圆柱齿轮	4	电动	9

注:1. 手轮、手柄和扳手传动以及安全阀、减压阀、疏水阀省略本代号。
　　2. 对于气动或液动,常开式用 6K 或 7K 表示,常闭式用 6B 或 7B 表示;气动带手动用 6S 表示;防爆电动用 9B 表示。

③阀座密封面或衬里材料代号。阀座密封面或衬里材料代号用汉语拼音字母表示,如表 2.13 所示。

表 2.13　阀座密封面或衬里材料代号

阀座密封面或衬里材料	代号	阀座密封面或衬里材料	代号
铜合金	T	渗氮钢	D
橡胶	X	硬质合金	Y
尼龙塑料	N	衬胶	J
氟塑料	F	衬铅	Q
锡基轴承合金(巴氏合金)	B	搪瓷	C
合金钢	H	渗硼钢	P

注:由阀体直接加工的阀座密封面材料代号用"W"表示;当阀座和阀瓣(阀板)密封面材料不同时,用低硬度材料代号表示(隔膜阀除外)。

④阀体材料代号。阀体材料代号用汉语拼音字母表示,如表 2.14 所示。

表 2.14　阀体材料代号

阀体材料	代号	阀体材料	代号
HT250	Z	Cr5Mo	I
KTH300-06	K	1Cr18Ni9Ti	P
QT400-15	Q	Cr18Ni12Mo2Ti	R
H62	T	12Cr1MoV	V
ZG230-450	C		

注:$PN \leqslant 16$ MPa(≈ 1.6 kgf/cm^2)的灰铸铁阀体和 $PN \geqslant 2.5$ MPa(≈ 25 kgf/cm^2)的碳素钢阀体,省略本代号,如 ZG230-450。

⑤连接形式代号。阀门连接形式代号用阿拉伯数字表示,如表 2.15 所示。

表 2.15　阀门连接形式代号

连接形式	代号	连接形式	代号
内螺纹	1	对夹	7
外螺纹	2	卡箍	8
法兰	4	卡套	9
焊接	6		

注:焊接包括对焊和承插焊。

⑥阀门的类型命名。以下几种形式在命名中均予省略。

a. 连接形式为"法兰"。

b. 结构形式为闸阀的"明杆""弹性""刚性"和"单闸板",截止阀、节流阀的"直通式",球阀的"浮动"和"直通式",蝶阀的"垂直板式",隔膜阀的"屋脊式",旋塞阀的"填料"和"直通式",止回阀的"直通式"和"单瓣式",安全阀的"不封闭式"。

c. 阀座密封面材料。

⑦型号和名称表示方法示例。

a. 电动机传动、法兰连接、明杆楔式双闸板、阀座密封面材料由阀体直接加工,公称压力为 0.1 MPa,阀体材料为灰铸铁的闸阀,如 Z942W-1 电动楔式双闸板闸阀。

b. 手动、螺纹连接、浮动直通式,阀座密封材料为氟塑料,公称压力为 4.00 MPa,阀体材料为 1Cr18Ni9Ti 的球阀,如 Q21F-40P 外螺纹球阀。

c. 气动常开式、法兰连接、屋脊式、衬里材料为衬胶,公称压力为 0.60 MPa,阀体材料为灰铸铁的隔膜阀,如 G6K41J-6 气动常开式衬胶隔膜阀。

d. 液动、法兰连接、垂直板式、阀座密封面材料为铸铜,阀瓣密封面材料为橡胶,公称压力为 0.25 MPa,阀体材料为灰铸铁的蝶阀,如 D741X-2.5 液动蝶阀。

e. 电动机传动、焊接连接、直通式、阀座密封面材料为堆焊硬质合金,温度在 540 ℃时,其工作压力为 17.00 MPa,阀体材料为铬钼钒钢的截止阀,如 J61Y-P54170 电动焊接截止阀。

（2）各种阀门的结构及选用特点

阀门的种类很多,但按其动作特点分为两大类,即驱动阀门和自动阀门。

驱动阀门是用手操纵或其他动力操纵的阀门。如截止阀、节流阀(针型阀)、旋塞阀等均属这类阀门。

自动阀门是借助于介质本身的流量、压力或温度参数发生变化而自行动作的阀门,如止回阀(逆止阀、单流阀)、安全阀、浮球阀、减压阀和疏水阀等,均属自动阀门。

工程中管道与阀门的公称压力划分为:$0 < P < 1.60$ MPa 为低压,1.60 MPa$< P <$ 10.00 MPa 为中压,10.00 MPa$< P < 42.00$ MPa 为高压。蒸汽管道公称压力 $P \geq 9.00$ MPa,工作温度≥ 500 ℃时升为高压,一般水、暖工程均为低压系统,大型电站锅炉及各种工业管道采用中压、高压或超高压系统。

这里仅介绍冷热水、蒸汽等一般管路的常用阀门,对于其他工业管道,因输送介质不同,有各种不同的要求,应按其要求选用阀门。常用阀门分为:

①截止阀。截止阀如图 2.4 所示。截止阀主要用于热水供应及高压蒸汽管路中,它的结构简单,严密性较高,制造和维修方便,阻力比较大。

流体经过截止阀时要改变流向,因此水流阻力较大,所以安装时要注意流体"低进高出",方向不能装反。

选用特点:结构比闸阀简单,制造、维修方便,也可以调节流量,应用广泛。但流动阻力大,为防止堵塞和磨损,不适用于带颗粒和黏性较大的介质。

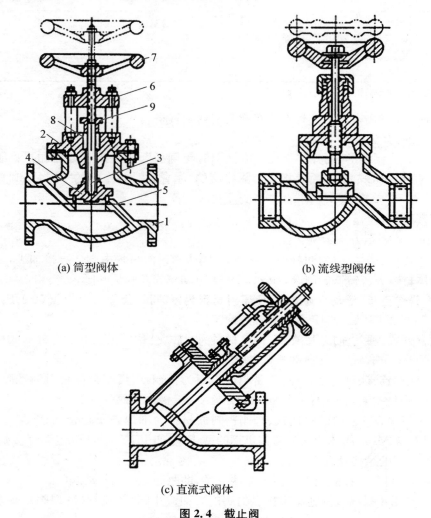

(a) 筒型阀体　　　　　　　　　　(b) 流线型阀体

(c) 直流式阀体

图 2.4　截止阀

1—阀体;2—阀盖;3—阀杆;4—阀瓣;5—阀座;
6—阀杆螺母;7—操作手轮;8—填料;9—填料压盖

②闸阀。闸阀又称闸门或闸板阀,它是利用闸板升降控制开闭的阀门,流体通过阀门时流向不变,因此阻力小。它广泛用于冷、热水管道系统中,如图 2.5 所示。

闸阀和截止阀相比,在开启和关闭闸阀时省力,水流阻力较小,阀体比较短,当闸阀完全开启时,其阀板不受流动介质的冲刷磨损。但由于闸板与阀座之间的密封面易受磨损,故闸阀的缺点是严密性较差,尤其在启闭频繁时;另外,在不完全开启时,水流阻力仍然较大。因此闸阀一般只作为截断装置,即用于完全开启或完全关闭的管路中,而不宜用于需要调节大小和启闭频繁的管路上。闸阀无安装方向,但不宜单侧受压,否则不易开启。

选用特点:密封性能好,流体阻力小,开启、关闭力较小,也有调节流量的作用,并且能从阀杆的升降高低看出阀的开度大小,主要用在一些大口径管道上。

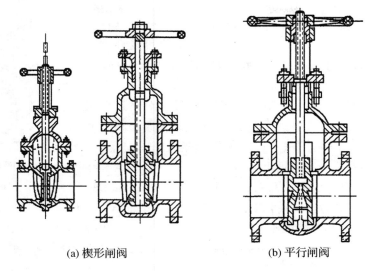

(a) 楔形闸阀　　　　　　　　　(b) 平行闸阀

图 2.5　闸阀

③止回阀。止回阀又名单流阀或逆止阀,它是一种根据阀瓣前后的压力差而自动启闭的阀门。它有严格的方向性,只许介质向一个方向流通,而阻止其逆向流动。用于不让介质倒流的管路上,如用于水泵出口的管路上作为水泵停泵时的保护装置。

根据结构不同,止回阀可分为升降式和旋启式,如图 2.6 所示。升降式的阀体与截止阀的阀体相同。升降式止回阀只能用在水平管道上,垂直管道上应用旋启式止回阀,安装时应注意介质的流向,它在水平或垂直管路上均可应用。

选用特点:一般适用于清洁介质,不适用于带固体颗粒和黏性较大的介质。

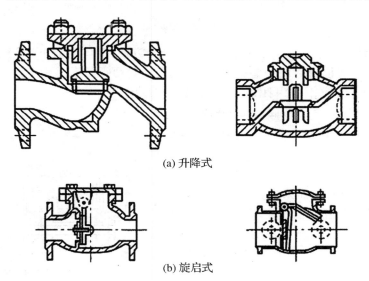

(a) 升降式

(b) 旋启式

图 2.6　止回阀

④蝶阀。蝶阀不仅在石油、煤气、化工、水处理等一般工业上得到广泛应用,还应用于热电站的冷却水系统。

蝶阀如图 2.7 所示。其结构简单、体积小、重量轻，只由少数几个零件组成，只需旋转 90°即可快速启闭，操作简单，同时具有良好的流体控制特性。蝶阀处于完全开启位置时，蝶板厚度是介质流经阀体时唯一的阻力，通过该阀门所产生的压力降很小，具有较好的流量控制特性。

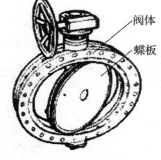

图 2.7　蝶阀

常用的蝶阀有对夹式蝶阀和法兰式蝶阀两种。对夹式蝶阀是用双头螺栓将阀门连接在两管道法兰之间，法兰式蝶阀是阀门上带有法兰，用螺栓将阀门上两端法兰连接在管道法兰上。

蝶阀适合安装在大口径管道上。

⑤旋塞阀。旋塞阀又称考克或转心门，它主要由阀体和塞子（圆锥形或圆柱形）构成，如图 2.8 所示。旋塞阀分为扣紧式和填料式。旋塞塞子中部有一孔道，当旋转时，即开启或关闭。旋塞阀构造简单，开启和关闭迅速，旋转 90°就可全开或全关，阻力较小，但保持其严密性比较困难。旋塞阀通常用于温度和压力不高的管路上。热水龙头也属旋塞阀的一种。

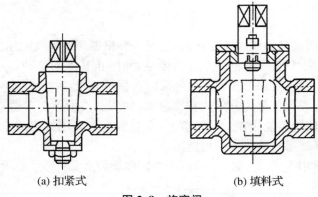

(a) 扣紧式　　　　　　　(b) 填料式

图 2.8　旋塞阀

选用特点：结构简单，外形尺寸小，启闭迅速，操作方便，流体阻力小，便于制造三通或四通阀门，可作配换向用。但密封面易磨损，开关力较大。此种阀门不适用于输送高压介质（如蒸汽），只适用于一般低压流体作开闭用，不宜作调节流量用。

⑥球阀。球阀分为气动球阀、电动球阀和手动球阀三种，如图 2.9 所示。球阀阀体可以是整体的，也可以是组合式的。它是十几年来发展最快的阀门品种之一。

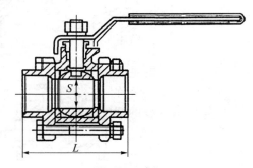

图 2.9　球阀

球阀是由旋塞阀演变而来的，它的启闭件是一个球体，利用球体绕阀杆的轴线旋转 90°实现开启和关闭的目的。球阀在管道上主要用于切断、分配和改变介质流动方向，设计成 V 形开口的球阀还具有良好的流量调节功能。

球阀具有结构紧凑、密封性能好、结构简单、体积较小、质量轻、材料耗用少、安装尺寸小、驱动力矩小、操作简便、易实现快速启闭和维修方便等特点。

选用特点：适用于水、溶剂、酸和天然气等一般工作介质，而且还适用于工作条件恶劣的介质，如氧气、过氧化氢、甲烷和乙烯等，且特别适用于含纤维、微小固体颗料等介质。

⑦节流阀。节流阀如图 2.10 所示,它的构造特点是没有单独的阀盘,而是利用阀杆的端头磨光代替阀盘。节流阀多用于小口径管路上,如安装压力表所用的阀门常用节流阀。

选用特点:节流阀的外形尺寸小巧,重量轻,该阀主要用于节流。制作精度要求高,密封较好。不适用于黏度大和含有固体悬浮物颗粒的介质。该阀可用于取样,其公称直径小,一般在 25.00 mm 以下。

⑧安全阀。安全阀是一种安全装置,当管路系统或设备(如锅炉、冷凝器)中介质的压力超过规定数值时,便自动开启阀门排气降压,以免发生爆炸危险。当介质的压力恢复正常后,安全阀又自动关闭。

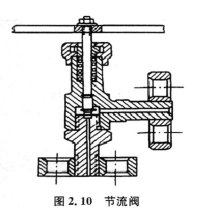

图 2.10 节流阀

安全阀一般分为弹簧式和杠杆式两种,如图 2.11 所示。弹簧式安全阀是利用弹簧的压力来平衡介质的压力,阀瓣被弹簧紧压在阀座上,平常阀瓣处于关闭状态。转动弹簧上面的螺母,即改变弹簧的压紧程度,便能调整安全阀的工作压力。一般要先用压力表参照定压。

杠杆式安全阀,或称重锤式安全阀,它是利用杠杆将重锤所产生的力矩紧压在阀瓣上。保持阀门关闭,当压力超过额定数值,杠杆重锤失去平衡,阀瓣就打开。所以改变重锤在杠杆上的位置,就改变了安全阀的工作压力。

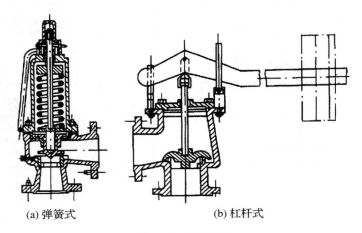

(a) 弹簧式   (b) 杠杆式

图 2.11 安全阀

选用安全阀的主要参数是排泄量,排泄量决定安全阀的阀座口径和阀瓣开启高度。由操作压力决定安全阀的公称压力,由操作温度决定安全阀的使用温度范围,由计算出的安全阀定压值决定弹簧或杠杆的调压范围,再根据操作介质决定安全阀的材质和结构形式。

⑨减压阀。减压阀又称调压阀,用于管路中降低介质压力。常用的减压阀有活塞式、波纹管式及薄膜式等几种,如图 2.12 所示。各种减压阀的原理:介质通过阀瓣通道小孔时阻力增大,经节流造成压力损耗从而达到减压目的。减压阀的进、出口一般要伴装截止阀。

选用特点:减压阀只适用于蒸汽、空气和清洁水等清洁介质。在选用减压阀时要注意,不能超过减压阀的减压范围,保证在合理情况下使用。

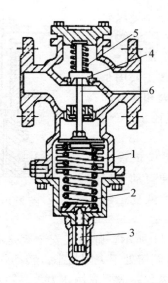
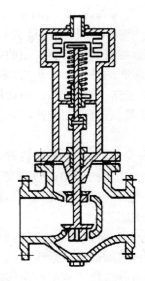

图 2.12　减压阀

1—波纹箱;2—调节弹簧;3—调节螺钉;4—阀瓣;5—辅助弹簧;6—阀杆

⑩疏水阀。疏水阀又称疏水器,它的作用在于阻气排水,属于自动作用阀门。它的种类有浮桶式、恒温式、热动力式以及脉冲式等,如图 2.13 所示。

5)其他附件

管道及设备附件种类很多,它们在工艺管道和设备中各自起着不同的作用,这里对几种主要的管道及设备附件介绍如下:

(1)除污器

除污器是在石油化工工艺管道中应用较广的一种部件。其作用是防止管道介质中的杂质进入传动设备或精密部位,使生产设备发生故障或影响产品的质量。其结构形式有 Y 形除污器、V 锥形除污器、直角式除污器和高压除污器,其主要材质有碳钢、不锈耐酸钢、锰钒钢、铸铁和可锻铸铁等。内部的过滤网有铜网和不锈耐酸钢丝网。

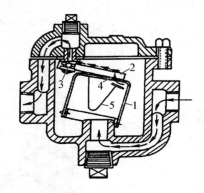

图 2.13　疏水阀

1—吊桶;2—杠杆;3—珠阀;
4—快速排气孔;5—双金属弹簧片

(2)阻火器

阻火器是化工生产常用的部件,多安装在易燃易爆气体的设备及管道的排空管上,以防止管内或设备内气体直接与外界火种接触而引起火灾或爆炸。常用的阻火器有砾石阻火器、金属网阻火器和波形散热式阻火器。

(3)视镜

视镜又称为窥视镜,其作用是通过视镜直接观察管道及设备内被传输介质的流动情况,多用于设备的排液、冷却水等液体管道上。常用的有玻璃板式、三通玻璃板式和直通玻璃管式三种。

(4)阀门操纵装置

阀门操纵装置是为了在适当的位置能够操纵距离比较远的阀门而设置的一种装置。

（5）套管

套管分为柔性套管、刚性套管、钢管套管及铁皮套管等几种，前两种套管用填料密封，适用于穿过水池壁、防爆车间的墙壁等。后两种套管只适用于穿过一般建筑物楼层或墙壁等不需要密封的管道。

（6）补偿器

①自然补偿。自然补偿是利用管路几何形状所具有的弹性吸收热变形。最常见的管道自然补偿法是将管道两端以任意角度相接，多为两管道垂直相交。自然补偿的缺点是管道变形时会产生横向位移，而且补偿的管段不能很大。

自然补偿器分为 L 形和 Z 形两种，安装时应正确确定弯管两端固定支架的位置。

②人工补偿。人工补偿是利用管道补偿器来吸收热能产生变形的补偿方式，常用的有方形补偿器、填料式补偿器、波形补偿器、球形补偿器等。

a. 方形补偿器。该补偿器由管子弯制或由弯头组焊而成，利用刚性较小的回折管烧制变形来补偿两端直管部分的热伸长量。其优点是制造方便、补偿能力大、轴向推力小、维修方便、运行可靠，缺点是占地面积较大。

方形补偿器按外伸垂直臂 H 和平行臂 B 的比值不同分成四类，如图 2.14 所示。它们的尺寸及补偿能力可查有关设计手册。

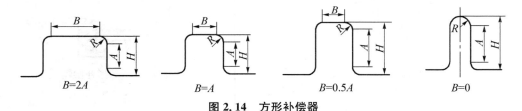

图 2.14　方形补偿器

b. 填料式补偿器。该补偿器又称套筒式补偿器，主要由三部分组成：带底脚的套筒、插管和填料函。在内、外管间隙之间用填料密封，内插管可以随温度变化自由活动，从而起到补偿作用，其材质有铸铁和钢质两种，铸铁的适用于压力在 1.3 MPa 以下的管道，钢质的适用于压力不超过 1.6 MPa 的热力管道上，其形式有单向和双向两种，如图 2.15 所示。

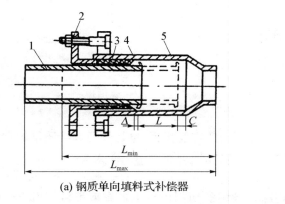
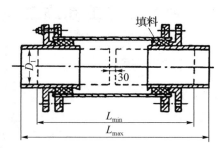

(a) 钢质单向填料式补偿器　　　　(b) 钢质双向填料式补偿器

图 2.15　填料式补偿器

1—内套筒；2—填料压盖；3—压紧环；4—填料支撑环；5—外壳

填料式补偿器安装方便，占地面积小，流体阻力较小，补偿能力较大。缺点是轴向推力大，易漏水漏气,需经常检修和更换填料。如管道变形有横向位移时,易造成填料圈卡住。这种补偿器主要用在安装方形补偿器时空间不够的场合。

c. 波形补偿器。它是靠波形管壁的弹性变形来吸收热胀或冷缩,按波数的不同分为一波、二波、三波和四波,按内部结构的不同分为带套筒与不带套筒两种,如图 2.16 所示。

在热力管道上,波形补偿器只用于管径较大、压力较低的场合。它的优点是结构紧凑,只发生轴向变形,与方形补偿器相比占据空间位置小。缺点是制造比较困难、耐压低、补偿力小、轴向推力大。它的补偿能力与波形管的外形尺寸、壁厚、管径大小有关。

d. 球形补偿器。球形补偿器主要依靠球体的角位移来吸收或补偿管道一个或多个方向上的横向位移,该补偿器应成对使用,单台使用没有补偿能力,但它可作管道万向接头使用,如图 2.17 所示。

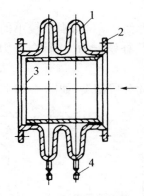
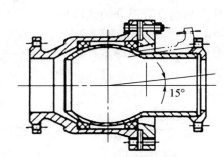

图 2.16 波形补偿器   图 2.17 球形补偿器

1—波节;2—两端法兰;3—内部套管;4—排水阀

球形补偿器具有补偿能力大,流体阻力和变形应力小,且对固定支座的作用力小等特点。特别对远距离热能的输送,即使长时间运行出现渗漏时,也可不需停气减压便可维护。球形补偿器用于热力管道中,补偿热膨胀,其补偿能力为一般补偿器的 5～10 倍;用于冶金设备(如高炉、转炉、电炉、加热炉等)的汽化冷却系中,可作万向接头用;用于建筑物的各种管道中,可防止因地基产生不均匀沉降或振动等意外原因对管道产生的破坏。

2.2 常用安装工程施工技术

2.2.1 切割和焊接

1)切割

切割是各种板材、型材、管材焊接成品加工过程中的首要步骤,也是保证焊接质量的重要工序。一般可以把切割方法分为机械切割、火焰切割、电弧切割和冷切割四大类。

(1)机械切割

机械切割方法是利用机械方法将工件切断。常用的切割机械主要有剪板机、弓锯床、螺纹钢筋切断机、砂轮切割机等。

①剪板机是借助于运动的上刀片和固定的下刀片,采用合理的刀片间隙,对各种厚度的金属板材施加剪切力,使板材按所需要的尺寸断裂分离。剪板机属于锻压机械的一种,主要用于

金属板材的切断加工。

②弓锯床是以锯条为刀具,利用装有锯条的弓锯作往复运动,以锯架绕一支点摆动的方式进给,锯切金属圆料、方料、管料和型材的机床。该机床结构简单、体积小,但效率较低。

③螺纹钢筋切断机有全自动钢筋切断机和半自动钢筋切断机之分。全自动钢筋切断机也称为电动切断机,是将电能通过马达转化为动能控制切刀切口,来达到剪切钢筋的目的。而半自动钢筋切断机是由人工控制切口,进行剪切钢筋操作。目前应用较多的是液压钢筋切断机,适用于各种建筑工地与钢筋加工。

④砂轮切割是以平行薄片砂轮切割金属的工具。整机简便、经济,广泛应用于建筑、五金、石化及水电安装等部门,用以切割金属管、扁钢、工字钢、槽钢、圆钢等型材。但其生产效率低、加工精度低,安全稳定性差。

(2) 火焰切割

火焰切割是利用可燃气体在氧气中剧烈燃烧及被切割金属燃烧所产生的热量而实现连续切割的方法。其工作原理是:用氧气与可燃气体混合后燃烧形成的高温火焰,将被割金属表面加热到燃点,然后喷出高速切割氧流,使金属剧烈氧化燃烧并放出大量热量,高压切割氧流同时将氧化燃烧形成的熔渣从割口间隙中吹除,形成切口,将被割金属分离。可燃气体与氧气的混合及切割氧的喷射是利用割炬来完成的。

氧-燃气火焰切割按所使用的燃气种类,可分为氧-乙炔火焰切割(俗称气割)、氧-丙烷火焰切割、氧-天然气火焰切割和氧-氢火焰切割。实际生产中应用最广的是氧-乙炔火焰切割和氧-丙烷火焰切割。

(3) 电弧切割

电弧切割按生成电弧的不同可分为等离子弧切割和碳弧气割。

①等离子弧切割。等离子弧切割是一种常用的金属和非金属材料切割的工艺方法。等离子弧切割的机理与氧-燃气切割有着本质上的差别。它是利用高速、高温和高能的等离子气流来加热和熔化被切割材料,并借助内部的或者外部的高速气流或水流将熔化材料排开,直至等离子气流束穿透背面而形成割口。

等离子弧切割按切割气的种类可分为普通等离子弧切割、空气等离子弧切割和氧等离子弧切割等。

②碳弧气割。碳弧气割是利用碳极电弧的高温,把金属局部加热到熔化状态,同时用压缩空气的气流把熔化金属吹掉,从而达到对金属进行切割的一种加工方法。利用该方法也可在金属上加工沟槽。目前,这种切割金属的方法在金属结构制造部门得到广泛应用。

(4) 冷切割

冷切割是相对前述的热切割而言,它可实现低温切割。冷切割出来的工件相对变形小,挂渣少,可以保持原有材料的特性,不致因加热而改变。

2) 焊接

焊接是通过加热或加压或二者并用的方法,将两种或两种以上的同种或异种材料,通过原子或分子之间的结合和扩散连接成一体的工艺过程,可以连接金属材料和非金属材料。

(1) 焊接的分类及特点

按照焊接过程中金属所处的状态及工艺的特点,可以将焊接方法分为熔化焊(熔焊)、压力焊(压焊)和钎焊三大类(如图 2.18 所示)。

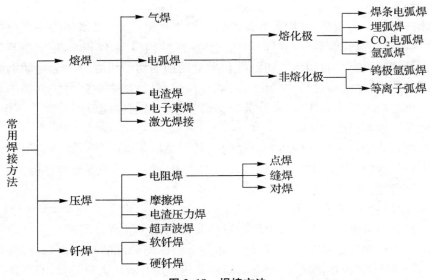

图 2.18　焊接方法

①熔化焊。熔化焊是利用局部加热的方法将连接处的金属加热至熔化状态,然后冷却结晶成一体的焊接方法,可形成牢固的焊接接头。

a. 气焊。气焊所用的可燃气体与气割相同,主要有乙炔、丙烷、天然气和氢气等,氧气为助燃气体。

气焊用的焊丝起填充金属的作用,焊接时与熔化的母材一起组成焊缝金属。因此应根据工件的化学成分和机械性能选用相应成分或性能的焊丝,有时也可以用从被焊板材上切下的条料作焊丝。

焊接有色金属、铸铁和不锈钢时,还应采用焊粉(熔剂),用以消除覆盖在焊材及熔池表面上的难熔的氧化膜和其他杂质,并在熔池表面形成一层熔渣,保护熔池金属不被氧化,排除熔池中的气体、氧化物及其他杂质,提高熔化金属的流动性,使焊接顺利并保证质量和成形。

气焊主要应用于薄钢板、低熔点材料(有色金属及其合金)、铸铁件和硬质合金刀具等材料的焊接,以及磨损、报废车件的补焊、构件变形的火焰矫正等。

气焊的优点是设备简单(氧气瓶、乙炔瓶、回火保险器、焊炬、减压器、氧气、乙炔、输送管等),使用灵活;对铸铁及一些有色金属的焊接有较好的适应性;在电力供应不足的地方需要焊接时,气焊可以发挥更大的作用。其缺点是生产效率较低,焊接后工件变形和热影响区较大,较难实现自动化。

b. 电弧焊。它的原理是利用电弧放电(俗称电弧燃烧)所产生的热量将焊条与工件互相熔化并在冷凝后形成焊缝,从而获得牢固接头的焊接过程。

• 手工焊条电弧焊(简称手弧焊)。是以手工操纵焊条,利用焊条与工件之间产生的电弧将焊条和工件局部加热到熔化状态,焊条端部熔化后的熔滴和熔化的母材融合一起形成熔池,随着电弧向前移动,熔池液态金属逐步冷却结晶,最终形成焊缝。它是目前在工业生产中应用最广的一种焊接方法。

手弧焊可以进行平焊、立焊、横焊和仰焊等多位置焊接。

手弧焊的主要优点有:操作灵活、设备简单,使用方便,应用范围广。主要缺点有:焊接生产效率低、劳动条件差、焊接质量不够稳定。

· 埋弧焊。埋弧焊的电弧是在一层颗粒状的可熔化焊剂覆盖下燃烧进行焊接的方法,电弧光不外露。

埋弧焊的主要优点是:

热效率较高,熔深大,工件的坡口可较小,减少了填充金属量。

焊接速度快,当焊接厚度为 8～10 mm 的钢板时,单丝埋弧焊速度可达 50～80 cm/min。

焊接质量好,焊剂的存在不仅能隔开熔化金属与空气的接触,而且使熔池金属较慢地凝固,减少了焊缝中产生气孔、裂纹等缺陷的可能性。

在有风的环境中焊接时,埋弧焊的保护效果胜过其他焊接方法。

埋弧焊的缺点有:

由于采用颗粒状焊剂,这种焊接方法一般只适用于水平位置焊缝焊接。

难以用来焊接铝、钛等氧化性强的金属及其合金。

由于不能直接观察电弧与坡口的相对位置,容易焊偏。

只适于长焊缝的焊接。

不适合焊接厚度小于 1 mm 的薄板。

c. 气体保护电弧焊(气电焊)。用外加气体作为电弧介质并保护电弧和焊接区的电弧焊称为气体保护电弧焊,简称气电焊。

气电焊与其他焊接方法相比具有以下特点:

· 电弧和熔池的可见性好,焊接过程中可根据熔池情况调节焊接参数。

· 焊接过程操作方便,没有熔渣或很少有熔渣,焊后基本上不需清渣。

· 电弧在保护气流的压缩下热量集中,焊接速度较快,熔池较小,热影响区窄,焊件焊后变形小,可以焊接薄板。

· 可以焊接化学活泼性强和易形成高熔点氧化膜的铸、铝、钛及其合金。

· 有利于焊接过程的机械化和自动化,特别是空间位置的机械化焊接。

· 在室外作业时,需设挡风装置,否则气体保护效果不好,甚至很差。

· 电弧的光辐射很强。

· 焊接设备比较复杂,比焊条电弧焊设备价格高。

气电焊通常按照电极是否熔化和保护气体的不同,分为不熔化极(钨极惰性气体保护焊)和熔化极气体保护焊、氧化混合气体保护焊、CO_2 气体保护焊和管状焊丝气体保护焊。

②压力焊。压力焊是利用焊接时施加一定压力,使两个连接表面的原子相互接近到晶格距离,从而在固态条件下实现连接。这类焊接有两种形式,可加热后施压,亦可直接冷压焊接,其压接接头较牢固。

a. 电阻焊。电阻焊是将被焊工件压紧于两电极之间,并通以电流,利用电流流经工件接触面及邻近区域产生的电阻热将其加热到熔化或塑性状态,使之形成金属结合的一种方法。

电阻焊有三种基本类型,即点焊、缝焊和对焊。

· 点焊。点焊是用两柱状电极压紧工件—通电—接触面发生点状熔化(熔核断电),在压力下完成一个焊点的结晶过程。点焊是一种高速、经济的连接方法。多用于薄板的非密封性连接,如汽车驾驶室、金属车厢复板的焊接。

· 缝焊。缝焊是用滚轮电极滚压工件,配合断续通电,使相邻的焊点互相重叠而形成连续致密焊缝。缝焊多用于焊接有密封性要求的薄壁结构($\delta < 3$ mm),如油桶、罐头罐、暖气片、飞机和汽车油箱的薄板焊接。

• 对焊。对焊是将焊件装配成对接接头,使其端面紧密接触,利用强电流通过接头时产生的电阻热将金属加热至塑性状态,然后迅速施加顶锻力完成焊接的方法。其特点是:接头性能较差,多用于对接头强度和质量要求不是很高,直径小于 20 mm 的棒料、管材、门窗等构件的焊接。

b. 摩擦焊。摩擦焊是利用焊件接触面的强烈摩擦产生的热量,将焊件连接面快速加热到塑性状态,并在压力下形成接头的热压焊方法。摩擦焊有多种类型,目前应用最广的是旋转式连续驱动摩擦焊。

摩擦焊的特点:

• 加热温度低,接头质量好。

• 焊接生产率高,成本较低。

• 能焊同种金属、异种金属及某些非金属材料。

• 焊接过程可控性好,质量稳定,焊件精度高。

• 劳动条件好,无弧光、烟尘、射线污染。

• 要求被焊工件至少应有一件是旋转体(如棒料、管材)。

• 摩擦焊设备的一次性投资大,适用于成批大量生产。

摩擦焊的应用:

• 在各种回转体结构的焊接方法中,可逐步取代电弧焊、电阻焊、闪光焊。

• 一些用熔焊、电阻焊不能焊的异种金属,可用摩擦焊焊接(如铜-铝摩擦焊等)。

常用的黑色及有色金属均可应用摩擦焊,最宜焊接圆截面件及管子,实心焊件截面直径为 2~100 mm,空心焊件最大外径可达几百毫米。在建筑、电站、切削刀具生产、汽车、拖拉机、石油钻杆加工、纺织机械等部门都有应用。

c. 电渣压力焊。电渣压力焊是将两根钢筋安放成竖向或斜向(倾斜度在 4∶1 的范围内)对接形式,利用焊接电流通过两根钢筋间隙,在焊剂层下形成电弧过程和电渣过程,产生电弧热和电阻热,熔化钢筋,加压完成的一种压焊方法。

电渣压力焊的焊接过程包括四个阶段:引弧过程、电弧过程、电渣过程和顶压过程。

电渣压力焊适用于现浇钢筋混凝土结构中竖向或斜向钢筋的连接,与电弧焊相比,它工效高、成本低,我国在一些高层建筑的柱、墙钢筋施工中已取得了很好的效果。

d. 超声波焊。超声波焊是在静压力与声学系统输入的高频(>16 kHz)弹性振动能(即超声波)共同作用下,使焊件接触面发生相对摩擦而进行焊接的一种固相焊接方法。超声波焊的特点:

• 焊接时焊件的温升小,焊接内应力与变形也很小,接头强度比电阻焊高 15%~20%。

• 可焊接的材料种类很广泛,除钢材外,还可焊接高导电性、高导热性材料(如银、铜、铝),物理性能相差很大的异种金属(如铜-铝、铜-钨、铝-镍等)以及非金属材料(如云母、大多数热塑性塑料等)。

• 焊前对焊件表面清洁质量要求不高,耗电量仅为电阻焊的 5%左右,焊接成本低。

• 不足之处是:接头形式受焊极伸入方式的限制,厚壁工件的焊接较困难。

③钎焊。钎焊是采用熔点低于焊件(母材)的钎料与焊件一起加热,使钎料熔化(焊件不熔化)后,依靠钎料的流动充填在接头预留空隙中,并与固态的母材相互扩散、溶解,冷却后实现焊接的方法。钎焊接头一般强度较低,耐热性差。

钎焊可用于各种黑色及有色金属和合金以及异种金属的连接,适宜于小而薄和精度要求高的零件。在机械、电机、无线电、仪表、航空、导弹、原子能、空间技术以及化工、食品等部门都有应用。

2.2.2 除锈、防腐蚀和绝热工程

为了防止工业废气、水及土壤对金属的腐蚀,在设备、管道以及附属钢结构外部涂层是防腐蚀的重要措施。

1) 除锈

黑色金属(钢材)置于室外或露天条件下容易生锈,不但影响外观质量,还会影响喷漆、防腐等工艺的正常进行,尤其会直接影响到涂层的破坏、剥落和脱层。未处理表面原有的铁锈及杂质的污染,如油脂、水垢、灰尘等都会直接影响防腐层与基体表面的黏合和附着。因此,在设备施工前,必须十分重视表面处理。

(1) 钢材表面原始锈蚀分级

钢材表面原始锈蚀可分为 A、B、C、D 四级。

A 级——全面覆盖着氧化皮且几乎没有铁锈的钢材表面。

B 级——已发生锈蚀,且部分氧化皮已经剥落的钢材表面。

C 级——氧化皮已因锈蚀而剥落或者可以刮除,且有少量点蚀的钢材表面。

D 级——氧化皮已因锈蚀而全面剥离,且已普遍发生点蚀的钢材表面。

(2) 钢材表面除锈质量等级

钢材表面除锈质量等级可分为:手工或动力工具除锈 St2、St3 两级,喷射或抛射除锈 Sa1、Sa2、Sa2.5、Sa3 四级。另外,还有火焰除锈质量等级 F1 和化学除锈质量等级 Pi。

St2——彻底的手工和动力工具除锈。钢材表面无可见的油脂和污垢,且没有附着不牢的氧化皮、铁锈和油漆涂层等附着物。可保留黏附在钢材表面且不能被钝油灰刀剥掉的氧化皮、锈和旧涂层。

St3——非常彻底的手工和动力工具除锈。钢材表面无可见的油脂和污垢,且没有附着不牢的氧化皮、铁锈和油漆涂层等附着物。除锈应比 St2 更为彻底,底材显露部分的表面应具有金属光泽。

Sa1——轻度的喷射或抛射除锈。钢材表面无可见的油脂和污垢,且没有附着不牢的氧化皮、铁锈和油漆涂层等附着物。

Sa2——彻底的喷射或抛射除锈。钢材表面无可见的油脂和污垢,且氧化皮、铁锈和油漆涂层等附着物已基本清除,其残留物应是牢固附着的。

Sa2.5——非常彻底的喷射或抛射除锈。钢材表面无可见的油脂、污垢、氧化皮、铁锈和油漆涂层等附着物,任何残留的痕迹仅是点状或条纹状的轻微色斑。

Sa3——使钢材表面洁净的喷射或抛射除锈。非常彻底地除掉金属表面的一切杂物,表面无任何可见残留物及痕迹,呈现均匀的金属色泽,并有一定的粗糙度。

F1——火焰除锈。钢材表面应无氧化皮、铁锈和油漆涂层等附着物,任何残留的痕迹应仅为表面变色(不同颜色的暗)。

Pi——化学除锈。金属表面应无可见的油脂和污垢,酸洗未尽的氧化皮、铁锈和油漆涂层的个别残留点允许用手工或机械方法除去,最终该表面应显露金属原貌,无再度锈蚀。

(3) 金属表面的处理方法

钢材表面的处理方法主要有手工除锈方法、机械除锈方法、化学除锈方法、火焰除锈方法四

种。目前,常用机械除锈方法中的喷砂处理。

①手工除锈方法。手工除锈是一种最简单的方法,主要使用刮刀、砂布、钢丝刷、锤、凿等手工工具,进行手工打磨、刷、铲、敲击等操作,从而除去锈垢,然后用有机溶剂如汽油、丙酮、苯等,将浮锈和油污洗净。适用于一些较小的物件表面及没有条件用机械方法进行表面处理的设备表面处理。

②机械除锈方法。机械除锈是利用机械产生的冲击、摩擦作用对工件表面除锈的一种方法,适用于大型金属表面的处理。可分为干喷砂法、湿喷砂法、无尘喷砂法、抛丸法、滚磨法和高压水流除锈法等。

a. 干喷砂法是目前广泛采用的方法。用于清除物件表面的锈蚀、氧化皮及各种污物,使金属表面呈现均匀的色泽,并有一定的粗糙度,以增加漆膜的附着力。

干喷砂法的主要优点是:效率高、质量好、设备简单。但操作时灰尘弥漫,劳动条件差,严重影响工人的健康,且影响到喷砂区附近机械设备的生产和保养。

b. 湿喷砂法分为水砂混合压出式和水砂分路混合压出式。

湿喷砂法的主要特点是:灰尘很少,但效率及质量均比干喷砂法差,且湿砂回收困难。

c. 无尘喷砂法是一种新的喷砂除锈方法。其特点是使加砂、喷砂、集砂(回收)等操作过程连续化,使砂流在一密闭系统里循环不断流动,从而避免了粉尘的飞扬。无尘喷砂法的特点是:设备复杂,投资高。但由于操作条件好,劳动强度低,仍是一种有发展前途的机械喷砂法。

d. 抛丸法是利用高速旋转(2 000 r/min 以上)的抛丸器的叶轮抛出的铁丸(粒径为 0.3~3 mm 的铁砂),以一定角度冲撞被处理的物件表面。该方法的特点是除锈质量高,但只适用于较厚的、不怕碰撞的工件。

e. 滚磨法适用于成批小零件的除锈。

f. 高压水流除锈法是采用压力为 10~15 MPa 的高压水流,在水流喷出过程中掺入少量石英砂(粒径最大为 2 mm 左右),水与砂的比例为 1∶1,形成含砂高速射流,冲击物件表面进行除锈。此法是一种新的大面积高效除锈方法。

③化学除锈方法(也称酸洗法)。化学除锈就是把金属制件在酸液中进行浸蚀加工,以除掉金属表面的氧化物及油垢等。主要适用于对表面处理要求不高、形状复杂的零部件以及在无喷砂设备条件的除锈场合。

酸洗法主要有以下几种方法:

a. 用 50%的硫酸和 50%的水混合成稀硫酸溶液,将制品浸入,使表面铁锈除掉,再用清水洗去酸液,干燥后即可涂覆。

b. 用浓度为 10%~20%的硫酸或浓度为 10%~15%的盐酸进行酸洗,也可用含有 5%~10%硫酸和 10%~15%盐酸的混合液进行酸洗,还可以用磷酸液进行酸洗。方法可采用涂刷、淋洒或浸泡等。注意酸洗温度应控制适当。经酸洗处理后的金属表面必须用水彻底洗刷,然后用浓度为 20%的石灰乳或 5%的碳酸钠溶液,或者用其他稀碱液进行中和。经中和处理后的金属表面应再用温水冲洗 2~3 次,然后用干净抹布擦净,并应迅速使其干燥,立即进行涂覆。

④火焰除锈方法。火焰除锈为除锈工艺之一,主要工艺是先将基体表面锈层铲掉,再用火焰烘烤或加热,并配合使用动力钢丝刷清理加热表面。此种方法适用于除掉旧的防腐层(漆膜)或带有油浸过的金属表面工程,不适用于薄壁的金属设备、管道,也不能使用在退火钢和可淬硬钢除锈工程。

2）刷油

刷油是安装工程施工中一项重要的工程内容,设备、管道及附属钢结构经除锈(表面处理)后,即可在其表面刷油(涂覆)。

（1）涂覆方法

涂覆方法主要有下列几种:

①涂刷法、滚涂法。涂刷法、滚涂法是最常用的手工涂漆方法。这些方法可用简单工具进行施工,但施工质量在很大程度上取决于操作者的熟练程度,工效较低。

②喷涂法。喷涂法是用喷枪将涂料喷成雾状液,在被涂物面上分散沉积的一种涂覆法。它的优点是工效高,施工简易,涂膜分散均匀,平整光滑。但涂料的利用率低,施工中必须采取良好的通风和安全预防措施。喷涂法一般分为高压无空气喷涂法和静电喷涂法。

a. 高压无空气喷涂法:这种方法的优点是工效高,漆膜的附着力也较强。适用于大面积施工和喷涂高黏度的涂料。

b. 静电喷涂法:这种方法的优点是漆雾的弹回力小,大大降低了漆雾的飞散损失,提高了漆的利用率。

③浸涂法。浸涂法是将被涂工件全部浸没在盛漆的容器里,经过一定时间,将被涂工件从容器里取出,让表面多余的漆液自然滴落,干燥成膜。这种方法适用于小型零件和工件内、外表面的涂覆。其优点是设备简单、生产效率高、操作简便,缺点是不适用于干燥快的涂料,因易产生不均匀的漆膜表面。

④电泳涂装法。电泳涂装是利用外加电场使悬浮于电泳液中的颜料和树脂等微粒定向迁移并沉积于电极之一的工件表面的涂装方法。

电泳涂装按沉积性能可分为阳极电泳(工件是阳极,涂料是阴离子型)和阴极电泳(工件是阴极,涂料是阳离子型),按电源可分为直流电泳和交流电泳,按工艺方法又可分为定电压法和定电流法。目前在工业上较为广泛采用的是直流电源定电压法的阳极电泳。

电泳漆膜的性能明显优于其他涂装工艺。电泳涂装法的主要特点有:

a. 采用水溶性涂料,节省了大量有机溶剂,大大降低了大气污染和环境危害,安全卫生,同时避免了火灾的隐患。

b. 涂装效率高,涂料损失小,涂料的利用率可达90%～95%。

c. 涂膜厚度均匀,附着力强,涂装质量好,工件各个部位如内层、凹陷、焊缝等处都能获得均匀、平滑的漆膜,解决了其他涂装方法对复杂形状工件的涂装难题。

d. 生产效率高,施工可实现自动化连续生产,大大提高了劳动效率。

e. 设备复杂,投资费用高,耗电量大,施工条件严格,并需进行废水处理。

（2）常用涂料及其涂覆方法

①生漆(也称大漆)。由于生漆黏度大,不宜喷涂,施工都采用涂刷,一般涂5～8层。为了增加漆膜强度,可采用生漆衬麻布或纱布,绸布应在稀释的漆液中浸透后,再紧贴在底层漆上,然后涂刷面漆。全部涂覆完的设备,应在20℃左右气温中至少放置2～3 d才可使用。

②漆酚树脂漆。漆酚树脂漆可喷涂也可涂刷,一般采用涂刷。漆膜应在10～36℃和相对湿度80%～90%的条件下干燥为宜,严禁在雪、雨、雾天气室外施工。一般含有填料的底漆,干燥时间为24～27 h。底漆完全硬化后,即可涂刷面漆,每道面漆经12～24 h干透后,再进行下一道工序。

③酚醛树脂漆。涂覆方法有涂刷、喷涂、浸涂和浇涂等。酚醛树脂漆每一层涂层自然干燥

后必须进行热处理。

④沥青漆。沥青漆一般采用涂刷法。若沥青漆黏度过高,不便施工,可用200号溶剂汽油、二甲苯、松节油、丁醇等稀释后使用。

⑤无机富锌漆。无机富锌漆在有酸、碱腐蚀介质中使用时,一般需涂上相应的面漆,如环氧-酚醛漆、环氧树脂漆、过氯乙烯漆等,面漆层数不得少于两层。耐热度为160℃左右。

⑥聚乙烯涂料。聚乙烯涂料的施工方法有火焰喷涂法、沸腾床喷涂法和静电喷涂法。

2.2.3　衬里

衬里是一种综合利用不同材料的特性、具有较长使用寿命的防腐方法。根据不同的介质条件,大多数是在钢铁或混凝土设备上衬高分子材料、非金属材料,对于温度、压力较高的场合可以衬耐腐蚀金属材料。

1)玻璃钢衬里

(1)玻璃钢衬里构成

一般玻璃钢的衬里层是由以下四部分构成的:

①底层。底层是在设备表面处理后,为了防止返锈而涂覆的涂层,当玻璃钢衬里比较薄时,底层涂料应考虑选用有防锈性能的底漆;当玻璃钢衬里较厚时,底层涂料主要考虑提高黏合强度。底层涂料必须与基体不发生作用,否则会失去黏合力。

②腻子层。腻子层填补基体表面不平的地方,通过腻子的找平,提高纤维制品的铺覆性能。腻子层所用的树脂基本上与底层相同,只是填料多加些,使之成为胶泥状的物料。

③增强层。主要起增强作用,使衬里层构成一个整体。为了提高抗渗性,每一层玻璃纤维都要被树脂所浸润,并有足够的树脂含量。

④面层。面层主要是高树脂层。由于它直接与腐蚀介质接触,故要求有良好的致密性且抗渗性能高,并对环境有足够的耐蚀、耐磨能力。

(2)玻璃钢衬里施工工序

玻璃钢衬里工程常用的施工方法为手工糊衬法,其中有分层间断贴衬和多层连续贴衬两种糊衬方法。其工序为:除锈—涂刷第一层底漆—刮腻子涂刷第二层底漆—刷胶料贴衬布—检查修整—刷胶料贴第二层衬布—检查修整—(依此类推至要求层次数)—刷面漆两层—加热固化—质量检查。在上述工序中必须注意,加热固化不能采用明火方式,可采用间接蒸汽加热或其他加热形式。对于有些聚酯玻璃钢常温固化即可。

分层间断贴衬和多层连续贴衬方法工序基本相同,不同的是前者涂刷底漆后待干燥至不黏手后进行下道工序,每贴上一层玻璃纤维衬布后都要自然干燥12～24 h再进行下一道工序。后者则不待上一层固化就进行下一层贴衬,此方法工作效率显然比前者高,但质量不易保证。

2)橡胶衬里

热硫化橡胶板衬里施工一般采用手工黏合,其工艺过程如图2.19所示。

图2.19　热硫化橡胶板衬里施工图

（1）设备表面处理

金属表面不应有油污、杂质，一般采用喷砂除锈为宜，也有采用酸洗处理。对铸铁件，在喷砂前应用蒸汽或其他方法加热除去铸件气孔中的空气及油垢等杂质。

（2）胶浆的配制

胶浆配制时，先将胶料剪成小块放入部分汽油进行调胶，配制时应搅拌均匀，使其成糊状，再按配比加入汽油，配成浓度为 1∶4～1∶10 的胶浆。

（3）涂刷胶浆

一般施工温度不低于 15 ℃，但也不宜超过 30～35 ℃。设备与橡胶板一般至少要涂刷三层胶浆。每层用胶浆浓度不同，第一层较稀，第二层较浓，第三层更浓一些。每次涂刷后的干燥时间一般为 10～30 min。

（4）硫化

硫化是生胶与硫黄物理化学变化的过程。硫化后的橡胶具有良好的弹性、硬度、耐磨性及耐腐蚀性能。软橡胶含硫量少，它与金属的黏结力比硬橡胶和半硬橡胶差。

3）衬铅和搪铅衬里

衬铅和搪铅是两种覆盖铅的方法。

将铅板用压板、螺栓、搪钉固定在设备或被衬物件表面上，再用铅焊条将铅板之间焊接起来，形成一层将设备与介质隔离开的防腐层，称为衬铅。一般采用搪钉固定法、螺栓固定法和压板条固定法。

采用氢-氧焰将铅条熔融后贴覆在被衬的物件或设备表面上形成具有一定厚度的密实的铅层，这种防腐手段称为搪铅。

衬铅的施工方法比搪铅简单，生产周期短，相对成本也低，适用于立面、静荷载和正压下工作；搪铅与设备器壁之间结合均匀且牢固，没有间隙，传热性好，适用于负压、回转运动和振动下工作。

4）砖、板衬里

它是将砖、板块材用具有一定黏接性和耐腐蚀性能的胶泥砌衬在金属或非金属设备、管道内壁表面达到防腐蚀作用的一种防腐手段，称为砖、板衬里工程。施工顺序如图 2.20 所示。

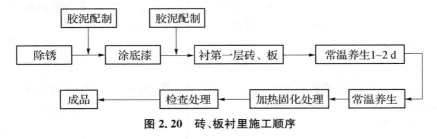

图 2.20　砖、板衬里施工顺序

5）软聚氯乙烯板衬里

首先根据需衬里的部位，对软板剪裁下料，尽量减少焊缝，形状复杂的衬里应制作样板，按样板下料。软板接缝应采用热风枪本体熔融加压焊接法，不宜采用烙铁烫焊法和焊条焊接法，搭接宽度为 20～25 mm。必要时，软板表面应用酒精脱脂处理。焊接时，应用分段预热法将焊道预热到发软时，立即进行焊接。

2.2.4 喷镀（涂）

金属喷涂是用熔融金属的高速粒子流喷在基体表面，以产生覆层的材料保护技术。金属喷涂是解决防腐蚀和机械磨损修补的工艺，采用金属丝或金属粉末材料，为此，又称金属丝喷涂法和金属末喷涂法。

应用最多的金属材料是锌、铝和铝锌合金，主要用以保护钢铁的大型结构件。

金属喷涂的方法有燃烧法和电加热法，均以压缩空气作为雾化气将熔化的金属喷射到被镀物件表面。

金属喷涂的施工工序为：除锈——试喷——喷镀第一层——喷镀第二层——镀层检查处理——镀层后处理。

喷涂设备及工具：喷涂设备及工具包括空气压缩机、乙炔发生器（乙炔气瓶）、氧化瓶、空气冷却器、油水分离器、储气罐、喷枪。

2.2.5 绝热工程

绝热工程是指在生产过程中，为了保持正常生产的温度范围，减少热载体（如过热蒸汽、饱和水蒸气、热水和烟气等）与冷载体（如液氨、液氮、冷冻盐水和低温水等）在输送、储存和使用过程中热量和冷量的散失浪费，降低能源消耗和产品成本而对设备和管道所采取的保温和保冷措施。绝热工程按用途可以分为保温、加热保温和保冷三种。

绝热材料应选择导热系数小、无腐蚀性、耐热、持久、性能稳定、质量轻、有足够强度、吸湿性小、易于施工成型的材料。

绝热材料的种类很多，比较常用的有岩棉、玻璃棉、矿渣棉、石棉、硅藻土、膨胀珍珠岩、聚氨酯泡沫塑料、聚苯乙烯泡沫塑料、泡沫玻璃等。

1）绝热层施工

（1）涂抹绝热层

这种结构已较少采用，只有小型设备外形较复杂的构件或临时性保温才使用。

（2）充填绝热层

它是指由散粒状绝热材料如矿渣棉、玻璃棉、超细玻璃棉以及珍珠岩散料等直接充填到为保温体制作的绝热模具中形成绝热层，这是最简单的绝热结构。这种结构常用于表面不规则的管道、阀门、设备的保温。

（3）绑扎绝热层

它是目前应用最普遍的绝热层结构形式，主要用于管、柱状保温体的预制保温瓦和保温毡等绝热材料的施工。

（4）黏贴绝热层

它是目前应用广泛的绝热层结构形式，主要用于非纤维材料的预制保温瓦、保温板等绝热材料的施工。如水泥珍珠岩瓦、水玻璃珍珠岩瓦、聚苯乙烯泡沫塑料块等。

（5）钉贴绝热层

它主要用于矩形风管、大直径管道和设备容器的绝热层施工中，适用于各种绝热材料加工成型的预制品件，如珍珠岩板、矿渣棉板等。

（6）浇灌式绝热层

它是将发泡材料在现场浇灌入被保温的管道、设备的模壳中，发泡成保温层结构。这种结构过去常用于地沟内的管道保温,即在现场浇灌泡沫混凝土保温层。

(7)喷塑绝热层

它是近年来发展起来的一种新的施工方法,适用于以聚苯乙烯泡沫塑料、聚氯乙烯泡沫塑料、聚氨酯泡沫塑料作为绝热层的喷涂法施工。

2)防潮层施工

防潮层过去常用沥青油毡和麻刀石灰泥为主要粉料制作,但是沥青油毡过分圈折时会断裂,且施工作业条件较差,仅适用于大直径和平面防潮层。现在工程上用作防潮层的材料主要有两种:一种是以玻璃丝布作胎料,两面涂刷沥青玛琦脂制作;另一种是以聚氯乙烯塑料薄膜制作。

①阻燃性沥青玛琦酯贴玻璃布作防潮隔气层时,它是在绝热层外面涂抹一层 2~3 mm 厚的阻燃性沥青玛琦酯,接着缠绕一层玻璃布或涂塑窗纱布,然后涂抹一层 2~3 mm 厚阻燃性沥青玛琦酯形成。此法适用于在硬质预制块做的绝热层或涂抹的绝热层上面使用。

②塑料薄膜作防潮隔气层,是在保冷层外表面缠绕聚乙烯或聚氯乙烯薄膜 1~2 层,注意搭接缝宽度应在 100 mm 左右,一边缠一边用热沥青玛琦酯或专用黏结剂黏接。这种防潮层适用于纤维质绝热层面上。

3)保护层施工

绝热结构外层必须设置保护层,以阻挡环境和外力对绝热材料的影响,延长绝热结构的寿命。保护层应使绝热结构外表整齐、美观,结构应严密和牢固,在环境变化和振动情况下不渗雨、不裂纹、不散缝、不坠落。

用作保护层的材料很多,工程上常用的有塑料薄膜和玻璃丝布、石棉石膏或石棉水泥、金属薄板等。

(1)塑料薄膜或玻璃丝布保护层

它是直接将塑料薄膜或玻璃丝布缠绕在防潮层上面制成的。缠绕压接宽度为带宽的1/3~1/2,接头搭接长度为 80~100 mm,起点和终点用镀锌铁丝绑扎且不少于两圈。缠包面应平整无皱纹,松紧适度。这种保护层适用于纤维制的绝热层上面使用。保护层外面再结合识别标志和环境条件涂刷不同油漆涂料的防腐层。

(2)石棉石膏或石棉水泥保护层

它是将石棉石膏或石棉加水调制成胶泥状直接涂抹在防潮层上而形成的。保护层的厚度:管径 DN<500 mm 时,厚度 5~10 mm;当管径 DN>500 mm 时,厚度 5~15 mm。厚度应保证设计尺寸,表面光滑无裂纹,干燥后可直接涂刷识别标志油漆。这种保护层适用于硬质材料的绝热层上面或要求防火的管道上。

(3)金属薄板保护层

它是用镀锌薄钢板、铝合金薄板、铝箔玻璃钢薄板等按防潮层的外径加工成型,然后固定连接在管道或设备上的。

2.3 辅助项目

2.3.1 吹洗、脱脂、钝化和预膜

为了清除管道和设备内的锈蚀物或其他污物,或对管道和设备内表面进行保护,在管道安装好以后,要对系统的管道和设备进行吹扫、清洗、脱脂、钝化和预膜等处理。

1）吹扫与清洗

管道系统安装后,在压力试验合格后,应进行吹扫与清洗。

（1）吹扫与清洗的要求

管道吹扫与清洗方法应根据管道的使用要求、工作介质、系统回路、现场条件及管道内表面的脏污程度确定,并应符合下列规定:

①管道 DN>600 mm 的液体或气体管道,宜采用人工清理。

②管道 DN<600 mm 的液体管道,宜采用水冲洗。

③管道 DN<600 mm 的气体管道,宜采用压缩空气吹扫。

④蒸汽道应采用蒸汽吹扫,非热力管道不得用蒸汽吹扫。

⑤对有特殊要求的管道,应按设计文件规定采用相应的吹扫与清洗方法。

⑥需要时可采取高压水冲洗、空气爆破吹扫或其他吹扫与清洗方法。

⑦对不允许吹扫与清洗的设备及管道,应进行隔离。

⑧管道吹扫与清洗前,应将系统内的仪表、孔板、节流阀、调节阀、电磁阀、安全阀、止回阀等管道组件暂时拆除,以模拟件或临时短管替代,待管道吹洗合格后再重新复位。对以焊接形式连接的上述阀门、仪表等部件,应采取流经旁路或卸掉阀头及阀座加保护套等保护措施后再进行吹扫与清洗。

⑨吹扫与清洗的顺序应按主管、支管、疏排管依次进行,吹出的脏物不得进入已吹扫与清洗合格的管道。

⑩吹扫排放的脏物不得污染环境,严禁随意排放。

⑪管道吹扫与清洗时应设置禁区和警戒线,并应挂警示牌。

⑫管道吹扫与清洗合格后,不得再进行影响管内清洁的作业。

（2）空气吹扫

①空气吹扫宜利用生产装置的大型空压机或大型储气罐进行间断性吹扫。吹扫压力不得大于系统容器和管道的设计压力,吹扫流速不宜小于 20 m/s。

②吹扫忌油管道时,应使用无油压缩空气或其他不含油的气体进行吹扫。

③空气吹扫时,应在排气口设置贴有白布或涂白漆的木质或金属靶板进行检验,吹扫 5 min 后靶板上无铁锈、泥土、水分及其他杂物即为合格。

④当吹扫的系统容积大、管线长、口径大,并不宜用水冲洗时,可采用“空气爆破法”进行吹扫。爆破吹扫时,向系统充注的气体压力不得超过 0.5 MPa,并应采取相应的安全措施。

（3）蒸汽吹扫

①蒸汽吹扫前,管道系统的保温隔热工程应已完成。

②蒸汽吹扫应以大流量蒸汽进行吹扫,流速不应小于 30 m/s。

③蒸汽吹扫前,应先进行暖管,并及时疏水。暖管时,应检查管道的热位移,当有异常时,应及时进行处理。

④蒸汽吹扫应按加热、冷却、再加热的顺序循环进行。吹扫时宜采取每次吹扫一根和轮流吹扫的方法。

⑤通往汽轮机或设计文件有规定的蒸汽管道,经蒸汽吹扫后应对吹扫靶板进行检验,靶板无脏物为合格。

（4）水清洗

①管道冲洗应使用洁净水,冲洗不锈钢、镍及镍合金管道时,水中氯离子含量不得超过25 ppm。

②管道水冲洗的流速不应小于 1.5 m/s。

③冲洗排放管的截面积不应小于被冲洗管截面积的 60%。排水时,不得形成负压。

④管道水冲洗应连续进行,以排出口的水色和透明度与入口处目测一致为合格。

⑤对有严重锈蚀和污染的管道,当使用一般清洗方法未能达到要求时,可采取将管道分段进行高压水冲洗。

⑥管道冲洗合格后,应及时将管内积水排净,用压缩空气或氮气及时吹干。

（5）油清洗

①油清洗方法适用于大型机械的润滑油、密封油等管道系统的清洗。

②润滑、密封及控制系统的油管道,应在机械设备和管道酸洗合格后、系统试运行前进行油清洗。不锈钢油系统管道宜采用蒸汽吹净后再进行油清洗。

③经酸洗钝化或蒸汽吹扫合格的油管道,宜在两周内进行油清洗。

④油清洗应采用系统内循环方式进行,油循环过程中,每 8 h 应在 40～70 ℃内反复升降油温 2～3 次,并及时清洗或更换滤芯。

⑤当设计文件无规定时,管道油清洗后用过滤网检验。

⑥油清洗合格的管道,应采取封闭或充氮保护措施。

（6）酸洗

对设备和管道内壁有特殊清洁要求的,如液压、润滑管道的除锈可采用酸洗法。

①常用的酸洗液为盐酸（或硫酸）加上一定量的表面活性剂组成。

②管道的酸洗应尽量在管道配置完成且已具备冲洗条件后进行,对涂有油漆的管子,在酸洗前应把油漆除净；若内壁有明显的油斑时,酸洗前应将管道进行脱脂处理。

③油库或液压站的管道宜采用槽式酸洗法；从油库或液压站至使用点或工作缸的管道,可采用循环酸洗法。

④循环酸洗时,组成回路的管道长度可根据管径、管压和实际情况确定,但不宜超过 300 m；回路的构成应使所有管道的内壁均能接触酸液。

⑤循环酸洗回路中,应在最高部位设排气点。酸洗前应将管道内的空气排尽。管道最低处应设在排空点,在酸洗完成后,应将溶液排净。

⑥酸洗时,应保持酸液的浓度及温度。

⑦采用系统循环法酸洗时,一般工序应为:试漏—脱脂—冲洗—酸洗—中和—钝化—冲洗—干燥—涂油和复位。

⑧酸洗时可采用脱脂、酸洗、中和、钝化四个工序合一的清洗液（四合一清洗液）进行管道清洗。

⑨液压、润滑油系统的管道在酸洗合格后,应采用工作介质或相当于工作介质的液体进行冲洗。

⑩酸洗后的管道以目测检查,内壁呈金属光泽为合格。

⑪酸洗合格后的管道,如不能及时投入运行,应采取封闭或充氮保护的措施。

2）脱脂

在施工中,忌油系统要进行脱脂处理。脱脂前,可根据工作介质、设备、管材、管径及脏污情况制订脱脂方案。在进行脱脂工作前应对设备、管材、附件清扫除锈,碳素钢材、管件和阀门都要进行除锈。不锈钢管、铜管、铝合金管只需要将表面的污物清扫干净即可。

3）钝化和预膜

钝化是指在经酸洗后的设备和管道内壁金属表面上用化学的方法进行流动清洗或浸泡清洗以形成一层致密的氧化铁保护膜的过程。

酸洗后的管道和设备，必须迅速进行钝化。钝化结束后，要用偏碱的水冲洗，保护钝化膜，以防管道和设备在空气中再次锈蚀。通常化液采用亚硝酸钠溶液。

预膜即化学转化膜，是金属设备和管道表面防护层的一种类型，是在系统清洗之后、正常运行之前化学处理的一个必要步骤。特别是酸洗和钝化合格后的管道，可利用预膜的方法加以防护。其防护功能主要是依靠降低金属本身的化学活性来提高它在环境介质中的热稳定性。此外，也依靠金属表面上的转化产物对环境介质的隔离而起到防护作用。

2.3.2 管道压力试验

依据《工业金属管道工程施工规范》（GB 50235—2010）的规定，管道安装完毕、热处理和无损检测合格后，应对管道系统进行压力试验。压力试验包括水压试验、气压试验和气密性试验等。试验的目的是检查设备或管道的强度和密封性能。试验一般在制作安装完工后，按规定进行。

按试验时使用的介质可分为液压试验和气压试验两种。管道的压力试验一般以液体为试验介质。当管道的设计压力小于或等于 0.6 MPa 时（或现场条件不允许进行液压试验时），也可采用气体为试验介质。

1）液压试验

液压试验应使用清洁水。当对不锈钢、镍及镍合金管道，或对连有不锈钢、镍及镍合金管道或设备的管道进行试验时，试验用水中氯离子含量不得超过 0.002 5%。也可采用其他无毒液体进行液压试验。当采用可燃液体介质进行试验时，其闪点不得低于 50 ℃，并应采取安全防护措施。

（1）管道水压试验的方法和要求

①试压前的准备工作。安装试验用的临时注水和排水管线；在试验管道系统的最高点和管道末端安装排气阀；在管道的最低处安装排水阀；压力表应安装在最高点，试验压力以此表为准。

②注入液体时应排尽空气。向管内注水时要打开排气阀，当发现管道末端的排气阀流水时，立即把排气阀关好，等全系统管道最高点的排气阀见到流水时，说明水已经注满，把最高点的排气阀关好。对管道进行检查，如没有明显的漏水现象就可升压。升压时应缓慢进行，达到规定的试验压力以后，稳压 10 min，经检查无泄漏、无变形为合格。

③试验合格的管道要把管道内的水放掉，放水前先打开管道最高点的排气阀，再打开排水阀，把水放入排水管道，最后拆除试验用的临时管道、连通管及盲板，拆下的阀门及仪表复位，填写好管道系统试验记录。

④试验时，环境温度宜低于 5 ℃。当环境温度低于 5 ℃时，应采取防冻措施。

（2）试验压力的确定

①承受内压的地上钢管道及有色金属管道的试验压力应为设计压力的 1.5 倍，埋地钢管道的试验压力应为设计压力的 1.5 倍，并不得低于 0.4 MPa。

②当管道的设计温度高于试验温度时，试验压力应符合下列规定：

a. 试验压力应按下式计算：

$$P_T = 1.5P[\sigma]_T/[\sigma]^t$$

式中：P_T——试验压力（表压）(MPa)；

P——设计压力（表压）(MPa)；

$[\sigma]_T$——试验温度下，管材的许用应力(MPa)；

$[\sigma]^t$——设计温度下，管材的许用应力(MPa)。

b. 当试验温度下，$[\sigma]_T/[\sigma]^t \geqslant 6.5$ 时，应取 6.5。

c. 应校核管道在试验压力条件下的压力。当 P_T 在试验温度下，产生超过屈服强度的应力时，应将试验压力 P_T 降至不超过屈服强度时的最大压力。

③承受内压的埋地铸铁管道的试验压力，当设计压力≤0.5 MPa 时，应为设计压力的 2 倍；当设计压力>0.5 MPa 时，应为设计压力+0.5 MPa。

2）气压试验

气压试验可分为输送气体介质管道的强度试验和输送液体介质的严密性试验。承受内压钢管及有色金属管的试验压力应为设计压力的 1.15 倍，真空管道的试验压力应为 0.2 MPa。

气压试验的方法和要求：

①气压试验介质应采用干燥洁净的空气、氮气或其他不易燃和无毒的气体。

②试验时应装有压力泄放装置，其设定压力不得高于试验压力的 1.1 倍。

③试验前，应用空气进行预试验，试验压力宜为 0.3 MPa。

④试验时，应缓慢升压，当压力升到规定试验压力的 50% 时，应暂停升压，对管道进行一次全面检查，如无泄漏或其他异常现象，可继续按规定试验压力的 10% 逐级升压，每级稳压 3 min，直至试验压力。并在试验压力下稳压 10 min，再将压力降至设计压力，应用发泡剂检验有无泄漏，停压时间应根据查漏工作需要确定。

⑤工艺管道除了强度试验和严密性试验以外，有些管道还要做一些特殊试验，如输送极度或高度危害介质以及可燃介质的管道，必须进行泄漏性试验。泄漏性试验应在压力试验合格后进行，试验介质宜采用空气，试验压力为设计压力。泄漏性试验应逐级缓慢升压，当达到试验压力，并停压 10 min 后，采用涂刷中性发泡剂等方法，检查无泄漏即为合格。

⑥真空系统在压力试验合格后，还应按设计文件规定进行 24 h 的真空度试验，以增压率不大于 5% 为合格。

本章小节

本章主要讲述以下内容：

1. 安装工程常用材料有型材、板材和管材、电线、电缆、母线及桥架、低压控制和保护电器、管件及附件等。

2. 绝缘电线用于电气设备、照明装置、电工仪表、输配电线路的连接等，一般是由导电线芯、绝缘层和保护层组成。绝缘电线按绝缘材料可分为聚氯乙烯绝缘、聚乙烯绝缘、交联聚乙烯绝缘、橡皮绝缘和丁腈聚氯乙烯复合物绝缘等。

3. 控制电缆按工作类别可分为普通控制电缆、阻燃（ZR）控制电缆、耐火（NH）、低烟低卤（DLD）、低烟无卤（DW）、高阻燃类（GZR）、耐温类、耐寒类控制电缆等。

4. 桥架按制造材料分：钢制桥架、铝合金桥架、玻璃钢阻燃桥架；按结构形式分：梯级式、托盘式、槽式、组合式。

5. 当管道需要连接、分支、转弯、变径时，就需要用管件来进行连接。常用的管件有弯头、三通、异径管和管接头等。

6. 在设备及工业管道系统中，常用阀门有闸阀、截止阀、节流阀、球阀、蝶阀、隔膜阀、旋塞阀、止回阀、安全阀、柱塞阀、减压阀和疏水阀等。

7. 驱动阀门是用手操纵或其他动力操纵的阀门。如截止阀、节流阀(针型阀)、鸣阀、旋塞阀等均属这类阀门。

8. 自动阀门是借助于介质本身的流量、压力或温度参数发生变化而自行动作的阀门,如止回阀(逆止阀、单流阀)、安全阀、浮球阀、减压阀、跑风阀和疏水器等,均属自动阀门。

9. 柔性套管、刚性套管适用于穿过水池壁、防爆车间的墙壁等,钢管套管及铁皮套管等适用于穿过一般建筑物楼层或墙壁不需要密封的管道。

10. 利用管路几何形状所具有的弹性吸收热变形的补偿方式称为自然补偿,利用管道补偿器来吸收热能产生变形的补偿方式称为人工补偿。

11. 常用的人工补偿器有方形补偿器、填料式补偿器、波形补偿器、球形补偿器等。

12. 常用安装工程施工技术有切割和焊接、除锈、防腐蚀和绝热工程。

13. 为了清除管道和设备内的锈蚀物或其他污物,或对管道和设备内表面进行保护,在管道安装好以后,要对系统的管道和设备进行吹扫、清洗、脱脂、钝化和预膜等处理。

14. 管道吹扫与清洗方法应根据管道的使用要求、工作介质、系统回路、现场条件及管道内表面的脏污程度确定。

15. 管道安装完毕、热处理和无损检测合格后,应对管道系统进行压力试验。压力试验包括水压试验、气压试验和气密性试验等。试验的目的是检查设备或管道的强度和密封性能。

思 考 题

1. 安装工程常用材料有哪些?

2. 控制电缆可分为哪些?各自的适用范围是怎样的?

3. 桥架按结构形式分成哪些?

4. 在哪些情况下需要使用管件?

5. 什么叫驱动阀门?包括哪些典型的阀门形式?

6. 什么叫自动阀门?包括哪些典型的阀门形式?

7. 套管有哪些形式?什么情况下需要设置套管?各自的适用范围是怎样的?

8. 补偿器最基本的形式是哪两类?各自的工作原理是怎样的?

9. 常用的人工补偿器有哪些?

3 安装工程计量

安装工程计量是对拟建或已完成的安装工程(实体性或非实体性)数量的计算与确定。安装工程计量可划分为项目设计阶段、招投标阶段、项目实施阶段和竣工验收阶段的工程计量。项目设计阶段的工程计量是根据设计项目的建设规模、拟生产产品数量、生产方法、工艺流程和设备清单等,对拟建项目安装工程量的计算;招投标阶段的工程计量是依据安装施工图对拟建工程予以计量;项目实施阶段的工程计量是指根据实际完成的安装工程数量进行计量;竣工验收阶段的工程计量是依据竣工图对安装工程进行的最终确认。

在进行计量的过程中,须依据《通用安装工程工程量计算规范》(GB 50856—2013)(以下简称《安装计量规范》)、《建设工程工程量清单计价规范》(GB 50500—2013)、《安装工程预算定额》和工程计量内容进行计量,对计量对象的计量内容包括清单工程量和定额工程量。

3.1 建筑安装编码体系

建筑安装工程项目的计量是通过对工程项目分解进行的,工程项目分解成不同层次后,为了有效管理,需进行规范编码。编码体系作为建筑安装项目的项目管理、成本分析和数据积累的基础,是很重要的业务标准。

3.1.1 建筑安装编码的原则和方法

1)编码的原则

编码体系与数据处理方式相联系,也反映了项目管理信息系统的功能,因而在编码中应遵循以下原则:

(1)与建筑安装项目分解的原则和体系相一致

在范围上,要包括所有的项目内容;在深度上,要达到项目分解的最低层次,必要时还要考虑预留1~2个层次,以便在项目实施过程中因项目分解进一步加深时扩充编码。

(2)便于查询、检索和总汇

编码体系应尽可能地适应管理人员的各种需要,并尽可能做到便于使用者识别和记忆项目编码所对应的项目内容。

(3)反映项目的特点和需要

不同的建设项目在规模、功能、项目构成、项目特征、费用组成等方面往往有较大的差别,对项目管理工作的具体要求也有所不同,这就要求编码体系能够反映具体项目的特点,充分体现编码体系对管理工作的作用。

2)编码的方法

在进行项目信息编码的过程中,编码的方法主要有:

(1)顺序编码

即从01(或001等)开始依次排下去,直到最后的编码方法。该法简单,代码较短。但这种代码缺乏逻辑基础,本身不说明事物的任何特征。

（2）多面码

一个事物可能具有多个属性，如果在编码中能为这些属性各自规定一个位置，就形成了多面码。该法的优点是逻辑性能好，便于扩充。但这种代码位数较长，会有较多的空码。

（3）十进制码

这种编码方法是先把对象分成十大类，编以 0～9 的号码，每类中再分成十小类，编以第二个 0～9 的号码，依次下去。这种方法可以无限扩充下去，直观性也较好。

（4）文字数字码

这种方法是用文字表明对象的属性。这种编码的直观性较好，记忆、使用也都方便。但数据过多时，很容易使含义模糊，造成错误的理解。

3.1.2　中国的分类编码体系

我国建设工程清单工程量计算，按照我国现行国家标准《通用安装工程工程量计算规范》（GB 50856—2013）的规定，分部分项工程量清单项目编码采用 12 位阿拉伯数字表示，以"安装工程—安装专业工程—安装分部工程—安装分项工程—具体安装分项工程"的顺序进行五级项目编码设置。一、二、三、四级编码为全国统一，第五级编码由清单编制人根据工程的清单项目特征分别编制。

如 030101001001 编码含义如图 3.1 所示。

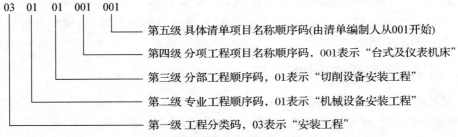

图 3.1　建筑安装编码示例

第一级编码表示工程类别。采用两位数字（即第一、第二位数字）表示。01 表示房屋建筑与装饰工程，02 表示仿古建筑工程，03 表示通用安装工程，04 表示市政工程，05 表示园林绿化工程，06 表示矿山工程，07 表示构筑物工程，08 表示城市轨道交通工程，09 表示爆破工程。以后进入国标的专业工程代码依此类推。

第二级编码表示各专业工程顺序码。采用两位数字（即第三、第四位数字）表示。如安装工程的 0301 为"机械设备安装工程"，0308 为"工业管道工程"等。

第三级编码表示各专业工程下的各分部工程顺序码。采用两位数字（即第五、第六位数字）表示。如 030101 为"切削设备安装工程"，030803 为"高压管道"分部工程。

第四级编码表示各分部工程的各分项工程顺序码，即表示清单项目。采用三位数字（即第七、第八、第九位数字）表示。如 030101001 为"台式及仪表机床"，030803001 为"高压碳钢管"分项工程。

第五级编码表示清单项目名称顺序码。采用三位数字（即第十、第十一、第十二位数字）表示，由清单编制人员所编列，可有 1～999 个子项。

工程量清单是以单位项工程为单位编制。若在同一个标段的一份工程量清单含有多个单位工程，在编制工程量清单时第五级数字的设置不得重码。

3.2　安装工程计量规定和项目划分

安装工程造价采用清单计价的,其工程量的计算应依照《安装计量规范》附录中安装工程工程量清单项目及计算规则进行工程计量,以工程量清单的形式表现。工程量清单是分部分项工程项目、措施项目、其他项目、规费项目和税金项目的名称和相应数量等的明细清单。

1)安装工程计量规定

(1)工程量清单应由具有编制能力的招标人或受其委托具有相应资质的工程造价咨询人编制。工程量清单标明的工程量是投标人投标报价的共同基础,投标人工程量必须与招标人提供的工程量一致。

(2)《安装计量规范》适用于安装工程施工图设计和施工招投标阶段编制工程量清单,也适用于工程设计变更后的工程量计算。

(3)计算尺寸以设计图纸表示的或设计图纸能读出的尺寸为准。除另有规定外,工程量的计量单位应按下列规定计算:

①以体积计算的为立方米(m^3)。

②以面积计算的为平方米(m^2)。

③以长度计算的为米(m)。

④以重量计算的为吨(t)。

⑤以台(套或件等)计算的为台(套或件等)。

汇总工程量时,其精确度取值:以"m^3""m^2""m"为单位,应保留两位小数,以"t"为单位,应保留三位小数;以"台""套""件"等为单位,应取整数,两位或三位小数后的位数按四舍五入法取舍。

(4)计算工程量时,应按照施工图纸顺序,分部、分项依次计算,并尽可能采用计算表格及计算机计算,简化计算过程。

(5)安装工程工程量的计量除依据《安装计量规范》各项规定外,还应依据以下文件:

①经审定通过的施工设计图纸及其说明。

②经审定通过的施工组织设计或施工方案。

③经审定通过的其他技术经济文件。

④与工程相关的标准、规范和技术资料。

在《安装计量规范》中,按专业、设备特征或工程类别分为:机械设备安装工程、热力设备安装工程等13个部分,形成附录 A～附录 N,具体为:

附录 A:机械设备安装工程(编码:0301)

附录 B:热力设备安装工程(编码:0302)

附录 C:静置设备与工艺金属结构制作安装工程(编码:0303)

附录 D:电气设备安装工程(编码:0304)

附录 E:建筑智能化工程(编码:0305)

附录 F:自动化控制仪表安装工程(编码:0306)

附录 G:通风空调工程(编码:0307)

附录 H:工业管道工程(编码:0308)

附录 J:消防工程(编码:0309)

附录K：给排水、采暖、燃气工程(编码：0310)

附录L：通信设备及线路工程(编码：0311)

附录M：刷油、防腐蚀、绝热工程(编码：0312)

附录N：措施项目(编码：0313)

每个专业工程又统一划分为若干个分部工程。

如附录D电气设备安装工程，又可划分为：

D.1 变压器安装(030401)

D.2 配电装置安装(030402)

D.3 母线安装(030403)

D.4 控制设备及低压电器安装(030404)

D.5 蓄电池安装(030405)

D.6 电机检查接线及调试(030406)

D.7 滑触线装置安装(030407)

D.8 电缆安装(030408)

D.9 防雷及接地装置(030409)

D.10 10 kV以下架空配电线路(030410)

D.11 配管、配线(030411)

D.12 照明器具安装(030412)

D.13 附属工程(030413)

D.14 电气调整试验(030414)

D.15 相关问题及说明

每个分部工程又统一划分为若干分项工程，列于分部工程表格之内。如G.3通风管道部件制作安装，见表3.1。

表 3.1　G.3 通风管道部件制作安装(编码 030703)

项目编码	项目名称	项目特征	计量单位	工程量计算规则	工程内容
030703001	碳钢阀门	1. 名称 2. 型号 3. 规格 4. 质量 5. 类型 6. 支架形式、材质	个	按设计图示数量计算	1. 阀体制作 2. 阀体安装 3. 支架制作、安装
030703002	柔性软风管阀门	1. 名称 2. 规格 3. 材质 4. 类型	个	按设计图示数量计算	阀体安装
030703003	铝碟阀	1. 名称 2. 规格 3. 质量 4. 类型			
......	......	......			......

《安装计量规范》中的清单项目工程量计算规则适用于工业、民用、公共设施、建设安装工程

的计量和工程计量清单编制。在进行安装工程工程量计量时,除应遵守本规范外,还应符合国家现行标准的规定。

2) 分部分项工程量清单

安装工程分部分项工程量清单应根据《安装计量规范》附录规定的项目编码、项目名称、项目特征、计量单位和工程量计算规则进行编制。分部分项工程量清单形式以碳钢通风管道为例,见表3.2。

表3.2 分部分项工程量清单

工程名称:　　　　　　　　　　标段:　　　　　　　　　　　　第 页 共 页

序　号	项目编码	项目名称	项目特征	计量单位	工程量
1	030702001001	碳钢通风管道	1. 材质:镀锌钢板 2. 形状:矩形风管 3. 规格:200 mm×120 mm 4. 板材厚度:$\delta=0.5$ mm 5. 接口形式:咬口连接	m²	14.66

在编制分部分项工程量清单时,必须符合四个统一的要求,即统一项目编码、统一项目名称、统一计量单位和统一工程量计算规则。

(1) 统一项目编码

项目编码应按照《安装计量规范》要求的安装工程项目分解编码进行编制,编制工程量清单时若出现附录中未包括的项目,编制人应作补充,并报省级或行业工程造价管理机构备案,省级或行业工程造价管理机构应汇总报往住房和城乡建设部标准定额研究所。

补充项目的编码由附录的顺序码与 B 和三位阿拉伯数字组成,并应从 03B001 起顺序编制,同一招标工程的项目不得重码。工程量清单中需附有补充项目的名称、项目特征、计量单位、工程量计算规则、工程内容。

(2) 统一项目名称

项目名称是表明建设项目各专业工程分部分项工程清单项目的具体名称。安装工程各专业工程的清单项目名称应按《安装计量规范》附录 A～附录 N 的规定,并结合拟建工程实际确定。

(3) 统一计量单位

《安装计量规范》统一规定了安装工程各清单项目的计量单位。在清单计价方式中,清单项目工程量的计量单位均采用基本单位,不得使用扩大单位。

有两个或两个以上计量单位的,应结合拟建工程的实际选择其中一个。如静置设备与工艺金属结构制作安装工程中磁粉探伤项目的计量单位为"m"或"m²"。

(4) 统一工程量计算规则

《安装计量规范》统一规定了清单工程量的计算规则。其原则是按施工图图示尺寸(数量)计算工程实体工程数量的净值。如 030801002 低压碳钢伴热管的工程量计算规则为:按设计图示管道中心线长度以"m"计算。

安装工程各专业工程的工程量计算规则,分别在本书各章节中进行介绍。

(5) 项目特征

项目特征是指构成分部分项工程量清单项目、措施项目自身价值的本质特征,是确定一个清单项目综合单价的重要依据之一,必须对项目进行准确全面的特征描述,才能满足确定综合单价的需要。

安装工程应按照《安装计量规范》附录 A～附录 N 的规定,结合技术规范、标准图集、施工图纸,按照工程结构、使用材质及规格或安装位置等,予以详细而准确的表述和说明清单项目内容。如 030801001 低压碳钢管,项目特征有:材质、规格、连接形式、焊接方法、压力试验、吹扫与清洗设计要求、脱脂设计要求。其中材质可区分为不同钢号;型号规格可区分为不同公称直径;连接方式可区分为螺法兰等连接方式。经过上述区分,即可编列出 030801001 低压碳钢管的各个子项,并作出相应的特征描述。

项目安装高度若超过基本高度时,应在"项目特征"中描述。《安装计量规范》安装工程各附录基本安装高度为:附录 A 机械设备安装工程 10 m,附录 D 电气设备安装工程 5 m,附录 E 建筑智能化工程 5 m,附录 G 通风空调工程 6 m,附录 J 消防工程 5 m,附录 K 给排水、采暖、燃气工程 3.6 m,附录 M 刷油、防腐蚀、绝热工程 6 m。

(6)工程内容

《安装计量规范》统一规定了"加工完成"一个安装工程"产品"(一个清单项目)可能需要的施工作业内容。清单编制人应根据该清单项目特征中的设计要求,或根据工程具体情况,或根据常规施工方案,从中选择具体的施工作业内容。即从施工作业方面准确全面地描述该清单项目的特征,并列入该清单项目特征的描述项,以满足确定该清单项目综合单价的需要。

如 030801001 低压碳钢管,此项"工程内容"有:安装、压力试验、吹扫、清洗、脱脂。当低压碳钢管用于热水采暖管道时,设计要求有:压力试验、系统清洗。该项目特征描述应根据工程实际综合选择工程内容中的"安装、压力试验、吹扫、清洗"等施工作业内容,记入分部分项工程量清单"项目特征描述"项。当附录中"工程内容"所列的施工作业内容不足时,在清单项目特征描述中应予以补充。

3)措施项目清单

措施项目是指为完成工程项目施工,发生于该工程施工准备和施工过程中的技术、生活、安全、环境保护等方面的非工程实体项目。

(1)措施项目清单编制要求

措施项目清单的编制应考虑多种因素,除了工程本身的因素外,还要考虑水文、气象、环境、安全和施工企业的实际情况。

措施项目中可以计算工程量的项目,宜采用分部分项工程量清单的方式编制,列出项目编码、项目名称、项目特征、计量单位和工程量;对不可以计算工程量的项目,以"项"为计量单位。

(2)措施项目清单内容

安装工程中措施项目清单依据《安装计量规范》附录 N 中的规定进行编制。

《安装计量规范》根据措施项目的通用性和安装的专业性,将措施项目分为专业措施项目和安全文明施工及其他措施项目。

①专业措施项目

《安装计量规范》附录 N 提供了安装专业工程可列入的措施项目,具体见表 3.3。

表 3.3 专业措施项目一览表

序 号	项目名称
1	吊装加固
2	金属抱杆安装、拆除、移位
3	平台铺设、拆除
4	顶升、提升装置
5	大型设备专用机具
6	焊接工艺评定
7	胎(模)具制作、安装、拆除
8	防护棚制作、安装、拆除
9	特殊地区施工增加
10	安装与生产同时进行施工增加
11	在有害身体健康环境中施工增加
12	工程系统检测、检验
13	设备、管道施工的安全、防冻和焊接保护
14	焦炉烘炉、热态工程
15	管道安拆后的充气保护
16	隧道内施工的通风、供水、供气、供电、照明及通信设施
17	脚手架搭拆
18	其他措施

注:1. 由国家或地方检测部门进行的各类检测,指安装工程不包括的属于经营服务性的项目,如通电测试、防雷装置检测、安全、消防工程检测、室内空气质量检测等。
2. 脚手架按各附录分别列项。
3. 其他措施项目必须根据实际措施项目名称确定项目名称,明确描述工作内容及包含范围。

编列安装工程措施项目时,应根据拟安装工程的具体情况,在表 3.3 中选择列项,也可根据实际情况补充。该表中大部分项目可以计算工程量,该项目的计量宜采用分部分项工程量清单方式编制。其他措施项目必须根据实际措施项目名称确定项目名称,明确描述工作内容及包含范围。为了便于选择专业措施项目,项目工作内容及包含范围为:

a. 吊装加固:行车梁加固;桥式起重机加固及负荷试验;整体吊装临时加固件,加固设施拆除、清理。

b. 金属抱杆安装、拆除、移位:安装、拆除;移位;吊耳制作安装;拖拉坑挖埋。

c. 平台铺设、拆除:场地平整;基础及支墩砌筑;支架型钢搭设;铺设;拆除、清理。

d. 顶升、提升装置:安装、拆除。

e. 大型设备专用机具:安装、拆除。

f. 焊接工艺评定:焊接、试验及结果评价。

g. 胎(模)具制作、安装、拆除:制作、安装、拆除。

h. 防护棚制作、安装、拆除:防护棚制作、安装、拆除。

i. 特殊地区施工增加:高原、高寒施工防护;地震防护。

j. 安装与生产同时进行施工增加:火灾防护;噪声防护。

k. 在有害身体健康环境中施工增加:有害化合物防护;粉尘防护;有害气体防护;高浓度氧气防护。

l. 工程系统检测、检验:起重机、锅炉、高压容器等特种设备安装质量监督检验检测;由国家或地方检测部门进行的各类检测。

m. 设备、管道施工的安全、防冻和焊接保护:保证工程施工正常进行的防冻和焊接保护。

n. 焦炉烘炉、热态工程:烘炉安装、拆除、外运;热态作业劳保消耗。

o. 管道安拆后的充气保护：充气管道安装、拆除。

p. 隧道内施工的通风、供水、供气、供电、照明及通信设施：通风、供水、供气、供电、照明及通信设施安装、拆除。

q. 脚手架搭拆：场内、场外材料搬运；搭、拆脚手架；拆除脚手架后材料的堆放。

r. 其他措施：为保证工程施工正常进行所发生的费用。

②安全文明施工及其他措施项目

《安装计量规范》提供了"安全文明施工及其他措施项目一览表"（见表 3.5），作为各专业工程措施项目列项的参考。表 3.4 中所列内容是各专业工程均可列项的，可根据工程具体情况补充。而表 3.5 中的措施项目一般不能计算工程量，以"项"为计量单位计量。

表 3.5　安全文明施工及其他措施项目一览表

序　号	项目名称
1	安全文明施工（含环境保护、文明施工、安全施工、临时设施）
2	夜间施工增加
3	非夜间施工增加
4	二次搬运
5	冬雨季施工增加
6	已完工程及设备保护
7	高层施工增加

安全文明施工及其他措施项目工作内容及包含范围如下：

a. 环境保护：现场施工机械设备降低噪声、防扰民措施；水泥和其他易飞扬细颗粒建筑材料密闭存放或采取覆盖措施等；工程防扬尘洒水；土石方、建渣外运防护措施等；现场污染源的控制、生活垃圾清理外运、场地排水排污措施；其他环境保护措施。

b. 文明施工："五牌一图"（工程概况牌、管理人员名单及监督电话牌、消防保卫（防火责任）牌、安全生产牌、文明施工牌和施工现场平面图）；现场围挡的墙面美化（包括内外粉刷、刷白、标语等）、压顶装饰；现场厕所便槽刷白、贴面砖，水泥砂浆地面或地砖，建筑物内临时便溺设施；其他施工现场临时设施的装饰装修、美化措施；现场生活卫生设施；符合卫生要求的饮水设备、淋浴、消毒等设施；生活用洁净燃料；防煤气中毒、防蚊虫叮咬等措施；施工现场操作场地的硬化；现场绿化、治安综合治理；现场配备医药保健器材、物品费用和急救人员培训；用于现场工人的防暑降温、电风扇、空调等设备及用电；其他文明施工措施。

c. 安全施工：安全资料、特殊作业专项方案的编制，安全施工标志的购置及安全宣传；"三安"（安全帽、安全带、安全网）、"四口"（楼梯口、电梯井口、通道口、预留洞口）、"五临边"（阳台围边、楼板围边、屋面围边、槽坑围边、卸料平台两侧）、水平防护架、垂直防护架、外架封闭等防护措施；施工安全用电，包括配电箱三级配电、两级保护装置要求、外电防护措施；起重机、塔吊等起重设备（含井架、门架）及外用电梯的安全防护措施（含警示标志）及卸料平台的临边防护、层间安全门、防护棚等设施；建筑工地起重机械的检验检测；施工机具防护棚及其围栏的安全保护设施，施工安全防护通道，工人的安全防护用品、用具购置；消防设施与消防器材的配置；电气保护、安全照明设施；其他安全防护措施。

d. 临时设施：施工现场采用彩色、定型钢板，砖、混凝土砌块等围挡的安砌、维修、拆除；施工现场临时建筑物、构筑物的搭设、维修、拆除，如临时宿舍、办公室、食堂、厨房、厕所、诊疗所、临时文化福利用房、临时仓库、加工场所、搅拌台、临时简易水塔、水池等；施工现场临时设施的搭设、维修、拆除,如临时供水管道、临时供电管线、小型临时设施等;施工现场规定范围内临时简易道路铺设,临时排水沟、排水设施安砌、维修、拆除;其他临时设施的搭设、维修、拆除。

e. 夜间施工增加:夜间固定照明灯具和临时可移动照明灯具的设置、拆除;夜间施工时,施工现场交通标志、安全标牌、警示灯等的设置、移动、拆除;夜间照明设备及照明用电、施工人员夜班补助、夜间施工劳动效率降低等。

f. 非夜间施工增加:为保证工程施工正常进行,在地下(暗)室、设备及大口径管道内等特殊施工部位施工时所采用的照明设备的安拆、维护及照明用电、通风等;在地下(暗)室等施工引起的人工工效降低以及由于人工工效降低引起的机械降效。

g. 二次搬运:由于施工场地条件限制而发生的材料、成品、半成品等一次运输不能到达堆放地点,必须进行二次或多次搬运。

h. 冬雨季施工增加:冬雨(风)季施工时增加的临时设施(防寒保温、防雨、防风设施)的搭设、拆除;冬雨(风)季施工时,对砌体、混凝土等采用的特殊加温、保温和养护措施;冬雨(风)季施工时,施工现场的防滑处理、对影响施工的雨雪的清除;冬雨(风)季施工时增加的临时设施、施工人员的劳动保护用品、冬雨(风)季施工劳动效率降低等。

i. 已完工程及设备保护:对已完工程及设备采取的覆盖、包裹、封闭、隔离等必要保护措施。

j. 高层施工增加:高层施工引起的人工工效降低以及由于人工工效降低引起的机械降效;通信联络设备。

• 单层建筑物檐口高度超过 20 m,多层建筑物超过 6 层时,应分别列项。

• 突出主体建筑物顶的电梯机房、楼梯出口间、水箱间、瞭望塔、排烟机房等不计入檐口高度。计算层数时,地下室不计入层数。

k. 其他:工业炉烘炉、设备负荷试运转、联合试运转、生产准备试运转及安装工程设备场外运输,应根据招标人提供的设备及安装主要材料堆放点按其他措施编码列项。大型机械设备进出场及安拆,应按《房屋建筑与装饰工程工程量计算规范》(GB 50854—2013)相关项目编码列项。施工排水是指为保证工程在正常条件下施工所采取的排水措施,施工降水是指为保证工程在正常条件下施工所采取的降低地下水位的措施。

(3)施工措施项目及其计量

在工程量清单计量时,根据工程设计施工图,通过编制分部分项工程量清单,可对安装工程的实体性项目做到较为准确的计量。

施工措施项目的列项及其计量要根据施工项目管理规划进行,施工项目管理规划主要内容有施工方案、施工方法及计量和施工平面图、现场管理及计量。

①施工方案、施工方法及计量

施工方案和施工方法是施工项目管理规划的主要内容之一。施工方案内容一般包括施工流向和施工顺序、施工阶段划分、施工方法和施工机械选择等内容,还包括招标文件、施工规范与工程验收规范和设计文件对工程所要求的技术措施而采用的一些施工方法。这些内容将决定安装专业工程措施项目可能的列项:

a. 当拟建工程中有工艺钢结构预制安装和工业管道预制安装时,措施项目清单可列项"平台铺设、拆除"。

b. 当拟建工程中有设备、管道冬雨季施工,有易燃易爆、有害环境施工,或设备、管道焊接质量要求较高时,措施项目清单可列项"设备、管道施工的安全防冻和焊接保护"。

c. 当拟建工程中有三类容器制作、安装,有超过 10 MPa 的高压管道敷设时,措施项目清单可列项"工程系统检测、检验"。

　　d. 当拟建工程中有冶金炉窑时,措施项目清单可列项"焦炉烘炉、热态工程"。

　　e. 当拟建工程中有洁净度、防腐要求较高的管道安装时,措施项目清单可列项"管道安拆后的充气保护"。

　　f. 当拟建工程中有隧道内设备、管道安装时,措施项目清单可列项"隧道内施工的通风、供水、供气、供电、照明及通信设施"。

　　g. 当拟建工程有大于 40 t 的设备安装时,措施项目清单可列项"金属抱杆安装拆除、移位"。

　　h. 当拟建工程在高原、高寒或地震多发地区进行施工时,措施项目清单可列项"特殊地区施工增加"。

　　对于所列项的措施项目,可以计算工程量的宜按照分部分项工程量清单编制方式计量。

　　显然,施工方案和施工方法的选择直接影响措施清单的编制。《通用安装工程工程量计算规范》(GB 50856—2013)中的每个清单项目的"工程内容"取舍,要依据常用的施工方案和施工方法确定,并影响到清单项目特征的描述及综合单价的确定。

　　②施工平面图、现场管理及计量

　　施工平面图和现场管理是施工项目管理规划的主要内容。施工平面图是施工现场之内永久建筑物、临时建筑物、设施、管线和道路等的总体布置图。其布置也包含了现场管理的意图。

　　据此将决定措施项目的可能列项。如"安全文明施工""夜间设施增加""非夜间施工增加""二次搬运""冬雨季施工增加""已完工程及设备保护""高层施工增加"等。

　　对于所列项的措施项目,不可以计算工程量的,按"项"予以计量。

　　(4) 其他项目清单

　　其他项目清单主要表明了招标人提出的与拟安装工程有关的特殊要求。

　　在编制其他项目清单时,工程建设项目标准的高低、工程的复杂程度、工程的工期长短、工程的组成内容等直接影响其他项目清单中的具体内容。

　　其他项目清单应根据拟建工程的具体情况确定。一般包括暂列金额、暂估价、计日工和总承包服务费等。其他项目清单的编制按照下列内容列项:

　　①暂列金额

　　招标人在工程量清单中暂定并包括在合同价款中的一笔款项。用于施工合同签订时尚未确定或者不可预见的所需材料、设备、服务的采购,施工中可能发生的工程变更、合同约定调整因素出现时的工程价款调整以及发生的索赔、现场签证确认等的费用。

　　暂列金额应根据工程特点,按有关计价规定估算。

　　②暂估价

　　招标人在工程量清单中提供的用于支付必然发生但暂时不能确定价格的材料的单价以及专业工程的金额。包括材料暂估单价、专业工程暂估价。

　　暂估价中的材料单价应根据工程造价信息或参照市场价格估算;暂估价中的专业工程金额应分不同专业,按有关计价规定估算。材料暂估价应按招标人在其他项目清单中列出的单价计入综合单价,专业工程暂估价应按招标人在其他项目清单中列出的金额填写。

　　③计日工

　　在施工过程中,承包人完成发包人提出的工程合同范围以外的零星项目或工作,按合同中约定的单价计量计价的一种方式。

计日工工程量应根据工程特点和有关计价依据计算。投标人进行计日工报价应按招标人在其他项目清单中列出的项目和数量,自主确定综合单价并计算计日工费用。

④总承包服务费

总承包人为配合协调发包人进行的工程分包自行采购的设备、材料等进行管理、服务以及施工现场管理、竣工资料汇总整理等服务所需的费用。

总承包服务费根据招标文件中列出的内容和提出的要求自主确定。

《建设工程工程量清单计价规范》(GB 50500—2013)设定的规费、税金项目清单按有关规定列项。

本章小节

本章主要讲述以下内容:

1. 分部分项工程量清单项目编码以"安装工程—安装专业工程—安装分部工程—安装分项工程—具体安装分项工程"的顺序进行五级项目编码设置。

2. 简述了安装工程计量规定。

3. 安装工程分部分项工程清单、措施项目清单、其他项目清单的编制。

思 考 题

1. 按照我国现行国家标准《通用安装工程工程量计算规范》(GB 50856—2013)的规定,分部分项工程量清单项目编码由哪几部分构成?

2. 在编制分部分项工程量清单时,必须符合哪四个统一的要求?

3. 安装工程包括哪些专业措施项目?

4 给排水工程计量

4.1 给水工程基本知识

4.1.1 室外给水系统

室外给水系统的任务是从水源取水,按照用户对水质的要求进行处理,然后将水输送到用水区,并向用户配水。

1) 室外给水系统的组成

室外给水系统主要由取水构筑物、水处理构筑物、泵站、输水管渠和管网、调节构筑物等构成,如图 4.1、图 4.2 所示。

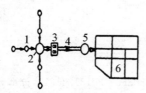

图 4.1 用地下水源城市给水系统示意图
1—井群;2—吸水井;3—泵站;
4—输水管;5—水塔;6—配水管网

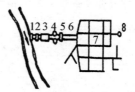

图 4.2 用地表水源城市给水系统示意图
1—取水构筑物;2—一级泵站;3—处理构筑物;
4—清水池;5—二级泵站;6—输水管;7—管网;8—水塔

（1）取水构筑物。用以从选定的水源（包括地下水和地表水源）取水。

（2）水处理构筑物。用以将取来的原水进行处理,使其符合用户对水质的要求。

（3）泵站。用以将所需水量提升到用户高度,分可为抽取原水的一级泵站,输送清水的二级泵站和设立于管网中的加压泵站。

（4）输水管渠和管网。输水管网是将原水输送到水厂的管渠,当输水距离 10 km 以上时为长距离输送管道;配水管网则是将处理后的水配送到各个给水区的用户。

（5）调节构筑物。它包括高地水池、水塔、清水池等。用以贮存和调节水量。高地水池和水塔兼有保证水压的作用。

2) 配水管网的布置形式和敷设方式

配水管网可以根据用户对供水的要求,布置成树状网和环状网两种形式。树状管网是水厂泵站或水塔到用户的管线布置成树枝状,只是一个方向供水。供水可依靠性差,投资省。环状管网中的干管前后贯通,链接成环状,供水可靠性好,适用于供水不允许中断的地区。

配水管网一般采用埋地敷设,覆土厚度不小于 0.7 m,并且在冰冻线以下。通常沿路或平行于建筑物敷设。配水管网上设置闸门井。

4.1.2 室内给水系统

1) 室内给水系统的分类

室内给水系统按用途可分为生活给水系统、生产给水系统及消防给水系统,各给水系统可以单独设置，也可以采用合理的共用系统。

（1）生活给水系统

生活给水系统是设在工业建筑或民用建筑内，供应人们日常生活的饮用、烹饪、盥洗、洗涤、淋浴等用水的给水系统。满足水量、水压、饮用水水质要求，特别是对水质有较高的要求。可划分为生活饮用水系统和生活杂用水系统（中水系统）。

（2）生产给水系统

生产给水系统是设在工矿企业生产车间内，供应生产过程用水的给水系统。生产给水因产品的种类以及生产的工艺不同，其对水质、水量和水压的要求有所不同。如冷却用水、锅炉用水。可划分为循环给水系统、重复利用给水系统。

（3）消防给水系统

消防给水系统是设在多层或高层的工业与民用建筑内，供应消防用水的给水系统。消防给水对水质要求不高，但必须保证有足够的水量和水压。符合建筑防火规范要求，保证有足够的水量和水压。可划分为消火栓灭火系统和自动喷水灭火系统。

以上三种给水系统，可单独设置，也可相互组成不同的共用系统。

2）室内给水系统的组成

室内给水系统由引入管（进户管）、水表节点、给水管道系统（干管、立管、支管）、给水附件（阀门、水表、配水龙头）等组成，如图4.3所示。当室外管网水压不足时，还需要设置加压贮水设备（水泵、水箱、贮水池、气压给水装置）。

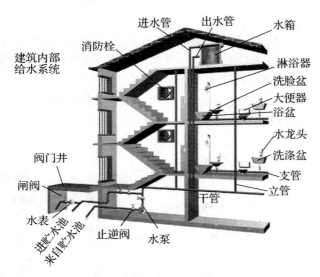

图4.3　建筑内部给水系统的组成

（1）引入管

引入管是指室外给水管网与建筑内部给水管网之间的连接管段，又称进户管，其作用是将水接入建筑内部。

（2）水表节点

水表节点是指引入管上装设的水表及其前后设置的阀门、泄水阀等装置的总称。水表用以计量建筑物总用水量；阀门用以水表检查、更换时关闭管路；泄水阀用于系统检修时放空。住宅建筑每户均应安装分户水表。

（3）给水管道系统

给水管道系统是指建筑内部给水水平干管、垂直干管、立管和支管，最终达到配水点。

（4）给水附件

给水附件是指给水管道系统中装设的各种阀门以及各种配水龙头、仪表，用以调节水量、水压、控制水流方向及取水。

（5）升压和贮水设备

当室外给水管网的水量、水压不能满足内部用水要求或要求供水压力稳定、确保供水安全时，应根据需要，设置水泵、水箱、水池、气压给水设备等增压、贮水装置。

（6）室内消防设备

根据其防火要求及规定，需要设置消防给水系统时，一般应设置消火栓等灭火设备。特殊要求时，需设置自动喷水灭火设备。

3）建筑内部给水方式

建筑内部给水方式是指其给水系统的给水方案。选择原则：

①充分利用外网水压直接供水，当不能满足时，上面数层采用加压供水。

②当两种及两种以上用水的水质接近时，应尽量采用共用给水系统。

③生产给水系统应优先设置循环给水系统或重复利用给水系统，并应利用其余压。

④系统中管道、配件和附件所承受的水压，均不得大于产品标准规定的允许工作压力。

建筑内部给水方式的基本类型：

（1）直接给水方式

只设有给水管道系统，不设加压及贮水设备，室内给水管道与室外供水管网直接相连，利用室外管网压力直接向室内给水系统供水。如图4.4所示。它适用于室外管网水量和水压充足，能够全天保证室内用户用水要求的地区。

这种给水方式供水较可靠，系统简单，投资省，安装、维护简单，可以充分利用外网水压，节省能量。但内部没有贮水设施，外网停水时内部则会立即断水。

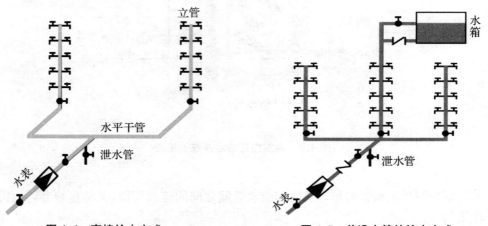

图4.4　直接给水方式　　　　图4.5　单设水箱的给水方式

（2）单设水箱的给水方式

该给水方式设有管道系统和屋顶水箱（亦称高位水箱），且室内给水系统与室外给水管网直接相连。平时贮存一定的用水量，当供应高峰用水时，室外管网压力不足，则由水箱向室内系统补充供水。如图 4.5 所示。它适用于室外管网水压周期性不足、室内用水要求水压稳定、允许设置高位水箱的建筑。

这种给水方式供水较可靠,系统较简单,投资较省,安装维护较简单。设置高位水箱会增加结构荷载,若水箱容积不足,可能造成停水。

（3）设贮水池、水泵的给水方式

该给水方式设有管道系统、贮水池、加压水泵。室外管网供水至贮水池,由水泵将贮水池中的水抽升至室内管网各个用水点。它适用于外网的水量满足室内要求,而水压大部分时间不足的建筑。当用水量较均匀时,采用恒速水泵供水;否则,宜采用自动变频调速水泵供水,以提高水泵的运行效率。

这种给水方式安全可靠,不设高位水箱,不增加建筑结构荷载,但外网的水压没有被充分利用。

（4）设水池、水泵和水箱的给水方式

该给水方式设有管道系统、贮水池、加压水泵、高位水箱。水泵至贮水池抽水加压,利用高位水箱调节流量,在外网水压高时可以直接供水。如图 4.6 所示。它适用于外网水压经常或间断不足,允许设置高位水箱的建筑。

这种给水方式可以延时供水,供水可靠,能充分利用外网水压,节省能量。缺点是安装维护较麻烦,投资较大;有水泵振动和噪声干扰;需设高位水箱,增加了结构荷载。

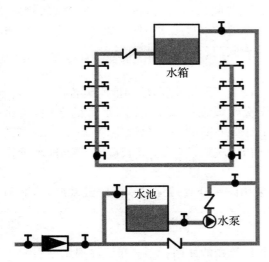

图 4.6　设水池、水泵和水箱的给水方式

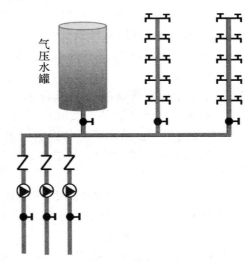

图 4.7　设气压给水装置的给水方式

（5）设气压给水装置的给水方式

利用密闭压力水罐内空气的可压缩性贮存、调节和压送水量的给水装置,其作用相当于高位水箱和水塔。由气压水罐调节贮存水量及控制水泵运行。如图 4.7 所示。它适用于室外管网水压经常不足,不宜设置高位水箱的建筑（隐蔽的国防工程、地震区建筑、建筑艺术较高的建筑）。

这种给水方式的水质卫生条件好,给水压力可以在一定范围内调节。但气压水罐的贮量较小,水泵启动频繁,给水压力波动较大,管理及运行费用较高。

（6）分区给水方式

利用室外给水管道的供水压力,可将水供到高层建筑下部若干楼层时,为了充分利用室外管网水压,可将建筑物供水系统划分为上、下两区。下区由外网直接供水,上区由升压、贮水设备供水。如图4.8所示。高层建筑内部的供水,可采用串联给水方式、减压水箱给水方式以及减压阀给水方式。

这种给水方式可减少下部楼层设有洗衣房、浴室、餐厅等用水量大的高层建筑的供水电耗,从而降低其建筑内部给水系统的运行费用。

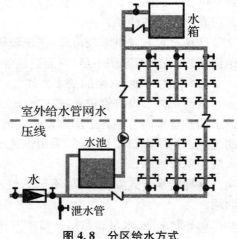

图 4.8   分区给水方式

4.1.3   给水系统的安装

1)给水管道的安装

室内给水管道的安装有明装和暗装两种形式。明装时,管道沿墙、梁柱、天花板、地板等处敷设。暗装时,给水管道敷设于吊顶、技术层、管沟和竖井内。暗装时应考虑管道及附件的安装、检修的可能性,如吊顶留活动检修口,竖井留检修门。

给水管道的安装顺序应按引入管、水平干管、立管、水平支管的顺序进行,亦即按给水的水流方向安装。

(1)引入管的安装

室内给水管网应根据建筑物的供水安全要求设计成环状管网、枝状管网或贯通枝状管网。环状管网和枝状管网应有两条或两条以上引入管,或采用贮水池或增设第二水源。引入管应有不小于3°的坡度,坡向室内给水管网。引入管上应装设阀门、水表、止水阀等。

(2)干管的安装

给水横干管宜敷设在地下室、技术层、吊顶内,宜设2°~5°的坡度,坡向泄水装置。

给水管与其他管道共架或同沟敷设时,给水管应敷设在排水管、冷冻水管的上面,热水管、蒸汽管的下面。给水管道与排水管道平行埋设时管外壁的最小允许距离为0.5 m,交叉埋设时为0.15 m。如果给水管必须铺在排水管下面时,应加设套管,其长度不小于排水管径的3倍。

给水管道穿过地下室外墙或构筑物墙壁时,应采用防水套管。穿过承重墙或基础时,应预留洞口并留足沉降量,一般管顶上部净空不宜小于0.1 m。

(3)立管、支管的安装

给水管道的布置不得妨碍生产操作、交通运输和建筑物的使用。不应布置在遇水会引起燃烧、爆炸或损坏的设备上方,如配电室、配电设备、仪器仪表上方。给水管道不得穿越设备基础、风道、烟道、橱窗、壁柜、木装修,不得穿过大便槽、小便槽等。当给水立管距小便槽端部小于或等于0.5 m时,应采用建筑隔断措施。不得敷设在排水沟内,不得穿过伸缩缝、沉降缝。如必须穿过时,应采用以下措施,如预留钢管套管,采用可曲绕配件,上方留有足够的沉降量等。给水立管可以敷设在管道井内。给水立管明装时宜布置在用水量大的卫生器具或设备附件的墙角、墙边或立柱旁。冷、热给水管上下并行安装时,热水管应在冷水管上面;垂直并行安装时,热水管则在冷水管左侧。

(4)塑料管的安装

塑料管道一般宜明装,在管道可能受到碰撞的场所,宜暗装或采取保护措施。暗装方式分为直埋和非直埋两种。直埋是指嵌墙和地坪层内敷设,非直埋是指管道井、吊顶内或地坪架空层敷设。

塑料管应远离热源,立管与灶边净距不小于 400 mm;当条件不具备时,应采取隔热防护措施,但最小净距不得小于 200 mm。管道与供暖管道净距不得小于 200 mm。

塑料管与其他金属管道平行时,应有一定的保护距离,净距离不宜小于 100 mm,且塑料管道布置在金属管内侧。

塑料管道穿越楼板、屋面时,必须设置钢套管,套管高出地面、屋面 100 mm。

采用金属管卡固定管道时,金属管卡与塑料管之间应用塑料带或橡胶隔垫。

室内地坪±0.00 以下的塑料管道铺设宜分两段进行,先进行地坪±0.00 以下基础墙外管段的铺设,土建施工结束后再进行户外连接管的铺设。室内地坪以下管道铺设应在土建回填土夯实后重新开挖进行。

水箱的进出水管、排污管、自水箱至阀门间的管道不得采用塑料管,公共建筑、车间内的塑料管长度大于 20 m 时应设伸缩节。

2) 给水管道附件的安装

(1) 水表

直接由市政管网供水的独立消防给水系统的引入管,可以不装设水表。住宅建筑应在配水管上和分户管上设置水表。

(2) 阀门

给水管网上应设置阀门,如引入管、水表前后和立管、环状管网分干管、枝状管网的连通管处、工艺要求设阀门的生产设备配水管或配水支管处。

4.2　排水工程基本知识

4.2.1　室外排水系统

1) 室外排水系统的组成

室外排水系统由排水管道、检查井、跌水井、雨水口和污水处理厂等组成。室外排水干管和检查井、跌水井、雨水口示意图如图 4.9～图 4.11 所示。

图 4.9　室外排水干管和检查井

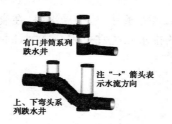

图 4.10　跌水井

图 4.11　雨水口

2) 室外排水系统的排水体制

室外排水系统与雨水排水系统可以采用合流制或分流制。

(1) 合流制

合流制是指用同一种管渠收集和输送生活污水、工业废水和雨水的排水方式。根据污水汇集后的处置方式不同,又可将合流制分为直排式合流制、截流式合流制和完全合流制,其中直排式合流制和截流式合流制如图 4.12、图 4.13 所示。

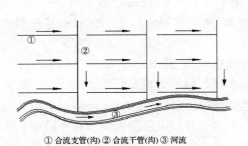

① 合流支管(沟) ② 合流干管(沟) ③ 河流

图 4.12　直排式合流制排水系统

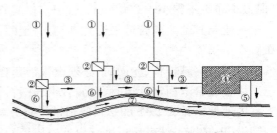

① 合流干管(沟) ② 溢流井 ③ 截流主干管 ④ 污水厂
⑤ 出水口 ⑥ 溢流干管(沟) ⑦ 河流

图 4.13　截流式合流制排水系统

（2）分流制

分流制是指用不同管渠分别收集和输送生活污水、工业废水和雨水的排水方式。生活污水、工业废水和雨水分别以三条管道来排除;或生活污水与水质相类似的工业污水合流,而雨水则流入雨水管道,这两种系统都称为分流制排水系统。分流制又分为完全分流制(既有污水管道系统,又有雨水管渠系统)和不完全分流制(只设污水排水系统而不设雨水系统,雨水沿道路边沟或明渠排入水体),如图 4.14、图 4.15 所示。

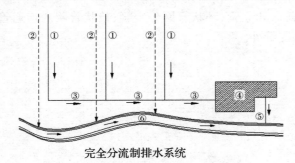

完全分流制排水系统

① 污水干管(沟) ② 雨水干管(沟) ③ 污水主干管(沟) ④ 污水厂
⑤ 出水口　　⑥ 河流

图 4.14　完全分流制排水系统

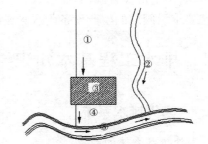

不完全分流制排水系统(未建雨水管网)

① 污水干管(沟) ② 明渠或小河 ③ 污水厂 ④ 出水口 ⑤ 河流

图 4.15　不完全分流制排水系统

排水体制的选择,应根据城镇和工业企业规划、环境保护的要求、污水利用情况、原有排水设施、水质、水量、地形、气候和水体等条件,从全局出发,在满足环境条件的前提下,通过技术与经济比较综合确定。新建地区的排水系统宜采用分流制,同一城镇的不同地区可采用不同的排水体制。

4.2.2　室内排水系统

1）室内排水系统的分类

根据接纳的污废水类型不同的性质,建筑排水系统可分为生活污水系统、生产废水系统和雨水系统三大类。

（1）生活污水系统

生活污水管道系统是收集排除居住建筑、公共建筑及工厂生活间的污废水,有时根据污废水处理、卫生条件或杂用水水源的需要,把生活排水系统进一步分为排除冲洗便器的生活污水排水系统和排除盥洗、洗涤废水的生活废水排水系统。生活废水经处理后可作为杂用水,用来冲洗厕所、浇洒绿地和道路、冲洗汽车等。

（2）生产废水系统

生产废水系统收集排除工业生产过程中产生的污废水。为便于污废水的处理和综合利用,污染程度可分为生产污水排水系统和生产废水排水系统。生产污水污染较重,如石油工业废水、化学工业废水等,需要经过处理,达到排放标准后排放;生产废水污染较轻,如机械设备冷却水,生产废水可作为杂用水水源,也可经过简单处理后回用或排入水体。

（3）雨水系统

雨水系统收集排除降落到多跨工业厂房、大屋面建筑和高层建筑屋面上的雨雪水。

2）室内排水系统的组成

室内排水系统的基本要求是迅速通畅地排除建筑内部的污废水,保证排水系统在气压波动下不致使水封破坏。其组成包括以下几部分:

①卫生器具或生产设备受水器。它是排水系统的起点。

②存水弯。它是连接在卫生器具与排水支管之间的管件。防排水管内腐臭、有害气体、虫类等通过排水管进入室内。如果卫生器具本身有存水弯,则不再安装。

③排水管道系统。它由排水横支管、排水立管、埋地干管和排出管组成。排水横支管是将卫生器具或其他设备流来的污水排到立管中去。排水立管是连接各排水支管的垂直总管。埋地干管连接各排水立管。排出管将室内污水排到室外第一个检查井。

④通气管系统。它是使室内排水管与大气相通,减少排水管内空气的压力波动,保护存水弯的水封不被破坏。常用的形式有器具通气管、环行通气管、安全通气管、专用通气管、结合通气管等。

⑤清通设备。它是疏通排水管道的设备。包括检查口、清扫口和室内检查井。

4.2.3　排水系统的安装

1）排水管道的安装

室内排水管道一般按排出管、立管、通气管、支管和卫生器具的顺序安装,也可以随土建施工的顺序进行排水管道的分层安装。

（1）排出管安装

排出管一般铺设在地下室或地下。排出管穿过地下室外墙或地下构筑物的墙壁时应设置防水套管;穿过承重墙或基础处应预留孔洞,并做好防水处理。

排出管与室外排水管连接处设置检查井。一般检查井中心至建筑物外墙的距离不小于 3 m,不大于 10 m。排出管在隐蔽前必须做灌水试验,其灌水高度不应低于底层卫生器具的上边缘或底层地面高度。

（2）排水立管安装

排水立管通常沿卫生间墙角敷设,不宜设置在与卧室相邻的内墙,宜靠近外墙。排水立管在垂直方向转弯时,应采用"乙"字型弯或两个 45°弯头连接。立管上的检查口与外墙成 45°角。立管上应用管卡固定,管卡间距不得大于 3 m,承插管一般每个接头处均应设置管卡。立管穿楼板时,应预留孔洞。排水立管应做通球试验。

（3）排水横支管安装

一般的排水横支管敷设在地下或地下室的顶棚下,其他层的排水横支管在一层的顶棚下明设,有特殊要求时也可以暗设。排水管道的横支管与立支管连接,宜采用45°斜三通或45°斜四通和顺水三通或顺水四通。卫生器具排水管与排水横支管连接时,宜采用90°斜三通。排水横支管、立管应做灌水试验。

（4）排水铸铁管安装

排水铸铁管安装前,需逐根进行外观检查。排水管材常用砂轮切割机切断,要求断口齐整,无缺口和缝隙,管口端面与管中心线垂直,偏差不大于2mm。

排水立管的高度在50m以上,或在抗震防设8度地区的高层建筑,应在立管上每隔两层设置柔性接口;在抗震防设9度地区,立管和横管均应设置柔性接口。

（5）建筑排水硬聚氯乙烯管道安装

管道可以明装或暗装。在最冷月平均气温0℃以上,且极端最低气温－5℃以上地区,可将管道设置于外墙。高层建筑室内排水立管宜暗设在管道井内。

管道埋地铺设时,先做室内部分,将管子伸出外墙250mm以上。待土建施工结束后,再铺设室外部分,将管子介入检查井。埋地管穿越地下室外墙时,应采用防水措施。塑料排水管应按设计要求设置伸缩节。

2）通气设备的安装

（1）伸顶通气管

伸顶通气管高出屋面不得小于0.3m,且必须大于最大积雪厚度在通气管口周围4m以内有门窗时,通气管口应高出门窗顶0.6m或引向无门窗一侧。经常有人停留的平屋面上,通气管口应高出屋面2.0m,并根据防雷要求考虑设置防雷装置,伸顶通气管的管径不小于排水立管的管径。但是在最冷月平均气温低于－13℃的地区,应在屋内平顶或吊顶以下处将管径放大一级。

（2）辅助通气系统

对卫生要求比较高的排水系统,宜设置器具通气管,器具通气管设在存水弯出口端,连接4个及4个以上卫生器具,并与立管的距离大于12m的污水横支管和连接6个及6个以上大便器具的污水横支管设环形通气管。环形通气管在横支管最始端的两个卫生器具间接出,并在排水立管中心线以上与排水管呈垂直或45°连接。

专用通气立管只用于通气,其上端在最高层卫生器具上边缘或检查口以上与主通气立管以斜三通连接,下端应在最低污水横支管以下与污水立管以斜三通连接。专用通气立管应每隔2层,主通气立管应每隔8～10层与排水立管宜接合通气管连接。专用通气管的安装过程与排水立管的安装相同,并按排水立管的安装要求安装伸缩节。

3）清通设备的安装

（1）检查口

检查口为可双向清通的管道维修口,立管上的检查口之间的距离不大于10m,但在最低层和设有卫生器具的二层以上坡屋顶建筑的最高层设置检查口,平顶建筑可用通气管顶口代替检查口。立管上如有"乙"字型管,则在该层"乙"字型管的上部应设检查口。

（2）清扫口

清扫口仅可单向清通。在转弯角度小于135°的污水横管的直线管段,应按一定距离设置检查口或清扫口。污水横管上如设清扫口,应将清扫口设置在楼板或地坪上,与地面相平。

（3）检查井

不散发有害气体或大量蒸汽的工业废水的排水管道可以在建筑物内设置检查井,可以在管道转弯和连接支管处,管道的管径、坡度改变处,直线管段上隔一定的距离处设置。生活污水排水管道不得在建筑物内设置检查井。

4.3　室内给排水施工图识读

4.3.1　建筑给排水施工图的组成

建筑给排水施工图是施工图预算和组织施工的主要依据文件,也是国家确定和控制基本建设投资的重要依据材料。

建筑给排水工程施工图,根据设计任务要求应包括平面布置图、系统图(轴侧图)、施工详图、设计(施工)说明及主要设备材料表等。室外小区给排水工程,根据工程内容还应包括管道纵断图、污水处理构筑物详图等。

1)平面布置图

根据建筑规划、设计图纸中用水设备种类、数量、位置、要求和品质、水量做出给排水管道平面布置。各种功能管道、管道附件、卫生器具、用水设备(如消火栓柜、喷头等)均应用各种图例(详见制图有关部分资料)表示。各种横、干、支管的管径、坡度等应标出。平面图上管道都应单线绘出,沿墙敷设应标注管道距墙面距离。

一般给排水管道可在一起绘制,若图纸管道线复杂也可分别绘制,以图纸能清楚表达设计意图且图纸数量又少为原则。

建筑内部给排水以选用的给水方式确定平面布置图的张数,底层(包括地下室)必绘,顶层若有高位水箱等设备也必须单独绘出。建筑中间各层如卫生间设备或用水设备种类、数量和位置都相同,可绘一张标准层平面布置图即可,否则应逐层绘制。各层图面如给排水管垂直相重,平面布置可错开表示。平面布置图比例一般与建筑图相同,比例尺为 1：100,施工详图可取 1：50～1：20。各层平面布置图上各种管道立管应编号注明。

2)系统图

系统图也称轴侧图,其绘法取水平、轴侧、垂直方向完全与平面布置图比例相同(次点与工程制图差别仅轴侧不小于 1/2)。这是因为这种绘制方法不但能清楚表达出给排水管道系统空间的位置,而且便于工程中各种管道材料量测不出现错误。系统图上应标明管道的管径、坡度,标出支管与立管连接处,管道各种附件的安装标高。标高的 ±0.00 应与建筑图相一致。系统图上各种主管编号应与平面布置图相一致。系统图均应按各系统(给水、排水、热水、雨水等系统)单独绘制,以便于施工安装和预算应用。系统图中对用水设备及卫生器具种类、数量和位置完全相同的支管、立管可以不重复完全绘出,但应用文字标明。当系统图立管、支管在轴侧方向重复交叉影响识图时,可编号断开移动到图面空白处绘制。

3)施工详图

凡平面布置图、系统图中的局部构造,因受图面比例限制,表达不完善或不能表达,为使施工概预算及施工不出现失误,必须绘出施工详图,通用施工详图如卫生间器具安装图、排水检查井、雨水阀门井、阀门井、水表井、局部污水处理构筑等均有各种施工标准图,施工详图应优先采用标准图。

绘制施工详图比例以能清楚绘出构造为依据选用。施工详图应尽量详细注明尺寸,不应以比例代尺寸。

4）设计（施工）说明及主要设备材料表

用工程绘图无法表达清楚的给排水、热水供应、雨水系统等管材、防腐、防结露做法，或难于表达的诸如管道连接、固定、竣工验收要求、施工中特殊情况技术处理措施，或施工方法要求严格必须遵守的技术规程、规定等可用文字写出设计（施工）说明，写在图纸中。主要设备材料表应列明材料类别、规格、数量以及设备品种、规格和主要尺寸等。

4.3.2 给排水施工图的识读

给水管道中水流的方向为：进户管→水表井→水平干管→立管→水平支管→用水设备。在管路中间按需要装置阀门等配水控制和设备。

排水管道中水流的方向为：卫生设备→水平支管→立管→水平干管→出户管→室外检查井→化粪池。

给排水施工图的识读一般按如下顺序进行：

1）看给排水设计说明

掌握工程概况、设计依据、室内生活给水、室内消防给水、室内排水、工程施工及验收等项目的要求和做法，另外还要掌握图例、图纸目录、主要设备及材料表的内容。

2）看给排水平面图

一般自底层开始，逐层阅读给排水平面图，从平面图看出以下内容：

①看给水进户管和污（废）水排出管的平面位置、走向、定位尺寸、系统编号以及建筑小区给排水管网的连接形式、管径、坡度等。一般情况下，给水进户管与排水排出管均有系统编号。读图时可按其一个系统一个系统进行。

②看给排水干管、立管、支管的平面位置尺寸、走向和管径尺寸以及立管编号。

建筑内部给排水管道的布置一般是：

下行上给方式的水平配水干管敷设在底层或地下室天花板下，上行下给方式的水平配水干管敷设在顶层天花板或吊顶之内，在高层建筑内也可设在技术夹层内；给排水立管通常沿墙、柱敷设；在高层建筑中，给排水管敷设在管径内；排水横管应于地下埋设，或在楼板下吊设等。

③看卫生器具和用水设备的平面位置、定位尺寸、型号规格及数量。

④看升压设备（水泵、水箱）等的平面位置、定位尺寸、型号、规格数量等。

⑤看消防给水管道，知道消火栓的平面位置、型号、规格；水带材质与长度；水枪的型号口径；消防箱的型号；明装与安装。

3）看给排水系统图

在看给排水系统图时，先看给排水进出口的编号。为了看得清楚，往往将给水系统和排水系统分层绘出。给排水各系统应对照给排水拍平面图，逐个看各个管道系统图。

（1）给水系统

在给水系统图上卫生器具不画出来，水龙头、沐浴器、莲蓬头只画符号，用水设备如锅炉、热交换器、水箱等则画成示意性立体图，并在支管上注以文字说明。看图时了解室内给水方式，地下水池和屋顶水箱或气压给水装置的设备情况，管道的具体走向，干管的敷设形式，管井尺寸及变化情况，阀门和设备以及引入管和各支管的标高。

（2）排水系统

在排水系统图上也只画出相应的卫生器具和存水弯或器具水管。看图时了解排水管道系统的具体走向、管径尺寸、横管坡度、管道各部位标高、存水弯的形式、三通设备设置情况、伸缩节和防火圈的设置情况、弯头及三通的选用情况。

4）看给排水详图

建筑给排水工程详图常用的有：水表、管道节点、卫生设备、排水设备、室内消火栓等。看图时可了解具体的构造尺寸、材料名称和数量，详图可供安装时直接使用。

4.3.3 某小学教学楼给排水施工图的识读

本工程建筑面积为 3 703.63 m²，建筑高度 15.85 m，建筑层数为地上 4 层。本工程设有生活给水系统、生活污水系统、雨水系统、消火栓给水系统。本工程由市政管道给水，污废水采用合流制，污水经生化处理后排入市政污水管，屋面雨水经雨水斗和雨水管排至室外雨水明沟或雨水井，阳台雨水及空调冷凝水经雨水管排至室外雨水明沟，室外地面雨水经雨水口，由室外雨水管汇集，排至雨水井。消火栓给水系统在消防部分进行讲解，这里不再赘述。

识读某小学教学楼给排水施工图，将平面图和系统图对照起来看，水平管道在平面图中体现，而立管在平面图中以圆圈的形式表示，相应的立管信息可在系统图中读出，包括其标高、管径等，从干管引至各个楼层的卫生间，可直接识读卫生间大样图，大样图中包括了与卫生器具连接的水平管和立管。给排水管道、卫生器具、阀门及水泵等在材料表中的表示如图 4.16 所示。

名称	图形	名称	图形
闸阀		化验盆 洗涤盆	
截止阀		污水池	
延时自闭冲洗阀		带沥水板洗涤盆	
减压阀		盥洗盆	
球阀		妇女卫生盆	
止回阀		立式小便器	
消音止回阀		挂式小便器	
蝶阀		蹲式大便器	
柔性防水套管		坐式大便器	

名称	图形	名称	图形
检查口	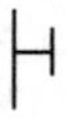	小便槽	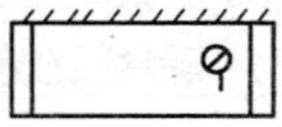
清扫口	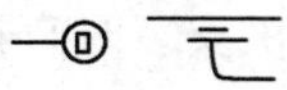	引水器	
通气帽		淋浴喷头	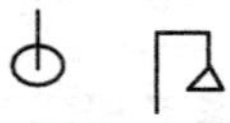
圆形地漏	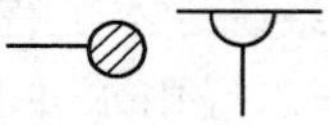	雨水口	
方形地漏	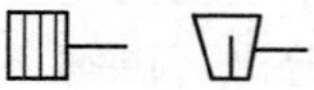	水泵	
水锤消除器	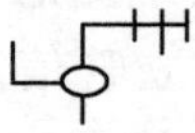	水表	
可曲挠橡胶接头		防回流污染止回阀	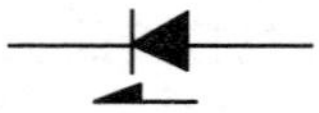
水表井		水龙头	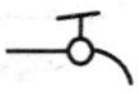

图 4.16　图例

给排水施工图的给水系统中,管道由室外引入,采用 DN100 PSP 钢塑复合管,埋设深度 $H-0.6$ m。引入室内后,经 $H-0.6$ m 敷设的水平干管,分配水流到 JL-1、JL-2、JL-3、JL-4、JL-5、JL-6、JL-7、JL-8、JL-9、JL-10,分别引至一至四层各用水部位,其中 JL-1 至 JL-9 均供给阳台,JL-10 则供给公共卫生间,JL-1 至 JL-9 各层给水横管于 $H+0.1$ m 处引出,水龙头位于 $H+1.0$ m 处,结合卫生间详图发现,JL-10 各层给水横管于 $H+3.3$ m 处引出,然后管道往下连接各个卫生器具,卫生器具主要包括蹲式大便器、小便器、感应式洗手盆、拖布池、地漏等等。给水管道穿楼板时设置钢套管,穿地下室外墙时设置防水套管。给水管道在使用前进行压力试验及消毒冲洗。

排水系统排出管采用 DN150 柔性铸铁管,承插连接,管道穿越外墙设置防水套管,污废水管采用 DN150 螺旋降噪管,承插连接,主要承接卫生间的排水,通气立管采用 DN100 UPVC 塑料排水管,承插连接。二至四层污废水经 WL-1、WL-2 污水立管于底层 $H-0.45$ m 处排出,一层污废水单独排出。污水立管 WL-1 与通气立管 TL-1 相连,污水立管 WL-2 与通气立管 TL-2 相连,伸出屋面 $H+2.0$ m,二至四层卫生间的排水起点为 $H-0.6$ m,一层卫生间的排水起点为 $H-0.25$ m,即二至四层卫生间中的蹲便器、小便器、洗手盆、拖布池、地漏等卫生器具排水均通过器具立管排为 $H-0.6$ m,一层各卫生器具排水则通过器具立管排至 $H-0.25$ m,二至四层卫生间污水立管与通气立管的连接管标高由 $H-0.6$ m 变为 $H-0.3$ m,一层卫生间污水立管与通气立管的连接管标高由 $H-0.25$ m 变为 $H-0.3$ m。

雨水系统中雨水管道采用塑料降噪排水管,屋面雨水经雨水斗和雨水立管 YL-1～YL-6 排至室外雨水明沟或雨水井;阳台雨水二至四层经雨水立管 YL1-1～YL1-9 排至室外雨水明沟,一层单独排出,除 YL1-3 和 YL1-9 外,其他立管相同,阳台雨水二至四层排水于标高 $H-0.35$ m 处汇入雨水立管,详见雨水系统图;空调冷凝水二至四层经空调立管 KL-1~KL-3 排至室外雨水明沟,一层单独排出;另外楼梯屋面雨水经雨水立管 YL-7、YL-8 散排屋面,经雨水立管排出。YL-1~YL-6、YL-1-1~YL-1-9、KL-1~KL-3 均由底层 $H-0.4$ m 处排出。

4.4　给排水工程分部分项工程量清单的编制

4.4.1　给排水分部分项工程清单列项

根据《通用安装工程工程量计算规范》(GB 50856—2013),结合某小学教学楼给排水工程施工图纸,对该专业分部分项工程进行清单列项,详细内容见表 4.1。

表 4.1　某小学教学楼给排水分部分项工程清单列项

项目编码	项目名称	项目特征描述	计量单位	工程量计量规则	工作内容
031001006001	塑料管	1. 安装部位:室内 2. 介质:给水 3. 材质、规格:PP-R 塑料管 DN32 4. 连接形式:热熔连接 5. 压力试验及吹洗设计要求:水压试验和消毒、冲洗	m	按照设计图示管道中心线以长度计算	1. 管道安装 2. 管件安装 3. 塑料卡固定 4. 阻火圈安装 5. 压力试验 6. 吹扫、冲洗 7. 警示带铺设
031001006002	塑料管	1. 安装部位:室内 2. 介质:给水 3. 材质、规格:PP-R 塑料管 DN25 4. 连接形式:热熔连接 5. 压力试验及吹洗设计要求:水压试验和消毒、冲洗	m	按照设计图示管道中心线以长度计算	1. 管道安装 2. 管件安装 3. 塑料卡固定 4. 阻火圈安装 5. 压力试验 6. 吹扫、冲洗 7. 警示带铺设
031001006003	塑料管	1. 安装部位:室内 2. 介质:给水 3. 材质、规格:PP-R 塑料管 DN20 4. 连接形式:热熔连接 5. 压力试验及吹洗设计要求:水压试验和消毒、冲洗	m	按照设计图示管道中心线以长度计算	1. 管道安装 2. 管件安装 3. 塑料卡固定 4. 阻火圈安装 5. 压力试验 6. 吹扫、冲洗 7. 警示带铺设
031001006004	塑料管	1. 安装部位:室内 2. 介质:给水 3. 材质、规格:PP-R 塑料管 DN15 4. 连接形式:热熔连接 5. 压力试验及吹洗设计要求:水压试验和消毒、冲洗	m	按照设计图示管道中心线以长度计算	1. 管道安装 2. 管件安装 3. 塑料卡固定 4. 阻火圈安装 5. 压力试验 6. 吹扫、冲洗 7. 警示带铺设

项目编码	项目名称	项目特征描述	计量单位	工程量计量规则	工作内容
031001007001	复合管	1. 安装部位:室内 2. 介质:给水 3. 材质、规格:PSP 钢塑复合管 DN100 4. 连接形式:扩口式管件连接 5. 压力试验及吹洗设计要求:水压试验和消毒、冲洗	m	按照设计图示管道中心线以长度计算	1. 管道安装 2. 管件安装 3. 塑料卡固定 4. 压力试验 5. 吹扫、冲洗 6. 警示带铺设
031001007002	复合管	1. 安装部位:室内 2. 介质:给水 3. 材质、规格:PSP 钢塑复合管 DN80 4. 连接形式:扩口式管件连接 5. 压力试验及吹洗设计要求:水压试验和消毒、冲洗	m	按照设计图示管道中心线以长度计算	1. 管道安装 2. 管件安装 3. 塑料卡固定 4. 压力试验 5. 吹扫、冲洗 6. 警示带铺设
031001007003	复合管	1. 安装部位:室内 2. 介质:给水 3. 材质、规格:PSP 钢塑复合管 DN70 4. 连接形式:扩口式管件连接 5. 压力试验及吹洗设计要求:水压试验和消毒、冲洗	m	按照设计图示管道中心线以长度计算	1. 管道安装 2. 管件安装 3. 塑料卡固定 4. 压力试验 5. 吹扫、冲洗 6. 警示带铺设
031001007004	复合管	1. 安装部位:室内 2. 介质:给水 3. 材质、规格:PSP 钢塑复合管 DN40 4. 连接形式:扩口式管件连接 5. 压力试验及吹洗设计要求:水压试验和消毒、冲洗	m	按照设计图示管道中心线以长度计算	1. 管道安装 2. 管件安装 3. 塑料卡固定 4. 压力试验 5. 吹扫、冲洗 6. 警示带铺设
031003001001	螺纹阀门	1. 类型:截止阀 2. 规格:DN40 3. 连接方式:螺纹连接	个	按设计图示数量计算	1. 安装 2. 电气接线 3. 调试
031003001002	螺纹阀门	1. 类型:截止阀 2. 规格:DN32 3. 连接方式:螺纹连接	个	按设计图示数量计算	1. 安装 2. 电气接线 3. 调试
031003001003	螺纹阀门	1. 类型:截止阀 2. 规格:DN25 3. 连接方式:螺纹连接	个	按设计图示数量计算	1. 安装 2. 电气接线 3. 调试
031003001004	螺纹阀门	1. 类型:截止阀 2. 规格:DN20 3. 连接方式:螺纹连接	个	按设计图示数量计算	1. 安装 2. 电气接线 3. 调试
031003001005	螺纹阀门	1. 类型:自动排气阀 2. 规格:DN25 3. 连接方式:螺纹连接	个	按设计图示数量计算	1. 安装 2. 电气接线 3. 调试

（续表）

项目编码	项目名称	项目特征描述	计量单位	工程量计量规则	工作内容
031003003001	焊接法兰阀门	1. 类型：蝶阀 2. 规格：DN100 3. 连接方式：法兰连接	个	按设计图示数量计算	1. 安装 2. 电气接线 3. 调试
031003013001	水表	1. 安装部位：室内 2. 型号、规格：LXSR-100 3. 连接形式：法兰连接 4. 附件配置：水表一个，DN100 蝶阀一个	组	按设计图示数量计算	组装
031002003001	套管	1. 名称：一般钢套管 2. 材质：钢材 3. 规格：DN125 4. 系统：给水系统	个	按设计图示数量计算	1. 制作 2. 安装 3. 除锈、刷油
031002003002	套管	1. 名称：一般钢套管 2. 材质：钢材 3. 规格：DN50 4. 系统：给水系统	个	按设计图示数量计算	1. 制作 2. 安装 3. 除锈、刷油
031001005001	铸铁管	1. 安装部位：室内 2. 介质：污水 3. 材质、规格：柔性铸铁管 d150 4. 连接形式：承插连接	m	按照设计图示管道中心线以长度计算	1. 管道安装 2. 管件安装 3. 压力试验 4. 吹扫、冲洗 5. 警示带铺设
031001006005	塑料管	1. 安装部位：室内 2. 介质：污水 3. 材质、规格：UPVC 塑料管 d150 4. 连接形式：承插连接	m	按照设计图示管道中心线以长度计算	1. 管道安装 2. 管件安装 3. 塑料卡固定 4. 阻火圈安装 5. 压力试验 6. 吹扫、冲洗 7. 警示带铺设
031001006006	塑料管	1. 安装部位：室内 2. 介质：污水 3. 材质、规格：UPVC 塑料管 d100 4. 连接形式：承插连接	m	按照设计图示管道中心线以长度计算	1. 管道安装 2. 管件安装 3. 塑料卡固定 4. 阻火圈安装 5. 压力试验 6. 吹扫、冲洗 7. 警示带铺设
031001006007	塑料管	1. 安装部位：室内 2. 介质：污水 3. 材质、规格：UPVC 塑料管 d75 4. 连接形式：承插连接	m	按照设计图示管道中心线以长度计算	1. 管道安装 2. 管件安装 3. 塑料卡固定 4. 阻火圈安装 5. 压力试验 6. 吹扫、冲洗 7. 警示带铺设

（续表）

项目编码	项目名称	项目特征描述	计量单位	工程量计量规则	工作内容
031001006008	塑料管	1. 安装部位:室内 2. 介质:污水 3. 材质、规格:UPVC 塑料管 d50 4. 连接形式:承插连接	m	按照设计图示管道中心线以长度计算	1. 管道安装 2. 管件安装 3. 塑料卡固定 4. 阻火圈安装 5. 压力试验 6. 吹扫、冲洗 7. 警示带铺设
031001006009	塑料管	1. 安装部位:室内 2. 介质:污水 3. 材质、规格:螺旋降噪管 d150 4. 连接形式:承插连接	m	按照设计图示管道中心线以长度计算	1. 管道安装 2. 管件安装 3. 塑料卡固定 4. 压力试验 5. 吹扫、冲洗 6. 警示带铺设
031002003003	套管	1. 名称:刚性防水套管 2. 材质:焊接钢管 3. 规格:DN150 4. 系统:污水系统	个	按设计图示数量计算	1. 制作 2. 安装 3. 除锈、刷油
031002003004	套管	1. 名称:刚性防水套管 2. 材质:焊接钢管 3. 规格:DN100 4. 系统:污水系统	个	按设计图示数量计算	1. 制作 2. 安装 3. 除锈、刷油
031002003005	套管	1. 名称:一般钢套管 2. 材质:钢材 3. 规格:DN200 4. 系统:污水系统	个	按设计图示数量计算	1. 制作 2. 安装 3. 除锈、刷油
031002003006	套管	1. 名称:一般钢套管 2. 材质:钢材 3. 规格:DN150 4. 系统:污水系统	个	按设计图示数量计算	1. 制作 2. 安装 3. 除锈、刷油
031001006010	塑料管	1. 安装部位:室内 2. 介质:雨水 3. 材质、规格:UPVC 塑料管 d50 4. 连接形式:承插连接	m	按照设计图示管道中心线以长度计算	1. 管道安装 2. 管件安装 3. 塑料卡固定 4. 阻火圈安装 5. 压力试验 6. 吹扫、冲洗 7. 警示带铺设
031001006011	塑料管	1. 安装部位:室内 2. 介质:雨水 3. 材质、规格:塑料降噪排水管 d75 4. 连接形式:承插连接	m	按照设计图示管道中心线以长度计算	1. 管道安装 2. 管件安装 3. 塑料卡固定 4. 阻火圈安装 5. 压力试验 6. 吹扫、冲洗 7. 警示带铺设

(续表)

项目编码	项目名称	项目特征描述	计量单位	工程量计量规则	工作内容
031001006012	塑料管	1. 安装部位:室内 2. 介质:雨水 3. 材质、规格:塑料降噪排水管 d100 4. 连接形式:承插连接	m	按照设计图示管道中心线以长度计算	1. 管道安装 2. 管件安装 3. 塑料卡固定 4. 压力试验 5. 吹扫、冲洗 6. 警示带铺设
031002003007	套管	1. 名称:一般钢套管 2. 材质:钢材 3. 规格:DN125 4. 系统:雨水系统	个	按设计图示数量计算	1. 制作 2. 安装 3. 除锈、刷油
031001006013	塑料管	1. 安装部位:室内 2. 介质:空调冷凝水 3. 材质、规格:UPVC 塑料管 d50 4. 连接形式:承插连接	m	按照设计图示管道中心线以长度计算	1. 管道安装 2. 管件安装 3. 塑料卡固定 4. 压力试验 5. 吹扫、冲洗 6. 警示带铺设
031002003008	套管	1. 名称:一般钢套管 2. 材质:钢材 3. 规格:DN80 4. 系统:空调冷凝水系统	个	按设计图示数量计算	1. 制作 2. 安装 3. 除锈、刷油
031004003001	洗脸盆	1. 材质:陶瓷 2. 规格、类型:单冷台式洗脸盆 3. 附件名称:感应水龙头	组	按设计图示数量计算	1. 器具安装 2. 附件安装
031004006001	大便器	1. 材质:陶瓷 2. 规格、类型:蹲便器、低水箱 3. 附件名称:6 L 水箱、三角阀及高压管各1个	组	按设计图示数量计算	1. 器具安装 2. 附件安装
031004008001	其他成品卫生器具	1. 材质:陶瓷 2. 规格、类型:拖布池 3. 附件名称:普通水龙头 DN25	组	按设计图示数量计算	1. 器具安装 2. 附件安装
031004014001	给、排水附(配)件	1. 材质:塑料 2. 名称:地漏 3. 规格:DN75	个	按设计图示数量计算	安装
031004014002	给、排水附(配)件	1. 材质:塑料 2. 名称:地面扫除口 3. 规格:DN100	个	按设计图示数量计算	安装
031004007001	小便槽冲洗管	1. 材质:PPR 管 2. 规格:DN20	m	按设计图示长度计算	1. 制作 2. 安装
031201001001	管道刷油	1. 油漆品种:沥青 2. 涂刷遍数、漆膜厚度:两道	m²	按设计图示表面积尺寸以面积计算	1. 除锈 2. 调配、涂刷

4.4.2　给排水分部分项工程工程量的计算

1）给排水、采暖、燃气管道

本分部工程包括镀锌钢管、钢管、不锈钢管、铜管、铸铁管、塑料管、复合管、直埋式预制保温管、承插陶瓷缸瓦管、承插水泥管、室外管道碰头等共 11 个分项工程。其中镀锌钢管、钢管、不锈钢管、铜管、铸铁管、塑料管、复合管、直埋式预制保温管、承插陶瓷缸瓦管、承插水泥管等 10 个分项工程的工程数量按设计图示管道中心线以长度计算，计量单位为"m"；室外管道碰头工程数量按设计图示以处计算，计量单位为"处"。

在本部分进行工程计量时，需注意以下问题：

①管道安装部位，指管道安装在室内、室外。

②输送介质包括给水、排水、中水、雨水、热媒体、燃气、空调水等。

③方形补偿器制作安装，应含在管道安装综合单价中。

④铸铁管安装适用于承插铸铁管、球墨铸铁管、柔性抗振铸铁管等。塑料管安装适用于UPVC、PVC、PP-C、PP-R、PE、PB 管等塑料管材。复合管安装适用于钢塑复合管、铝塑复合管、钢骨架复合管等复合型管道安装。直埋保温管包括直埋保温管件安装及接口保温。排水管道安装包括立管检查口、透气帽。

⑤室外管道碰头：

a. 适用于新建或扩建工程热源、水源、气源管道与原（旧）有管道碰头。

b. 室外管道碰头包括挖工作坑、土方回填或暖气沟局部拆除及修复。

c. 带介质管道碰头包括开关闸、临时放水管线铺设等费用。

d. 热源管道碰头每处包括供、回水两个接口。

e. 碰头形式指带介质碰头、不带介质碰头。

⑥管道工程量计算不扣除阀门、管件（包括减压器、疏水器、水表、伸缩器等组成安装）及附属构筑物所占长度，方形补偿器以其所占长度列入管道安装工程量。

⑦压力试验按设计要求描述试验方法，如水压试验、气压试验、泄漏性试验、闭水试验、通球试验、真空试验等。

⑧吹、洗按设计要求描述吹扫、冲洗方法，如水冲洗、消毒冲洗、空气吹扫等。

2）支架及其他

该分部工程包括管道支架、设备支架、套管共 3 个分项工程。

在本部分计量时，管道支吊架与设备支吊架两个分项工程清单项目有两种计量方式，以"kg"计量，按设计图示质量计算；以"套"计量，按设计图示数量计算。套管的计量按设计图示数量计算，以"个"为计量单位。

在本部分进行工程计量时，还应注意以下问题：

①单件支架质量 100 kg 以上的管道支吊架执行设备支吊架制作安装。

②成品支架安装执行相应管道支吊架或设备支架项目，不再计取制作费，支架本身价值含在综合单价中。

③套管制作安装，适用于穿基础、墙、楼板等部位的防水套管、填料套管及防火套管等，应分别列项。

3）管道附件

本部分主要包括螺纹阀门、螺纹法兰阀门、焊接法兰阀门、带短管甲乙阀门、塑料阀门、减压器、疏水器、除污器(过滤器)、补偿器、软接头(软管)、法兰、倒流防止器、水表、热量表、塑料排水管消声器、浮标液面计、浮漂水位标尺等共 17 个分项工程。

在进行本部分清单项目计量时,计算规则均是按设计图示数量计算。其中,补偿器、软接头(软管)、塑料排水管消声器、各式阀门的计量单位均为"个";减压器、疏水器、除污器(过滤器)、浮标液面计的计量单位均为"组";水表的计量单位为"个"或"组";法兰的计量单位为"副"或"片";倒流防止器、浮漂水位标尺以"套"为计量单位;热量表的计量单位为"块"。

本部分进行工程计量时,需要注意的问题有:

①法兰阀门安装包括法兰连接,不得另计。阀门安装如仅为一侧法兰连接时,应在项目特征中描述。

②塑料阀门连接形式需注明热熔连接、黏接、热风焊接等方式。

③减压器规格按高压侧管道规格描述。

④减压器、疏水器、倒流防止器等项目包括组成与安装工作内容,项目特征应根据设计要求描述附件配置情况,或根据××图集或××施工图做法描述。

4) 卫生器具

本部分主要包括浴缸,净身盆,洗脸盆,洗涤盆,化验盆,大便器,小便器,其他成品卫生器具,烘手器,淋浴器,淋浴间,桑拿浴房,大、小便槽自动冲洗水箱,给、排水附(配)件,小便槽冲洗管,蒸汽-水加热器,冷热水混合器,饮水器,隔油器等共计 19 个分项工程。

该部分计量时,除小便槽冲洗管工程量是按设计图示长度计算(计量单位为"m")外,其余分项清单项目的计量均按设计图示数量计算。

其中,浴缸、净身盆、洗脸盆、洗涤盆、化验盆、大便器、小便器和其他成品卫生器具等的计量,均以"组"为计量单位;淋浴器、淋浴间、桑拿浴房、大(小)便槽自动冲洗水箱、蒸汽-水加热器、冷热水混合器、饮水器、隔油器等的计量均以"套"为计量单位;烘手器的计量单位为"个";给、排水附(配)件的计量单位为"个"或"组"。

本部分进行工程计量时,应注意以下问题:

①成品卫生器具项目中的附件安装,主要指给水附件(包括水嘴、阀门、喷头等),排水配件(包括存水弯、排水栓、下水口等)以及配备的连接管。

②浴缸支座和浴缸周边的砌砖、瓷砖粘贴,应按《房屋建筑与装饰工程工程量计算规范》(GB 50854—2013)相关项目编码列项;功能性浴缸不含电机接线和调试,应按《通用安装工程工程量计算规范》(GB 50856—2013)电气设备安装工程相关项目编码列项。

③洗脸盆适用于洗脸盆、洗发盆、洗手盆安装。

④器具安装中若采用混凝土或砖基础,应按《房屋建筑与装饰工程工程量计算规范》(GB 50854—2013)相关项目编码列项。

⑤给、排水附(配)件是指独立安装的水嘴、地漏、地面扫出口等。

5) 供暖器具

该分部工程包括铸铁散热器、钢制散热器、其他成品散热器、光排管散热器、暖风机、地板辐射采暖、热媒集配装置、集气罐等共 8 个分项工程。

在本部分计量时,铸铁散热器、钢制散热器和其他成品散热器等 3 个分项工程清单项目的计量按设计图示数量计算,计量单位为"组"或"片"。光排管散热器按设计图示排管长度计算,以"m"为计量单位。暖风机与热媒集配装置按设计图示数量计算,计量单位为"台"。地板辐射采暖项目的计量有两种方式:以"m²"计量,按设计图示采暖房间净面积计算;以"m"计量,按设计图示管道长度计算。集气罐按设计图示数量计算,计量单位为"个"。

本部分进行工程计量时,还应注意以下问题:

①铸铁散热器,包括拉条制作、安装。

②钢制散热器结构形式,包括钢制闭式、板式、壁板式、扁管式及柱式散热器等,应分别列项计算。

③光排管散热器,包括联管制作、安装。

④地板辐射采暖,包括与分集水器连接和配合地面浇注用工。

6)采暖、给排水设备

本部分主要包括变频给水设备,稳压给水设备,无负压给水设备,气压罐,太阳能集热装置,地源(水源、气源)热泵机组,除砂器,水处理器,超声波灭藻设备,水质净化器,紫外线杀菌设备,热水器、开水炉,消毒器、消毒锅,直饮水设备,水箱等共15个分项工程。

该部分清单项目的计量均按设计图示数量计算。变频给水设备、稳压给水设备、无负压给水设备、太阳能集热装置和直饮水设备等5个分项工程以"套"为计量单位;气压罐,除砂器,水处理器,超声波灭藻设备,水质净化器,紫外线杀菌设备,热水器、开水炉,消毒器、消毒锅以及水箱等9个分项工程的计量单位为"套";地源(水源、气源)热泵机组的计量单位为"组"。

在变频给水设备、稳压给水设备、无负压给水设备安装的计量过程中,应注意:压力容器包括气压罐、稳压罐、无负压罐;水泵包括主泵及备用泵,应注明数量;附件包括给水装置中配备的阀门、仪表、软接头,应注明数量,含设备、附件之间管路连接;泵组底座安装,不包括基础砌(浇)筑,应按《房屋建筑与装饰工程工程量计算规范》(GB 50854—2013)相关项目编码列项;控制柜安装及电气接线、调试应按《通用安装工程工程量计算规范》(GB 50856—2013)电气设备安装工程相关项目编码列项。

地源热泵机组计量时,接管以及接管上的阀门、软接头、减振装置和基础另行计算,应按相关项目编码列项。

7)燃气器具及其他

本部分主要包括燃气开水炉,燃气采暖炉,燃气沸水器、消毒器,燃气热水器,燃气表,燃气灶具,气嘴点火棒,调压器,燃气抽水缸,燃气管道调长器,调压箱、调压装置及引入口砌筑等共计12个分项工程。

该部分分项工程清单项目计量时,均按设计图示数量计算。燃气开水炉,燃气采暖炉,燃气沸水器、消毒器,燃气热水器,燃气灶具,调压器及调压箱、调压装置等7个清单项目的计量单位为"台";气嘴、点火棒,燃气抽水缸,燃气管道调长器等3个清单项目以"个"为计量单位;燃气表项目计量时,以"块"或"台"为单位;引入口砌筑项目在计量时,计量单位为"处"。

本部分在计量时,沸水器、消毒器适用于容积式沸水器、自动沸水器、燃气消毒器等。燃气灶具适用于人工煤气灶具、液化石油气灶具、天然气燃气灶具等,用途应描述民用或公用,类型应描述所采用气源。调压箱、调压装置安装部位应区分室内、室外。引入口砌筑形式,应注明地上、地下。

8)医疗气体设备及附件

本部分包括制氧机、液氧罐、二级稳压箱、气体汇流排、集污罐、刷手池、医用真空罐、气水分离器、干燥机、储气罐、空气过滤器、集水器、医疗设备带及气体终端等共14个分项工程。

该部分各清单项目的计量除医疗设备带按设计图示长度计算外,其余均按照设计图示数量计算。制氧机、液氧罐、二级稳压箱、气水分离器、医用真空罐、干燥机和集水器等8个清单项目的计量单位为"台";气体汇流排与刷手池以"组"为计量单位;医疗设备带的计量单位为"m";集污罐、储气罐、空气过滤器及气体终端等4个清单项目以"个"为计量单位。

在该部分清单项目中,气体汇流排适用于氧气、二氧化碳、氮气、氦气、氩气、压缩空气等汇流排。空气过滤器适用于压缩气体预过滤器、精过滤器、超精过滤器等安装。

9)采暖、空调水工程系统调试

本部分包括采暖工程系统调试与空调水工程系统调试两个分项工程。

采暖工程系统由采暖管道、阀门及供暖器具组成。空调水工程系统由空调水管道、阀门及冷水机组组成。

在进行采暖工程系统调试或空调水工程系统调试的计量时,分别按采暖或空调水工程系统计算,计量单位均为"系统"。

当采暖工程系统、空调水工程系统中管道工程量发生变化时,系统调试费用应做相应调整。

现将某小学教学楼给排水工程工程量计算结果汇总如下,如表4.2所示。

表4.2　某小学教学楼给排水工程工程量计算结果

序　号	项目名称	计算式	单位	工程量	备注
		给水系统			
1	PSP 钢塑复合管 DN100	3.6+93.64	m	97.24	埋地管
2	PSP 钢塑复合管 DN80	2.02	m	2.02	埋地管
3	PSP 钢塑复合管 DN40	9.96	m	9.96	埋地管
4	PP-R 管 DN32	12.4+1.51×9	m	25.99	埋地管
5	PP-R 管 DN32	(11.7+0.1+0.6)×9	m	111.60	立管
6	PP-R 管 DN25	(4.15-0.1)×9	m	36.45	立管
7	PSP 管 DN80	0.6+11.1	m	11.70	立管
8	PSP 管 DN70	15.85-11.1	m	4.75	立管
9	PP-R 管 DN25	(1.17+0.9)×9×4	m	74.52	阳台支管
10	PSP 管 DN40	2.81×4	m	11.24	公共卫生间
11	PP-R 管 DN32	(0.27+0.924+0.604+0.9)×4	m	10.79	公共卫生间
12	PP-R 管 DN25	(2+0.3+2.65+1.8+1.8)×4	m	34.20	公共卫生间
13	PP-R 管 DN20	(0.7+4.47+0.22+0.34+1.8+1.8+2.56+0.7+3.3-1.1)×4	m	59.16	公共卫生间
14	PP-R 管 DN15	(0.7+0.9+0.56+0.7)×4+(3.3-0.8)×7×4+(3.3-0.6)×13×4	m	221.84	公共卫生间
15	排气阀 DN25	10	个	10	立管
16	截止阀 DN40	1×4	个	4	公共卫生间
17	截止阀 DN20	2×4	个	8	公共卫生间
18	截止阀 DN32	2×4	个	8	公共卫生间

（续表）

序 号	项目名称	计算式	单位	工程量	备注
19	截止阀 DN25	1×4	个	4	公共卫生间
20	蝶阀 DN100	1	个	1	
21	水表	1	组	1	
22	一般钢套管 DN50	4×9＋1×4	个	40	
23	一般钢套管 DN125	4	个	4	
	排水系统				
24	螺旋降噪管 DN150	(15.85＋2＋0.45)×2	m	36.60	污水立管
25	UPVC 管 d100	(15.85＋2＋0.3)×2	m	36.30	透气立管
26	铸铁管 d150	(2.95＋3.32)×2	m	12.54	排出管
27	UPVC 管 d150	3.65×2×4	m	29.20	公共卫生间
28	UPVC 管 d100	(0.31×13＋6.58＋6.82＋1.46＋1.28)×4＋(0.6×13＋0.6×6＋0.3×2)×3＋(0.25×13＋0.25×6＋0.05×2)×1	m	121.53	公共卫生间
29	UPVC 管 DN75	0.7×2×4＋(0.6×4×3＋0.25×4×1)	m	13.8	公共卫生间
30	一般钢套管 DN150	2×4	个	8	
31	一般钢套管 DN200	2×4	个	8	
32	刚性防水套管 DN100	2	个	2	
33	刚性防水套管 DN150	2	个	2	
	雨水系统				
34	螺旋降噪管 DN100	(0.4＋15.85＋2.21)×6＋(19.45－15.85)×2	m	117.96	YL1～YL6
35	螺旋降噪管 DN100	(15.85＋2.21)×9	m	162.54	YL1-1～YL1-9
36	UPVC 管 DN75(一层)	(1.14＋0.4)×2×1	m	3.08	YL1-3、YL1-9
37	UPVC 管 DN50(一层)	(1.14＋0.4＋1.14＋0.6)×2×1	单位	6.56	YL1-3、YL1-9
38	UPVC 管 DN75(二到四层)	(3.05＋0.35＋0.55)×2×3	m	23.70	YL1-3、YL1-9
39	UPVC 管 DN50(二到四层)	(0.23＋0.2)×2×3	m	2.58	YL1-3、YL1-9
40	UPVC 管 DN75(一层)	(1.14＋0.4)×7×1	m	10.78	YL1-1～2/YL1-4～8
41	UPVC 管 DN50(一层)	(1.14＋0.4＋1.14＋0.6)×7×1	m	22.96	YL1-1～2/YL1-4～8
42	UPVC 管 DN75(二到四层)	(3.08＋0.35＋0.55)×7×3	m	83.58	YL1-1～2/YL1-4～8

（续表）

序　号	项目名称	计算式	单位	工程量	备注
43	UPVC 管 DN50(二到四层)	$(0.5+0.55+0.23+0.2) \times 7 \times 3$	m	31.08	YL1-1～2/ YL1-4～8
44	一般钢套管 DN150	$6+9$	个	15	
		空调冷凝水系统			
45	UPVC 管 DN50	$(15.85+0.4+1.14+0.3 \times 4) \times 3$	m	55.77	KL-1～KL-3
46	一般钢套管 DN80	19×4	个	76	空调
		卫生洁具及其他			
47	多孔管 PPR 管 DN20	3.7×4	m	14.8	
48	大便器	13×4	组	52	
49	洗手盆	6×4	组	24	
50	拖把池	$1 \times 4+9 \times 4$	组	40	
51	地漏 DN75	$3 \times 4+9 \times 4$	个	48	
52	地面扫除口	2×4	个	8	

4.4.3　给排水分部分项工程工程量清单的编制

现将工程量计算结果汇总到给排水专业工程清单表中，如表 4.3 所示。

表 4.3　某小学教学楼给排水分部分项工程清单

序　号	项目编码	项目名称	项目特征描述	计量单位	工程量
1	031001006001	塑料管	1. 安装部位:室内 2. 介质:给水 3. 材质、规格:PP-R 塑料管 DN32 4. 连接形式:热熔连接 5. 压力试验及吹洗设计要求:水压试验和消毒、冲洗	m	148.38
2	031001006002	塑料管	1. 安装部位:室内 2. 介质:给水 3. 材质、规格:PP-R 塑料管 DN25 4. 连接形式:热熔连接 5. 压力试验及吹洗设计要求:水压试验和消毒、冲洗	m	70.65
3	031001006003	塑料管	1. 安装部位:室内 2. 介质:给水 3. 材质、规格:PP-R 塑料管 DN20 4. 连接形式:热熔连接 5. 压力试验及吹洗设计要求:水压试验和消毒、冲洗	m	59.16

（续表）

序　号	项目编码	项目名称	项目特征描述	计量单位	工程量
4	031001006004	塑料管	1. 安装部位:室内 2. 介质:给水 3. 材质、规格:PP-R 塑料管 DN15 4. 连接形式:热熔连接 5. 压力试验及吹洗设计要求:水压试验和消毒、冲洗	m	221.84
5	031001007001	复合管	1. 安装部位:室内 2. 介质:给水 3. 材质、规格:PSP 钢塑复合管 DN100 4. 连接形式:扩口式管件连接 5. 压力试验及吹洗设计要求:水压试验和消毒、冲洗	m	97.24
6	031001007002	复合管	1. 安装部位:室内 2. 介质:给水 3. 材质、规格:PSP 钢塑复合管 DN80 4. 连接形式:扩口式管件连接 5. 压力试验及吹洗设计要求:水压试验和消毒、冲洗	m	13.72
7	031001007003	复合管	1. 安装部位:室内 2. 介质:给水 3. 材质、规格:PSP 钢塑复合管 DN70 4. 连接形式:扩口式管件连接 5. 压力试验及吹洗设计要求:水压试验和消毒、冲洗	m	4.75
8	031001007004	复合管	1. 安装部位:室内 2. 介质:给水 3. 材质、规格:PSP 钢塑复合管 DN40 4. 连接形式:扩口式管件连接 5. 压力试验及吹洗设计要求:水压试验和消毒、冲洗	m	9.96
9	031003001001	螺纹阀门	1. 类型:截止阀 2. 规格:DN40 3. 连接方式:螺纹连接	个	4
10	031003001002	螺纹阀门	1. 类型:截止阀 2. 规格:DN32 3. 连接方式:螺纹连接	个	8
11	031003001003	螺纹阀门	1. 类型:截止阀 2. 规格:DN25 3. 连接方式:螺纹连接	个	5
12	031003001004	螺纹阀门	1. 类型:截止阀 2. 规格:DN20 3. 连接方式:螺纹连接	个	8
13	031003001005	螺纹阀门	1. 类型:自动排气阀 2. 规格:DN25 3. 连接方式:螺纹连接	个	10

（续表）

序号	项目编码	项目名称	项目特征描述	计量单位	工程量
14	031003003001	焊接法兰阀门	1. 类型:蝶阀 2. 规格:DN100 3. 连接方式:法兰连接	个	1
15	031003013001	水表	1. 安装部位:室内 2. 型号、规格:LXSR-100 3. 连接形式:法兰连接 4. 附件配置:水表一个,DN100 蝶阀一个	组	1
16	031002003001	套管	1. 名称:一般钢套管 2. 材质:钢材 3. 规格:DN125 4. 系统:给水系统	个	4
17	031002003002	套管	1. 名称:一般钢套管 2. 材质:钢材 3. 规格:DN50 4. 系统:给水系统	个	40
18	031001005001	铸铁管	1. 安装部位:室外 2. 介质:污水 3. 材质、规格:柔性铸铁管 d150 4. 连接形式:承插连接	m	12.54
19	031001006005	塑料管	1. 安装部位:室内 2. 介质:污水 3. 材质、规格:UPVC 塑料管 d150 4. 连接形式:承插连接	m	29.20
20	031001006006	塑料管	1. 安装部位:室内 2. 介质:污水 3. 材质、规格:UPVC 塑料管 d100 4. 连接形式:承插连接	m	157.83
21	031001006007	塑料管	1. 安装部位:室内 2. 介质:污水 3. 材质、规格:UPVC 塑料管 d75 4. 连接形式:承插连接	m	13.8
22	031001006009	塑料管	1. 安装部位:室内 2. 介质:污水 3. 材质、规格:螺旋降噪管 d150 4. 连接形式:承插连接	m	36.60
23	031002003003	套管	1. 名称:刚性防水套管 2. 材质:焊接钢管 3. 规格:DN150 4. 系统:污水系统	个	2
24	031002003004	套管	1. 名称:刚性防水套管 2. 材质:焊接钢管 3. 规格:DN100 4. 系统:污水系统	个	2

（续表）

序号	项目编码	项目名称	项目特征描述	计量单位	工程量
25	031002003005	套管	1. 名称:一般钢套管 2. 材质:钢材 3. 规格:DN200 4. 系统:污水系统	个	8
26	031002003006	套管	1. 名称:一般钢套管 2. 材质:钢材 3. 规格:DN150 4. 系统:污水系统	个	8
27	031001006010	塑料管	1. 安装部位:室内 2. 介质:雨水 3. 材质、规格:UPVC 塑料管 d50 4. 连接形式:承插连接	m	63.18
28	031001006011	塑料管	1. 安装部位:室内 2. 介质:雨水 3. 材质、规格:UPVC 塑料管 d75 4. 连接形式:承插连接	m	121.14
29	031001006012	塑料管	1. 安装部位:室内 2. 介质:雨水 3. 材质、规格:螺旋降噪管 d100 4. 连接形式:承插连接	m	280.50
30	031002003007	套管	1. 名称:一般钢套管 2. 材质:钢材 3. 规格:DN125 4. 系统:雨水系统	个	15
31	031001006013	塑料管	1. 安装部位:室内 2. 介质:空调冷凝水 3. 材质、规格:UPVC 塑料管 d50 4. 连接形式:承插连接	m	55.77
32	031002003008	套管	1. 名称:一般钢套管 2. 材质:钢材 3. 规格:DN80 4. 系统:空调冷凝水系统	个	76
33	031004003001	洗脸盆	1. 材质:陶瓷 2. 规格、类型:单冷台式洗脸盆 3. 附件名称:感应水龙头	组	24
34	031004006001	大便器	1. 材质:陶瓷 2. 规格、类型:蹲便器、低水箱 3. 附件名称:6 L 水箱、三角阀及高压管各1个	组	52
35	031004008001	其他成品卫生器具	1. 材质:陶瓷 2. 规格、类型:拖布池 3. 附件名称:普通水龙头 DN25	组	40

（续表）

序　号	项目编码	项目名称	项目特征描述	计量单位	工程量
36	031004014001	给、排水附（配）件	1. 材质:塑料 2. 名称:地漏 3. 规格:DN75	个	48
37	031004014002	给、排水附（配）件	1. 材质:塑料 2. 名称:地面扫除口 3. 规格:DN100	个	8
38	031004007001	小便槽冲洗管	1. 材质:PPR管 2. 规格:DN20	m	14.8
39	031201001001	管道刷油	1. 油漆品种:沥青 2. 涂刷遍数、漆膜厚度:两道	m²	13.75

本章小节

本章主要讲述以下内容:

1. 室外给水系统的任务是从水源取水,按照用户对水质的要求进行处理,然后将水输送到用水区,并向用户配水。

2. 室外给水系统主要由取水构筑物、水处理构筑物、泵站、输水管渠和管网、调节构筑物等构成。

3. 室内给水系统按用途可分成生活给水系统、生产给水系统及消防给水系统,各给水系统可以单独设置,也可以采用合理的共用系统。

4. 室内给水系统由引入管(进户管)、水表节点、管道系统(干管、立管、支管)、给水附件(阀门、水表、配水龙头)等组成。

5. 给水方式的基本类型:①直接给水方式;②单设水箱的给水方式;③设贮水池、水泵的给水方式;④设水池、水泵和水箱的给水方式;⑤设气压给水装置的给水方式;⑥分区给水方式。

6. 室外排水系统由排水管道,检查井、跌水井、雨水口和污水处理厂等组成。

7. 室外排水系统与雨水排水系统可以采用合流制或分流制。

8. 根据接纳的污废水类型不同的性质,建筑排水系统可分为生活污水系统、生产废水系统和雨水系统三大类。

9. 室内排水系统的基本要求是迅速通畅地排除建筑内部的污废水,保证排水系统在气压波动下不致使水封破坏。其组成包括以下几部分:①卫生器具或生产设备受水器;②存水弯;③排水管道系统;④通气管系;⑤清通设备。

10. 建筑给排水工程施工图,根据设计任务要求应包括平面布置图、系统图(轴侧图)、施工详图、设计(施工)说明及主要设备材料表等。室外小区给排水工程,根据工程内容还应包括管道纵断图、污水处理构筑物详图等。

11. 给水管道中水流的方向为:进户管→水表井→水平干管→立管→水平支管→用水设备。在管路中间按需要装置阀门等配水控制和设备。

12. 排水管道中水流的方向为:卫生设备→水平支管→立管→水平干管→出户管→室外检查井(井)→化粪池。

13. 给排水施工图的识读一般按如下顺序进行:给排水设计说明——给排水平面图——给排水系统图——给排水详图。

14. 管道工程量计算不扣除阀门、管件(包括减压器、疏水器、水表、伸缩器等组成安装)及附属构筑物所占长度,方形补偿器以其所占长度列入管道安装工程量。

15. 套管制作安装,适用于穿基础、墙、楼板等部位的防水套管、填料套管及防火套管等,应分别列项。

16. 卫生器具除小便槽冲洗管工程量是按设计图示长度计算(计量单位为"m")外,其余分项清单项目的计量均按设计图示数量计算。

17. 成品卫生器具项目中的附件安装,主要指给水附件包括水嘴、阀门、喷头等,排水配件包括存水弯、排水栓、下水口等以及配备的连接管。

思 考 题

1. 室外给水系统的基本组成有哪些?

2. 室内给水系统按用途可分成哪些?

3. 室内给水系统由什么组成的? 各自的作用是什么?

4. 给水方式的基本类型是什么?

5. 室外排水系统的基本组成有哪些?

6. 室外排水系统与雨水排水系统的排水体制是怎样的?

7. 室内排水系统的基本组成有哪些?

8. 建筑给排水工程施工图的组成与识读方法是怎样的?

9. 给水、排水管道中水流的方向是怎样的?

10. 管道工程量的计算规则是什么?

11. 管道工程量的计算界限如何划分?

12. 卫生器具小便槽冲洗管工程量计算规则是什么?

13. 成品卫生器具项目中水嘴、阀门、喷头等需不需要单独计算?

5 电气工程计量

5.1 电气照明工程基本知识

电气照明是通过照明电光源将电能转换成光能,在夜间或天然采光不足的情况下,创造一个明亮的环境,以满足生产、生活和学习的需要。合理的电气照明对于保证安全生产、改善劳动条件、提高劳动生产率、减少生产事故、保证产品质量、保护视力及美化环境都是必不可少的。电气照明已成为建筑电气的一个重要组成部分。

5.1.1 建筑电气照明配电系统

按照电能量传送方向,建筑电气照明低压配电系统由以下几部分组成:进户线→总配电箱→干线→分配电箱→支线→照明用电器具。

1)进户线

由建筑室外进入到室内配电箱的这段电源线称为进户线,通常有架空进户、电缆埋地进户两种方式。架空进户导线必须采用绝缘电线,直埋进户电缆需采用铠装电缆,非铠装电缆必须穿管,进户线缆材料示意图见图5.1,常用导线的型号及其主要用途见表5.1。

一栋单体建筑一般是一处进户,当建筑物长度超过60 m或用电设备特别分散时,可考虑两处或两处以上进户。一般情况下应尽量采用电缆埋地进户方式。

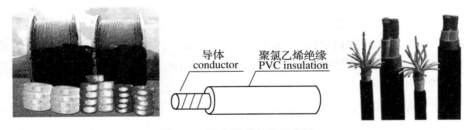

导体 conductor　　聚氯乙烯绝缘 PVC insulation

图5.1　进户线缆材料示意图

表5.1　常用导线的型号及其主要用途

导线型号		额定电压(V)	导线名称	导线截面(mm²)	主要用途
铝芯	铜芯				
LJ	TJ	—	裸绞线	LJ 10～800 TJ 10～400	室外架空线
LGJ			钢芯铝绞线	10～800	室外大跨度架空线
BLV	BV	500	聚氯乙烯绝缘线	BLV 1.5～185 BV 0.03～185	室内架空线或穿管敷设
BLX	BX	500	橡皮绝缘线	BLX 2.5～700 BX 0.75～500	室内架空线或穿管敷设

（续表）

| 导线型号 | | 额定电压(V) | 导线名称 | 导线截面(mm²) | 主要用途 |
铝芯	铜芯				
BLXF	BXF	500	氯丁橡皮绝缘线	BLXF 2.5～95 BXF 0.75～95	室内、外敷设
BLVV	BVV	500	塑料护套线	BLVV 1.5～10 BVV 0.75～10	室内固定敷设
	RV	250	聚氯乙烯绝缘软线	0.012～6	250 V 以下各种移动电器接线
	RVS	250	聚氯乙烯绝缘绞型软线	0.012～2.5	
	RVB	250	平行聚氯乙烯绝缘连接软线	0.012～2.5	
	RVV	500	聚氯乙烯绝缘护套软线	0.012～2.5	500 V 以下各种移动电器接线

2）总配电箱

总配电箱是本栋单体建筑连接电源、接受和分配电能的电气装置。配电箱内装有总开关、分开关、计量设备、短路保护元件和漏电保护装置等。总配电箱数量一般与进户处数相同。

低压配电箱根据用途不同可分为电力配电箱和照明配电箱，它们在民用建筑中用量很大。按产品可划分为定型产品（标准配电箱）、非定型成套配电箱（非标准配电箱）及现场制作组装的配电箱。

（1）电力配电箱（AP）

电力配电箱亦称为动力配电箱。普遍采用的电力配电箱主要有 XL(F)-14、XL(F)-15、XL(R)-20、XL-21 等型号。电力配电箱型号含义见图 5.2。

XL(F)-14、XL(F)-15 型电力配电箱内部，主要有刀开关（为箱外操作）、熔断器等。刀开关额定电流一般为 400 A，适用于交流 500 V 以下的三相系统动力配电。

XL(R)-20、XL-21 型采用 DZ10 型自动开关等元器件。XL(R)-20 型采取挂墙安装，XL-21 型采取落地式靠墙安装，适合于各种类型的低压用电设备的配电。XL-21 型电力配电箱外形见图 5.3。

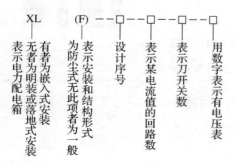

图 5.2　电力配电箱型号含义

图 5.3　XL-21 型电力配电箱

（2）照明配电箱（AL）

照明配电箱内主要装有控制各支路用的开关、熔断器，有的还装有电度表、漏电保护开关等。由于国内生产厂家繁多，外形和型号各异，国家只对配电箱用统一的技术标准进行审查和鉴定,在选用标准照明配电箱时,应查阅有关的产品目录和电气设备手册。照明配电箱实物图见图5.4。

(a) PZ20系列照明配电箱　(b) 配施耐德电器照明配电箱　(c) 防爆照明配电箱　(d) 双电源手动切换箱

图 5.4　照明配电箱实物图

(3) 其他系列配电箱

①插座箱。箱内主要装有自动开关和插座,还可根据需要加装 LA 型控制按钮、XD 型信号灯等元件。适用于交流 50 Hz、电压 500 V 以下的单相及三相电路中,见图5.5。

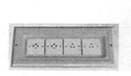

(a) 插座箱　　　　　(b) 防爆防腐电源插座箱

图 5.5　电源插座箱

②计量箱。这类计量箱适用于各种住宅、旅馆、车站、医院等处用来计量频率为 50 Hz 的单相以及三相有功电度。箱内主要装有电度表、自动开关或熔断器、电流互感器等。箱体由薄钢板焊制成,上、下箱壁均有穿线孔,箱的下部设有接地端子板。箱体外形见图 5.6 所示。

(a) 封闭挂式　　　　　(b) 嵌入暗装式

图 5.6　计量箱

3) 干线

连接于总配电箱与分配电箱之间的线路,任务是将电能输送到分配电箱。配线方式有放射式、树干式、混合式。

4) 分配电箱

分配电箱是连接总配电箱和用电设备、接受和分配分区电能的电气装置。配电箱内装有总开关、分开关、计量设备、短路保护元件和漏电保护装置等。对于多层建筑可在某层设总配电箱,并由此引出干线向各层分配电箱配电。

5) 支线

照明支线又称照明回路,是指从分配电箱到用电设备这段线路,即将电能直接传递给用电设备的配电线路。

6) 照明用电器具

干线、支线将电能送到用电末端,其用电器具包括灯具以及控制灯具的开关、插座、电铃与风扇等。

(1) 灯具

灯具有一般灯具、装饰灯具(吊式、吸顶式、荧光艺术式、几何形状组合、标志诱导灯、水下艺术灯、点光源、草坪灯、歌舞厅灯具等)、荧光灯(吊线、吊链、吊杆、吸顶)、工厂灯(工厂罩灯、投光灯、烟囱水塔灯、安全防爆灯等)、医院灯具(病房指示灯、暗脚灯、紫外线灯、无影灯)、路灯(马路弯灯、庭院路灯)、航空障碍灯等多种形式,见图 5.7。

(a) 吸顶灯　　　　(b) 隔栅式荧光灯　　　　(c) 天棚灯

(d) 追光灯　　　　(e) 医院无影灯　　　　(f) 工厂罩灯

(g) 航空障碍灯　　　　(h) 歌舞厅灯　　　　(i) 防爆荧光灯

图 5.7　灯具形式实物图

(2) 灯具开关

灯具开关用来实现对灯具通电断电的控制,根据节能要求,尽量实行单灯单控,在大面积照明场所也可以按回路进行控制。灯具开关按产品形式分类有拉线式(见图 5.8)、跷板式(见图 5.9)、节能式(见图 5.10)以及其他式等,按控制方式来分有单控、双控、三控(见图 5.11)等,按安装方式来分有明装、暗装、密闭、防爆型。

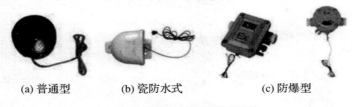

(a) 普通型　　　　(b) 瓷防水式　　　　(c) 防爆型

图 5.8　拉线式灯具开关实物图

(a) 单联单控　　　　　　(b) 双联单控　　　　　　(c) 三联单控

图 5.9　跷板式灯具开关实物图

(a) 声光控延时开关　　　(b) 钥匙取电器　　　(c) 调速开关　　　(d) 门铃开关

图 5.10　节能式灯具开关实物图

 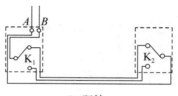

(a) 单控　　　　　　　　　　　(b) 双控

图 5.11　单双控开关接线图

（3）插座

插座有单相、三相之分,三相插座一般是四孔,单相插座有两孔、三孔、多孔,按安装方式来分有明装、暗装、密闭、防爆型,见图 5.12。

单相二孔插座　单相三孔插座　地弹插座　　二、三极插座　地面线槽插座　　86接线盒

图 5.12　插座实物图

（4）电铃与风扇

电铃的规格可按直径分为 100 mm、200 mm、300 mm 等,也可按电铃号牌箱分为 10 号、20 号、30 号等,见图 5.13。风扇可分为吊扇、壁扇、轴流排气扇等,见图 5.14。

　　　　　　　　　　　　　　　　　(a) 吊扇　　　　(b) 壁扇　　　(c) 轴流排气扇

图 5.13　电铃　　　　　　　　　　**图 5.14　风扇**

5.1.2 建筑电气照明工程施工

1)照明线路敷设

照明线路敷设有明敷和暗敷两种,明敷就是在建筑物墙板梁柱的表面敷设导线或穿导线的槽、管,暗敷就是在建筑物墙板梁柱里敷设导线。常见的照明线路敷设方式有线槽配线、导管配线,在大跨度的车间也用到钢索配线。

(1)线槽配线

线槽配线分为金属线槽明配线、地面内暗装金属线槽配线、塑料线槽配线。

施工工艺流程:弹线定位→线槽固定→线槽连接→槽内布线→导线连接→线路检查、绝缘摇测。

①金属线槽明配线。金属线槽材料有钢板、铝合金,见图 5.15,金属线槽在不同位置连接示意图见图 5.16。

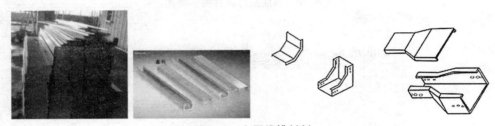

图 5.15 金属线槽材料

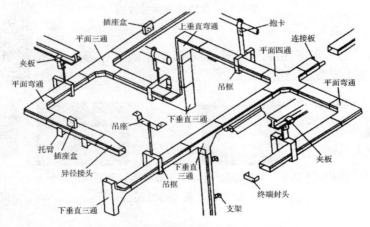

图 5.16 金属线槽在不同位置连接示意图

②地面内暗装金属线槽配线。地面内暗装金属线槽(实物见图 5.17)配线是将电线或电缆穿在经过特制的壁厚为 2 mm 的封闭式金属线槽内,直接敷设在混凝土地面、现浇钢筋混凝土楼板或预制混凝土楼板的垫层内,见图 5.18。

图 5.17 地面内安装金属线槽及其分线盒

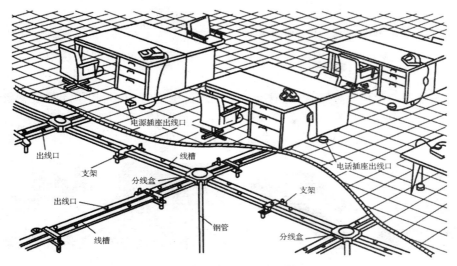

图 5.18 地面内暗装金属线槽配线

地面内暗装金属线槽安装时,应根据单线槽或双线槽的不同结构形式,选择单压板或双压板与线槽组装并上好地脚螺栓,将组装好的线槽及支架沿线路走向水平放置在地面或楼(地)面的找平层或楼板的模板上,如图 5.19 所示,然后进行线槽的连接。线槽连接应使用线槽连接头进行连接。线槽支架的设置一般在直线段 1~1.2 m 间隔处、线槽接头处或距分线盒 200 mm 处。

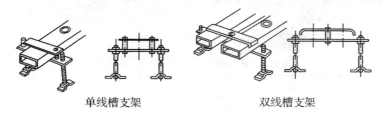

单线槽支架   双线槽支架

图 5.19 单双线槽支架安装示意图

③塑料线槽配线。塑料线槽配线适用于正常环境的室内场所,特别是潮湿及酸碱腐蚀的场所,但在高温和易受机械损伤的场所不宜使用,其配线与配件示意图见图 5.20。塑料线槽配线安装、维修、更换电线电缆都比较方便。

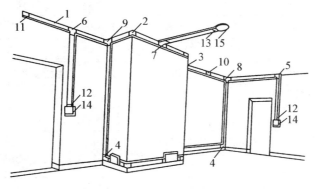

图 5.20 塑料线槽的配线示意图

1—直线线槽;2—阳角;3—阴角;4—直转角;5—平转角;6—平三通;7—顶三通;8—左三通;9—右三通;
10—连接头;11—终端头;12—开关盒插口;13—灯位盒插口;14—开关盒及盖板;15—灯位盒及盖板

（2）导管配线

将绝缘导线穿在管内敷设，称为导管配线。导管配线安全可靠，可避免腐蚀性气体的侵蚀和机械损伤，更换导线方便。导管配线普遍应用于重要公用建筑和工业厂房中，以及易燃、易爆和潮湿的场所。

导管配线使用的管材有金属管（钢管 SC、紧定式薄壁钢管 JDG、扣压式薄壁钢管 KBG、可挠金属管 LV、金属软管 CP 等，见图 5.21）和塑料管（硬塑料管 PC、刚性阻燃管 PVC、半硬塑料管 FPC，见图 5.22）两大类，BV、BLV 导线穿管管径选择见表 5.2。

图 5.21　金属管

图 5.22　PVC 塑料管

表 5.2　BV、BLV 导线穿管管径选择表

导线截面（mm²）	PVC 管（外径/mm） 导线数（根）							焊接钢管（内径/mm） 导线数（根）							电线管（外径/mm） 导线数（根）						
	2	3	4	5	6	7	8	2	3	4	5	6	7	8	2	3	4	5	6	7	8
1.5	16					20		15					20		16			19		25	
2.5	16				20			15				20			16			19		25	
4	16		20					15		20					16	19	25				
6	16		20		25			15		20			25		19	25				32	
10	20		25		32			20		25		32			25			32		38	
16	25		32		40			25			32		40		25	32	38			51	
25	32		40		50			25	32		40		50		32	38	51				
35	32		40		50			32			40		50		38	51					
50	40		50		60			32	40	50			65		51						
70	50			60		80		50			65		80		51						
95	50		60		80			50			65		80								
120	50		60	80		100		50			65		80								

注：管径为 51 mm 的电线管一般不用，因为管壁太薄，弯曲后易变形。

按照施工工艺要求,所有材质的导管配线均先配管,然后管内穿线,为了穿线方便,在电线管路长度和弯曲超过下列数值时,中间应增设接线盒。

①管子长度每超过 30 m,无弯曲时。

②管子长度每超过 20 m,有一个弯时。

③管子长度每超过 15 m,有两个弯时。

④管子长度每超过 8 m,有三个弯时。

⑤暗配管两个接线盒之间不允许出现四个弯。

（3）钢索配线

钢索配线是由钢索承受配电线路的全部荷载,将绝缘导线、配件和灯具吊钩在钢索上。适用于大跨度厂房、车库和仓储等场所。

工艺流程:预制加工工件→预埋铁件→弹线定位→固定支架→组装钢索→保护地线安装→钢索吊管(钢索吊护套线)→钢索配线→线路检查绝缘摇测。

钢索配线于结构墙体间示意图见图 5.23,钢索吊装并行双管示意图见图 5.24,专用钢索吊卡示意图见图 5.25。

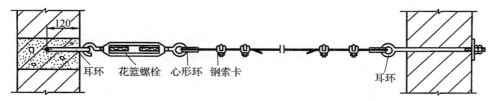

图 5.23　钢索配线于结构墙体间示意图（mm）

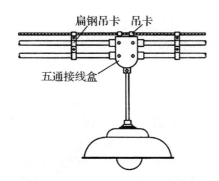

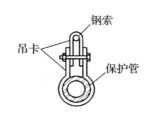

图 5.24　钢索吊装并行双管示意图　　**图 5.25　专用钢索吊卡示意图**

2）照明器具安装

照明器具包括灯具、开关、插座与风扇等,灯具又分为普通灯具、专用灯具等。

照明灯具的安装,按环境分类可分为室内和室外两种,室内普通灯具的安装方式有:悬吊式、吸顶式、嵌入式和壁式等。灯具安装工艺流程:灯具固定→灯具组装→灯具接线→灯具接地。

灯具的安装应与土建施工密切配合,做好预埋件的预埋工作。

3）配电箱安装

配电箱的安装方式有明装和暗装两种,明装配电箱有落地式和悬挂式。悬挂式配电箱安装时箱底一般距地面 2 m;暗装配电箱时箱底一般距地面 1.5 m。不论是明装还是暗装配电箱,其导线进出配电箱时必须穿管保护。

成套配电箱的安装程序是:现场预埋→管与箱体连接→安装盘面→装盖板(贴脸及箱门)。配电箱安装示意图见图 5.26。

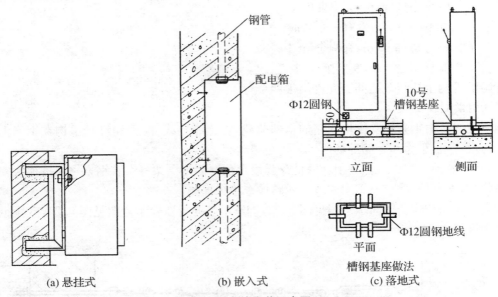

图 5.26 配电箱安装示意图(mm)

5.1.3 电缆工程施工

电缆的敷设方式主要有:电缆直接埋地敷设、电缆沟或电缆隧道敷设、电缆保护管敷设、电缆排管内敷设、电缆桥架敷设等。

电缆工程敷设方式的选择,应视工程条件、环境特点和电缆类型、数量等因素,且要满足运行可靠、便于维护的要求和技术经济合理的原则来选择。

1)电缆直接埋地敷设

电缆直接埋地敷设是按照规范的要求,挖完直埋电缆沟后,在沟底铺砂垫层,并清除沟内杂物,再敷设电缆,电缆敷设完毕后,要马上再填砂,还要在电缆上面盖一层砖或者混凝土板来保护电缆,然后回填的一种电缆敷设方式。一般沿同一路径敷设的电缆根数较少(8 根以下),敷设的距离较长时多采用此法。电缆直接埋地敷设在地下不需要其他设施,故施工简单,成本低,电缆的散热性能好。

电缆直接埋地敷设的程序如下:

测量画线—开挖电缆沟—铺砂或软土(100 mm 厚)—敷设电缆—盖砂或软土(100 mm 厚)—盖砖或保护板—回填土—设置标桩。如图 5.27 所示。

(1)开挖电缆沟

电缆沟的形状基本上是一个梯形,电缆埋置深度应符合下列要求:

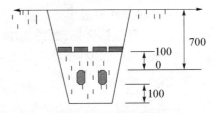

图 5.27 电缆直埋示意图(mm)

①电缆表面距地面的距离不应小于 0.7 m。穿越农田时不应小于 1 m。在引入建筑物、与地下建筑物交叉及绕过地下建筑物处,可浅埋,但应采取保护措施。

②电缆应埋设于冻土层以下,当受条件限制时,应采取防止电缆受到损坏的措施。

　　电缆沟沟底的宽度,可根据电缆在沟内平行敷设时,电缆外径加上电缆之间最小净距计算。直埋电缆敷设尺寸如图5.28所示。

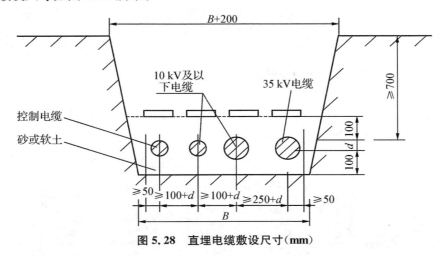

图5.28　直埋电缆敷设尺寸(mm)

（2）电缆敷设

电缆敷设可分为人工敷设和机械牵引敷设,如图5.29、图5.30所示。

图5.29　电缆人工敷设示意图

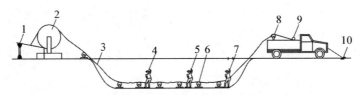

图5.30　电缆机械牵引敷设示意图

1—制动;2—电缆盘;3—电缆;4—滚轮监视人;5—牵引头监视人;
6—防捻器;7—关轮监视人;8—张力计;9—卷扬机;10—锚碇装置

　　电缆与铁路、公路、城市街道、厂区道路交叉时,应敷设于坚固的保护管或隧道内。电缆管的两端宜伸出道路路基两边各2 m,伸出排水沟0.5 m,在城市街道应伸出车道路面。

　　直埋电缆的上、下部应铺以不小于100 mm厚的软土或砂层,并加盖保护板,其覆盖宽度应超过电缆两侧各50 mm,保护板可采用混凝土盖板或砖块。

（3）回填土

　　电缆敷设完毕后,应请建设单位、监理单位及施工单位的质量检查部门共同进行隐蔽工程验收,验收合格后方可覆盖、填土。填土时应分层夯实,覆土要高出地面150～200 mm,以备松土沉陷。

（4）埋设标志桩

　　电缆在直线段每隔50～100 m处、拐弯处、接头处、交叉和进出建筑物等地段应设置明显的标志桩,标志桩露出地面以上150 mm为宜,并且标有"下有电缆"字样,以便电缆检修时查找和防止外来机械损伤。

2）电缆沟或电缆隧道敷设

当电缆与地下管网交叉不多,地下水位较低,且无高温介质和熔化金属液体流入可能的地区,同一路径的电缆数量不足 18 根时,宜采用电缆沟敷设。多于 18 根时宜采用电缆隧道敷设。

敷设在电缆沟或电缆隧道内的电缆宜采用铠装电缆、裸铅包电缆或阻燃塑料护套电缆。

电缆沟和电缆隧道敷设的施工工艺:

砌筑沟道→制作、安装支架→电缆敷设→盖盖板。

（1）电缆沟

电缆沟深不小于 0.8 m,电缆多时,可以在电缆沟内预埋金属支架,支架可设在两侧,最多可设 12 层电缆。室外电缆沟的剖面图如图 5.31 所示。

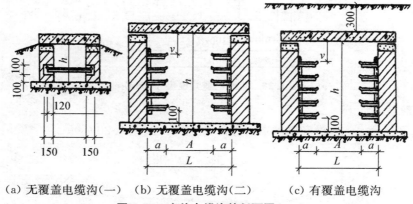

(a) 无覆盖电缆沟(一)　(b) 无覆盖电缆沟(二)　(c) 有覆盖电缆沟

图 5.31　室外电缆沟的剖面图(mm)

电缆沟和电缆隧道应采取防水措施,其底部应做成坡度不小于 0.5% 的排水沟,每隔 50 m 左右设置一个集水坑或集水井。集水可及时直接接入排水管道或经集水坑、集水井用水泵抽出,以保证电缆线路在良好环境下运行。

电缆沟进入建筑物时应设防火墙。电缆隧道进入建筑物处,以及在变电所围墙处,应设带防火门的防火墙。

（2）电缆支架

电缆敷设在电缆沟内使用支架固定,如图 5.32 所示。常用的支架有角钢支架和装配式支架。支架制作、安装一般要求如下:

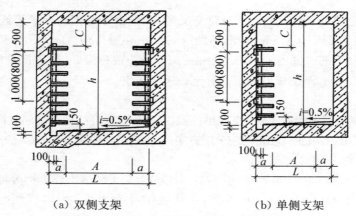

(a) 双侧支架　　　　　　　　(b) 单侧支架

图 5.32　电缆沟内使用支架固定示意图(mm)

①制作电缆支架所使用的材料必须是标准钢材,且应平直,无明显扭曲。

②电缆支架制作中,严禁使用电、气焊割孔。

③支架在室外敷设时应进行镀锌处理,否则,宜采用涂磷代底漆一道,过氧乙烯漆两道。

（3）电缆敷设

在同一条电缆沟内敷设很多电缆时,先敷设长而截面大的电源干线,再敷设截面小而较短的电缆。

不同电压和用途的电缆应分开敷设。

①高、低压电力电缆,强电、弱电控制电缆应按顺序分层敷设,一般情况下宜由上而下敷设。

②当两侧均有支架时,1 kV 及以下的电力电缆和控制电缆宜与 1 kV 以上的电力电缆分别敷设于不同侧支架上。

电力电缆在电缆沟内并列敷设时,电缆的水平净距为 35 mm,但不应小于电缆外径。电缆与热力管道、热力设备之间的净距,平行时不应小于 1 m,交叉时不应小于 0.5 m,当受条件限制时,应采取隔热保护措施。

电缆敷设经检验完毕后,应及时清除杂物,盖好盖板。必要时,还应将盖板缝隙处密封。电缆沟宜采用钢筋混凝土盖板,每块盖板的重量不宜超过 50 kg。

对电缆沟（道）内敷设的电缆应做好隐蔽工程记录。

（4）电缆标志牌

标志牌应设置在电缆的首端、末端和电缆接头、拐弯处的两端及入孔、井内等处,且应挂装牢固。

标志牌上应注明线路编号,标志牌规格应统一,字迹应清晰且不易脱落。

3）电缆保护管敷设

将保护管敷设好,再将电缆穿入管内,管内径不应小于电缆外径的 1.5 倍,敷设时要有 0.1% 的坡度。

电缆保护管的管材有多种:铸铁管、混凝土管、石棉水泥管、钢管、塑料管,如图 5.33 所示。

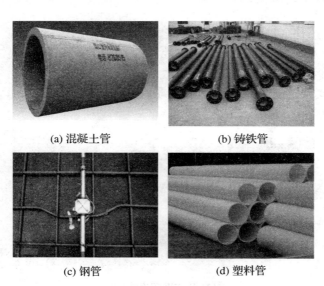

(a) 混凝土管　　　　　　　　(b) 铸铁管

(c) 钢管　　　　　　　　(d) 塑料管

图 5.33　电缆保护管管材

4）电缆排管内敷设

适用于电缆数量不多（小于12根），而道路交叉较多，路径拥挤，又不宜采用直埋或电缆沟敷设的地区。

电缆排管内敷设的施工工艺如下：

挖沟→人孔井设置→安装电缆排管→覆土→埋标桩→穿电缆。

穿电缆的排管大多是水泥预制块，如图5.34所示。排管也可采用混凝土管或石棉水泥管。

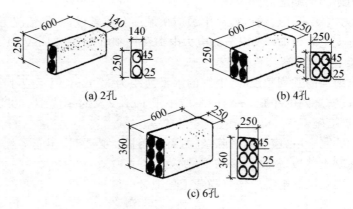

(a) 2孔   (b) 4孔

(c) 6孔

图5.34 混凝土管块（mm）

5）电缆桥架敷设

电缆桥架敷设适用于电缆数量较多或较集中的场所。为了防止发生火灾时火焰蔓延，电缆不应有黄麻或其他易燃材料保护层。

电缆桥架也称为电缆托架，有的没有托盘，有的加个盖。桥架的高度一般为50～100 mm。现正广泛应用于宾馆饭店、办公大楼、工矿企业的供配电线路中。常用桥架有槽式电缆桥架、梯级式电缆桥架、托盘式电缆桥架和组合式电缆桥架等四大类。

（1）槽式电缆桥架

槽式电缆桥架是一种全封闭型电缆桥架，它最适用于敷设计算机电缆、通信电缆、热电偶补偿电缆及其他高灵敏系统的控制电缆等，它对控制电缆的屏蔽干扰和重腐蚀环境中电缆的防护都有较好的效果。

敷设时，在专用支架上先放电缆槽，放入电缆后可以在上面加盖板，即美观又清洁。型号有DQJ-C、XQJ-C等，如图5.35所示。

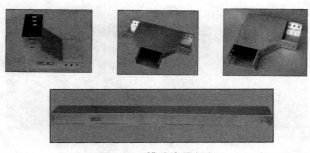

图5.35 槽式电缆桥架

（2）梯级式电缆桥架

梯级式电缆桥架具有重量轻、成本低、造型别致、安装方便、散热、透气性好等优点,它适用于直径较大的电缆敷设,特别适用于高、低动力电缆的敷设。型号有 DQJ-T、XQJ-T,如图 5.36 所示。

直线段　　　　　上弯通　　　　　水平弯通

图 5.36　梯级式电缆桥架

（3）托盘式电缆桥架

托盘式电缆桥架是石油、化工、电力、轻工、电视、电信等方面应用最广泛的一种理想敷设装置,它具有重量轻、载荷大、造型美观、结构简单、安装方便等优点,它既适合用于动力电缆的安装,也适用于控制电缆的敷设。型号有 DQJ-P、XQJ-P,如图 5.37 所示。

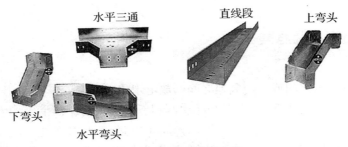

水平三通　　　　　　直线段　　　　　上弯头

下弯头

水平弯头

图 5.37　托盘式电缆桥架

（4）组合式电缆桥架

组合式电缆桥架是一种最新型桥架,是电缆桥架系列中的第二代产品。适用于各项工程、各个单位、各种电缆的敷设,具有结构简单、配置灵活、安装方便、型式新颖等优点。

只要采用宽 100 mm、150 mm、200 mm 的三种基型就可以组装成所需尺寸的电缆桥架,不需生产弯通、三通等配件就可以根据现场安装需要任意转向、变宽、分支、引上、引下。在任意部位,不需要打孔,焊接后就可用管引出,它既可方便工程设计,又方便生产运输,更方便安装施工,是目前电缆桥架中最理想的产品,如图 5.38 所示。

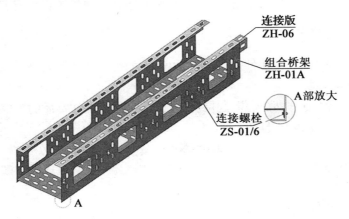

连接版
ZH-06

组合桥架
ZH-01A

A部放大

连接螺栓
ZS-01/6

A

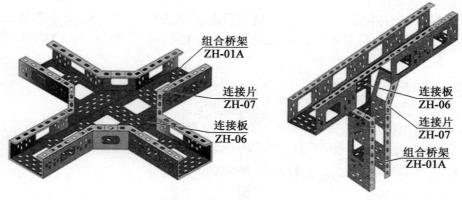

图 5.38　组合式电缆桥架

5.2　防雷接地系统基本知识

5.2.1　雷电的形成及危害

1）雷电的形成

雷电是云内、云与云之间或云与大地之间的放电现象。夏季的午后,由于太阳辐射的作用,近地层空气温度升高,密度降低,产生上升运动,在上升过程中水汽不断冷却凝结成小水滴或冰晶粒子,形成云团,而上层空气密度相对较大,产生下沉运动,这样的上下运动形成对流。在对流过程中,云中的小水滴和冰晶粒子发生碰撞,吸附空气中游离的正离子或负离子,这样水滴和冰晶就分别带有正电荷和负电荷,一般情况下,正电荷在云的上层,负电荷在云的底层,这些正负电荷聚集到一定的量,就会产生电位差,当电位差达到一定程度,就会发生猛烈的放电现象,这就是雷电的形成过程。雷电电荷在放电过程中,产生很强的雷电电流,雷电电流将空气击穿,形成一个放电通道,出现的火光就是闪电。在放电通道中空气突然加热,体积膨胀形成爆炸的冲击波产生的声音就是雷声。

2）雷电的危害

雷电具有电性质、热性质和机械性质等三方面的破坏作用。发生雷击时,可能导致爆炸、火灾、触电、电气设施毁坏、停电等方面的事故发生,因此防雷是建筑工程中所不可缺少的。

5.2.2　建筑物防雷分类

建筑物应根据其重要性、使用性质、发生雷电事故的可能性和后果,按防雷要求分为三类。

1）第一类防雷建筑物

①凡制造、使用或贮存炸药、火药、起爆药、火工品等大量爆炸物质的建筑物,因电火花而引起爆炸或会造成巨大破坏和人身伤亡者。

②具有 0 区或 10 区爆炸危险环境的建筑物。

③具有 1 区爆炸危险环境的建筑物,因电火花而引起爆炸,会造成巨大破坏和人身伤亡者。

2）第二类防雷建筑物

①国家级重点文物保护的建筑物。

②国家级别的会堂、办公建筑物、大型展览和博览建筑物、大型火车站、国宾馆、国家级档案馆、大型城市的重要给水水泵房等特别重要的建筑物。

③国家级计算中心、国际通讯枢纽等对国民经济有重要意义且装有大量电子设备的建筑物。

④制造、使用或贮存爆炸物质的建筑物,且电火花不易引起爆炸或不致造成巨大破坏和人身伤亡者。

⑤具有 1 区爆炸危险环境的建筑物,且电火花不易引起爆炸或不致造成巨大破坏和人身伤亡者。

⑥具有 2 区或 11 区爆炸危险环境的建筑物。

⑦工业企业内有爆炸危险的露天钢质封闭气罐。

⑧预计雷击次数大于 0.06 次/a 的部、省级办公建筑物及其他重要或人员密集的公共建筑物。

⑨预计雷击次数大于 0.3 次/a 的住宅、办公楼等一般性民用建筑物。

3）第三类防雷建筑物

①省级重点文物保护的建筑物及省级档案馆。

②预计雷击次数大于或等于 0.012 次/a,且小于或等于 0.06 次/a 的部、省级办公建筑物及其他重要或人员密集的公共建筑物。

③预计雷击次数大于或等于 0.06 次/a,且小于或等于 0.3 次/a 的住宅、办公楼等一般性民用建筑物。

④预计雷击次数大于或等于 0.06 次/a 的一般性工业建筑物。

⑤根据雷击后对工业生产的影响及产生的后果,并结合当地气象、地形、地质及周围环境等因素,确定需要防雷的 21 区、22 区、23 区火灾危险环境。

⑥在平均雷暴日大于 15 d/a 的地区,高度在 15 m 及以上的烟囱、水塔等孤立的高耸建筑物;在平均雷暴日小于或等于 15 d/a 的地区,高度在 20 m 及以上的烟囱、水塔等孤立的高耸建筑物。

5.2.3 防雷接地装置的组成及其安装

建筑物的防雷装置由接闪器、引下线和接地装置三部分组成。

1）接闪器

接闪器是吸引和接受雷电流的金属导体,常见的接闪器有避雷针、避雷带、避雷网或金属屋面等。

避雷针通常由钢管制成,针尖加工成锥体。当避雷针较高时,则加工成多节,上细下粗,固定在建筑物或构筑物上。

避雷带一般安装在建筑物的屋脊、屋角、屋檐、山墙等易受雷击或建筑物要求美观、不允许装避雷针的地方。避雷带由直径不小于 Φ8 mm 的圆钢或截面面积不小于 48 mm² 并且厚度不小于 4 mm 的扁钢组成,在要求较高的场所也可以采用 Φ20 mm 镀锌钢管。装于屋顶四周的避雷带,应高出屋顶 100~150 mm,砌外墙时每隔 1.0 m 预埋支持卡子,转弯处支持卡子间距 0.5 m。装于平面屋顶中间的避雷网,为了不破坏屋顶的防水、防寒层,需现场制作混凝土块,制作混凝土块时也要预埋支持卡子,然后将混凝土块每间隔 1.5~2 m 摆放在屋顶需装避雷带的地方,再将避雷带焊接或卡在支持卡子上。避雷带在建筑物上的敷设示意图如图 5.39 所示。

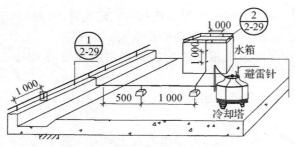

图 5.39 避雷带敷设示意图（mm）

2）引下线

引下线的作用是将接闪器收到的雷电流引至接地装置。引下线一般采用不小于 Φ8 mm 的圆钢或截面面积不小于 48 mm² 并且厚度不小于 4 mm 的扁钢,烟囱上的引下线宜采用不小于 Φ12 mm 的圆钢或截面面积不小于 100 mm² 并且厚度不小于 4 mm 的扁钢。

引下线的安装方式可分为明敷设和暗敷设。明敷设是沿建筑物或构筑物外墙敷设,如外墙有落水管,可将引下线靠落水管安装,以利美观。暗敷设是将引下线砌于墙内或利用建筑物柱内的对角主筋可靠焊接而成,其做法如图 5.40 所示。

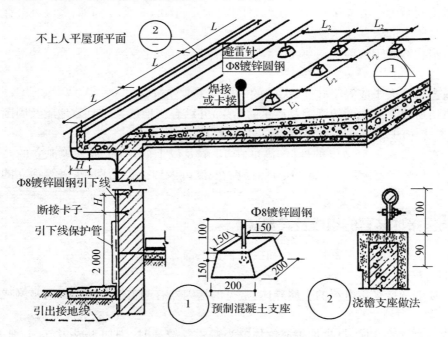

图 5.40 引下线敷设示意图（mm）

建筑物上至少要设两根引下线,明设引下线距地面 1.5～1.8 m 处装设断接卡子(一般不少于两处)。若利用柱内钢筋作引下线时,可不断接卡子,但距地面 0.3 m 处设连接板,以便测量接地电阻。明设引下线从地面以下 0.3 m 至地面以上 1.7 m 处应套保护管。

3）接地装置

接地装置的作用是接收引下线传来的雷电流,并以最快的速度泄入大地。接地装置由接地极和接地母线组成。接地母线是用来连接引下线和接地体的金属线,常用截面不小于 25 mm× 4 mm 的扁钢。图 5.41 为接地装置示意图,其中接地线分接地干线和接地直线,电气设备接地的部分就近通过接地支线与接地网的接地干线相连接。接地装置的导体截面,应符合热稳定和机械强度的要求。

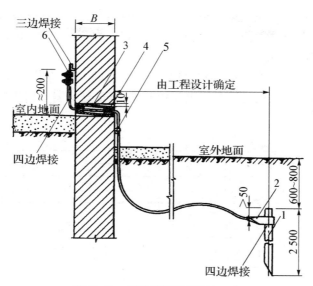

图 5.41 接地装置示意图(mm)

1—接地体;2—接地线;3—塑料套管;4—沥青麻丝(或建筑密封膏);
5—固定钩;6—断接卡子

接地体分为自然接地体和人工接地体。自然接地体是利用基础内的钢筋焊接而成;人工接地体是人工专门制作的,又分为水平和垂直接地体两种。水平接地体是指接地体与地面水平,而垂直接地体是指接地体与地面垂直。人工接地体水平敷设时一般用扁钢或圆钢,垂直敷设时一般用角钢或钢管。

为减少相邻接地体的屏蔽作用,垂直接地体的间距不宜小于其长度的 2 倍,水平接地体的相互间距可根据具体情况确定,但不宜小于 5 m。垂直接地体长度一般不小于 2.5 m 埋深不应小于 0.6 m,距建筑物出入口、人行道或外墙不应小于 3 m。

5.2.4 接地系统

1)接地的主要内容

接地包括供电系统接地、信息系统接地、防雷接地、防电化学腐蚀接地以及特殊设备与特殊环境设备的接地等。接地处理的正常与否,对防止人身遭受电击、减小财产损失和保障电力系统、信息系统的正常运行都很重要。

2)低压配电系统的接地形式

低压配电系统是指 1 kV 以下交流电源系统。我国低压变配电系统接地制式采用国际电工委员会(IEC)标准,即 TN、TT、IT 三种接地制式,其中各字母的含义如下:

①第一个字母表示电源端与地的关系:

T——电源端有一点直接接地。

I——电源端所有带电部分不接地或有一点通过高阻抗接地。

②第二个字母表示电气装置的外露可导电部分与地的关系:

T——电气装置的外露可导电部分直接接地,此接地点在电气上独立于电源端的接地点。

N——电气装置的外露可导电部分与电源端接地点有直接电气连接。

（1）TN 系统

低压电源端有一点（通常是配电压器的中性点）直接接地，电气设备的外露可导电部分（如金属外壳）通过保护线与该接地点相连，这种连接方式称为 TN 系统。

TN 系统又可分为以下几种：

①TN-S 系统。在 TN-S 系统中，整个系统的中性线（N 线）和保护线（PE 线）是分开的，如图 5.42 所示。因为 TN-S 系统可装有漏电保护开关，有良好的漏电保护性能，所以在高层建筑或公共建筑中得到广泛应用。

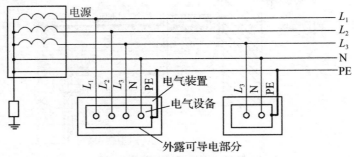

图 5.42　TN-S 系统示意图

②TN-C 系统。在 TN-C 系统中，整个系统的中性线（N 线）和保护线（PE 线）是合一的，称为 PEN 线，如图 5.43 所示。TN-C 系统就是通常所说的保护接零系统，该系统应用在三相负荷基本平衡的工业企业中。但对供电数据处理设备和电子仪器设备的配电系统，不宜采用 TN-C 系统。

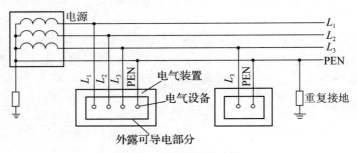

图 5.43　TN-C 系统示意图

③TN-C-S 系统。TN-C-S 系统中前一部分线路的中性导体和保护导体是合一的，而后一部分将 PEN 线分为中性线（N 线）和保护线（PE 线），如图 5.44 所示。

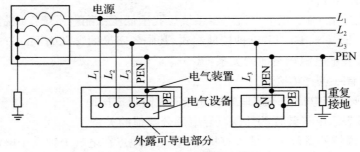

图 5.44　TN-C-S 系统示意图

在民用建筑及工业企业中,若采用 TN-C 系统作为进线电源,进入建筑物时把电源线路总的 PEN 线分为中性线(N 线)和保护线(PE 线),这种系统线路简单经济,同时 PEN 线分开后,建筑物内有专用的保护线(PE 线),具有 TN-S 系统的特点,因此,该系统是民用建筑中常用的接地形式。

（2）TT 系统

电源端有一点(一般是配电变压器的中性点)直接接地,用电设备的外露可导电部分通过保护线接到与电源端接地点无电气联系的接地极上,这种形式称为 TT 系统(保护接地系统),如图 5.45 所示。

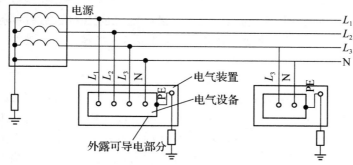

图 5.45　TT 系统示意图

由于用电设备外壳用单独的接地极接地,与电源的接地极无电气上的联系,因此,TT 系统适用于对接地要求较高的电子设备的供电。

（3）IT 系统

电源端的带电部分(包括中性线)不接地或有一点通过高阻抗接地,电气装置的外露可导电部分通过 PE 线接到接地极,如图 5.46 所示。IT 系统适用于环境条件较差,容易发生一相接地或有火灾爆炸危险的地点,如煤矿等易爆场所。

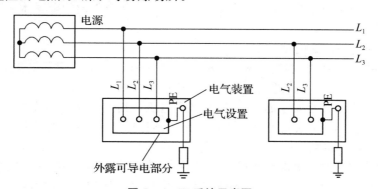

图 5.46　IT 系统示意图

选择时可根据建筑物的不同功能和要求,确定低压配电系统合适的接地形式,以达到安全可靠、经济实用的目的。

3）建筑物的等电位连接

在电气装置或某一空间内,将所有金属可导电部分,以恰当的方式互相连接,使其电位相等或相近,从而消除或减小各部分之间的电位差,有效防止人身遭受电击、电气火灾等事故的发生,此类连接称为等电位连接。

（1）等电位连接的作用

所有的电气灾害，均不是因为电位高或电位低引起的，而是由于电位差的原因引起放电。人身遭受电击、电气信息设备的损坏等，其主要原因都是由于有了电位差引起放电造成的。

为了防止上述事故的发生，消除电位差或减小电位差是最有效的措施。采用等电位连接的方法，能有效地消除或减小电位差，使设备或人员获得安全防范保护。

（2）等电位连接的分类

等电位连接分为总等电位连接（代号为 MEB），辅助等电位连接（代号为 SEB），局部等电位连接（代号为 LEB）。

①总等电位连接（MEB）是指在建筑物电气装置的范围内，将其建筑物构建、各种金属管道、电气系统的保护接地线（PE 线）和人工或自然接地装置通过总电位连接端子板互相连接，以降低建筑物内间接接触电压和不同金属部件间的电位差，并消除自建筑物外经电气线路和各种金属管道以及金属间引入的危险故障电压的危害。

②辅助等电位连接（SEB）是指将两个或几个可导电部分进行电气连通，直接作等电位连接，使其故障接触电压降至安全限制电压以下。辅助等电位连接线的最小截面面积为：有机械保护时，采用铜导线截面面积为 2.5 mm^2，采用铝导线截面面积为 4 mm^2；无机械保护时，铜、铝导线截面面积均为 4 mm^2；采用镀锌材料时，圆钢截面为 $\Phi 10 \text{ mm}$，扁钢为 $20 \text{ mm} \times 4 \text{ mm}$。

③局部等电位连接（LEB）是指在某一个局部范围内，通过局部等电位端子板将多个辅助等电位连接。

（3）低压接地系统对等电位连接的要求

①建筑物内的总等电位连接导体应与下列可导电部分互相连接：a. 保护线干线、接地线干线；b. 金属管道，包括自来水管、燃气管、空调管等；c. 建筑结构中的金属部分，以及来自建筑物外的可导电体；d. 来自建筑物外的可导电体，应在建筑物内尽量靠近入口处与等电位连接导体连接。

②建筑物内的辅助等电位连接应与下列可导电部分互相连接：a. 固定设备的所有能同时触及的外露可导电部分；b. 设备或插座内的保护导体；c. 装置外的可导电部分，建筑物结构主筋。

等电位连接的电阻要求是，等电位连接端子板与其连接范围内的金属体末端间电阻不大于 $30 \text{ M}\Omega$，并且使用后要定期测试。

（4）等电位连接与接地的关系

接地一般是指电气系统、电气设备可导电金属外壳、电气设备外可导电金属件等，用导体与大地相连，使其被连接部分与大地电位差相等或相近，故等电位连接应该接地。根据不同要求，等电位连接系统不接地也是安全的。又如，车载发电机及其供电设备、飞机等，其等电位连接指与其机架、机壳的连接，使其在此空间及平面范围内不存在电位差，达到安全的目的。

（5）须做等电位连接的情况

大中型建筑物都应设总等电位连接。对于多路电源进线的建筑物，每一电源进线都须做各自的总等电位连接，所有总等电位连接系统之间应就近互相连通，使整个建筑物电气装置处于同一电位水平。总等电位连接系统，如图 5.47 所示。

等电位连接线与各种管道连接时，抱箍管道的接触表面应清理干净，抱箍内径等于管道外径，其大小依管道大小而定。

需在局部场所范围内作多个辅助等电位连接时，可通过局部等电位连接端子板将 PE 母线、PE 干线或公用设施的金属管道等互相连通，实现局部范围内的多个辅助等电位连接，称为局部等电位连接。通过局部等电位连接端子板将 PE 母线或 PE 干线、公用设施的金属管道、建筑物金属结构等部分互相连通。

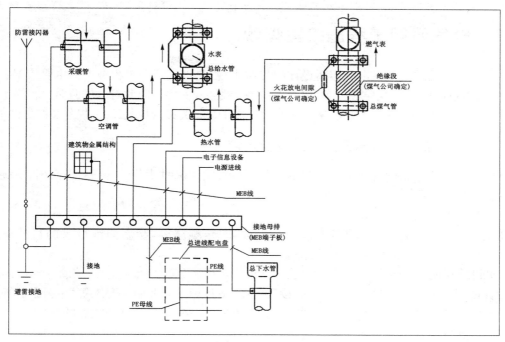

图 5.47　总等电位连接系统示意图

通常在下列情况须做局部等电位连接：网络阻抗过大，使自动切断电源时间过长；不能满足防电击要求；为满足浴室、游泳池、医院手术室、农牧业等场所对防电击的特殊要求；为满足防雷和信息系统抗干扰的要求。例如，卫生间的局部等电位连接是把卫生间内所有的金属构件（地漏、水暖管、便器、卫生器具以及墙体等）部分均与 LEB 端子板相连接。卫生间局部等电位示意图，如图 5.48 所示。

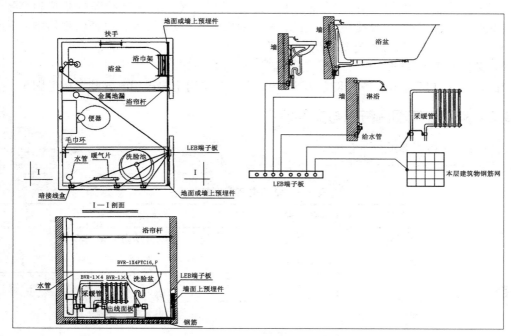

图 5.48　卫生间局部等电位连接示意图

5.3 电气照明工程施工图识读

电气照明工程施工图是电气照明设计的集体表现,是电气照明工程施工的主要依据。图中采用了规定的图例、符号、文字标注等,用于表示实际线路和实物。因此对电气照明工程施工图的识读应首先熟悉有关图例符号和文字标记,其次还应了解有关设计规范、施工规范及产品样本。

5.3.1 电气照明工程施工图的组成及内容

电气照明工程施工图的组成主要包括:图纸目录、设计说明、图例材料表、平面图、系统图和安装大样图(详图)等。

(1)图纸目录

图纸目录的内容是:图纸的组成、名称、张数、图号顺序等,绘制图纸目录的目的是便于查找。

(2)设计说明

设计说明主要阐明单项工程的概况、设计依据、设计标准以及施工要求等,主要是补充说明图面上不能利用线条、符号表示的工程特点、施工方法、线路、材料及其他注意的事项。

(3)图例材料表

主要设备及器具在表中用图形符号表示,并标注其名称、规格、型号、数量、安装方式等。

(4)平面图

平面图是表示建筑物内各种电气设备、器具的平面位置及线路走向的图纸。平面图包括总平面图、照明平面图、动力平面图、防雷平面图、接地平面图、智能建筑平面图(如电话、电视、火灾报警、综合布线平面图)等。

(5)系统图

系统图是表明供电分配回路的分布和相互联系的示意图。具体反映配电系统和容量分配情况、配电装置、导线型号、导线截面、敷设方式及穿管管径,控制及保护电器的规格型号等。系统图分为照明系统图、动力系统图、智能建筑系统图等。

(6)安装大样图(详图)

详图是用来详细表示设备安装方法的图纸,详图多采用全国通用电气装置标准图集。

5.3.2 常用电气图例符号与文字标注

1)常用电气图例符号

常用电气图例符号见表5.3。

表5.3 常用电气图例符号

图 例	名 称	备 注	图 例	名 称	备 注
	双绕组变压器	形式1		电源自动切换箱(屏)	
		形式2		隔离开关	
	三绕组变压器	形式1		接触器(在非动作位置触点断开)	
		形式2			

图 例	名 称	备 注	图 例	名 称	备 注
	电流互感器 脉冲变压器	形式1 形式2		断路器	
	电压互感器	形式1 形式2		熔断器一般符号	
	屏、台、箱柜一般符号			熔断器式开关	
	动力或动力-照明配电箱			熔断器式隔离开关	
	照明配电箱（屏）			避雷器	
	事故照明配电箱（屏）		MDF	总配线架	
	室内分线盒		IDF	中间配线架	
	室外分线盒			壁龛交接箱	
	灯的一般符号			分线盒的一般符号	
	球型灯			单极开关（暗装）	
	顶棚灯			双极开关	
	花灯			双极开关（暗装）	
	弯灯			三极开关	
	荧光灯			三极开关（暗装）	
	三管荧光灯			单相插座	
	五管荧光灯			暗装	
	壁灯			密闭（防水）	
	广照型灯（配照型灯）			防爆	

（续表）

图 例	名 称	备 注	图 例	名 称	备 注
	防水防尘灯			带保护接点插座	
	开关一般符号			带接地插孔的单相插座（暗装）	
	单极开关			密闭（防水）	
	指示式电压表			防爆	
	功率因数表			带接地插孔的三相插座	
	有功电能表（瓦时计）			带接地插孔的三相插座（暗装）	
	电信插座的一般符号，可用以下的文字或符号区别不同插座：TP-电话 FX-传真　M-传声器 FM-调频　TV-电视			插座箱（板）	
	扬声器				
	单极限时开关			指示式电流表	
	调光器			匹配终端	
	钥匙开关			传声器一般符号	
	电铃			扬声器一般符号	
	天线一般符号			感烟探测器	
	放大器一般符号			感光火灾探测器	
	分配器，两路，一般符号			气体火灾探测器（点式）	
	三路分配器			缆式线型定温探测器	
	四路分配器			感温探测器	

（续表）

图　例	名　称	备　注	图　例	名　称	备　注
———	电线、电缆、母线、传输通路、一般符号		⟨Y⟩	手动火灾报警按钮	
—///—	三根导线				
—∕³ ∕ⁿ	三根导线 n根导线		↗	水流指示器	
—∘∕∕∕∘—	接地装置 (1)有接地极 (2)无接地极		★	火灾报警控制器	
F	电话线路		☎	火灾报警电话机（对讲电话机）	
V	视频线路		EEL	应急疏散指示标志灯	
B	广播线路		EL	应急疏散照明灯	
◐	消火栓				

2）灯具标注

灯具的标注是在灯具旁按灯具标注规定标注灯具数量、型号,灯具中的光源数量和容量,悬挂高度和安装方式。

照明灯具的标注格式为

$$a-b\frac{c\times d\times L}{e}f$$

式中：

a——同一平面内,同种型号灯具的数量；

b——灯具型号；

c——每盏照明灯具中光源的数量；

d——每个光源的额定功率(W)；

e——安装高度(m),当吸顶或嵌入安装时用"—"表示；

f——安装方式；

L——光源种类(常省略不标)。

灯具安装方式及文字符号见表5.4。

表5.4　灯具安装方式及文字符号

名　称	新符号	旧符号	名　称	新符号	旧符号
线吊式	SW		顶棚内安装	CR	DR
链吊式	CS	L	墙壁内安装	WR	BR

（续表）

名　　称	新符号	旧符号	名　　称	新符号	旧符号
管吊式	DS	G	支架上安装	S	J
壁装式	W	B	柱上安装	CL	Z
吸顶式	C	D	座装	HM	ZH
嵌入式	R	R			

例如：$5-T5ESS\dfrac{2\times2S}{2.5}CS$

表示 5 盏 T5 系列直管型荧光灯，每盏灯具中装设 2 只功率为 28 W 的灯管，灯具的安装高度为 2.5 m，灯具采用链吊式安装方式。在同一房间内的多盏相同型号、相同安装方式和相同安装高度的灯具，可以只标注一处。

3）导线标注

①线路敷设方式及文字符号见表 5.5。

表 5.5　线路敷设方式及文字符号

敷设方式	新符号	旧符号	敷设方式	新符号	旧符号
穿焊接钢管敷设	SC	G	电缆桥架敷设	CT	
穿电线管敷设	MT	DG	金属线槽敷设	MR	GC
穿硬塑料管敷设	PC	VG	塑料线槽敷设	PR	XC
穿阻燃半硬聚氯乙烯管敷设	FPC	ZYG	直埋敷设	DB	
穿聚氯乙烯塑料波纹管敷设	KPC		电缆沟敷设	TC	
穿金属软管敷设	CP		混凝土排管敷设	CE	
穿扣压式薄壁钢管敷设	KBG		钢索敷设	M	

②线路敷设部位及文字符号见表 5.6。

表 5.6　线路敷设部位及文字符号

敷设方式	新符号	旧符号	敷设方式	新符号	旧符号
沿或跨梁(屋架)敷设	AB	LM	暗敷设在墙内	WC	QA
暗敷设在梁内	BC	LA	沿顶棚或顶板面敷设	CE	PM
沿或跨柱敷设	AC	ZM	暗敷设在屋面或顶板内	CC	PA
暗敷设在柱内	CLC	ZA	吊顶内敷设	SCE	
沿墙面敷设	WS	QM	地板或地面下敷设	F	DA

③线路的文字标注基本格式为：

$$a\quad b-c(d\times e+f\times g)i-jh$$

式中：

a——线缆编号；b——型号；c——线缆根数；d——线缆线芯数；e——线芯截面（mm^2）；f——PE、N 线芯数；g——线芯截面（mm^2）；i——线路敷设方式；j——线路敷设部位；

h——线路敷设安装高度(m)。

上述字母无内容时则省略该部分。

例：N_1 BLX-3×4-SC20-WC 表示有 3 根截面为 4 mm² 的铝芯橡皮绝缘导线,穿直径为 20 mm 的水煤气钢管沿墙暗敷设。

4）用电设备的文字标注格式

$$\frac{a}{b}$$

式中：a——设备编号；b——额定功率(kW)。

5）动力和照明配电箱的文字标注格式

$$a-b-c$$

式中：a——设备编号；b——设备型号；c——设备功率(kW)。

例：$3\dfrac{\text{XL-3-2}}{35.165}$ 表示 3 号动力配电箱,其型号为 XL-3-2 型、功率为 35.165 kW。

5.3.3 电气照明工程施工图读图的方法和步骤

（1）读图的原则

就建筑电气照明工程施工图而言,一般遵循"六先六后"的原则。即,先强电后弱电、先系统后平面、先动力后照明、先下层后上层、先室内后室外、先简单后复杂。

（2）读图的方法及顺序（见图 5.49）

①看标题栏：了解工程项目名称内容、设计单位、设计日期、绘图比例。

②看目录：了解单位工程图纸的数量及各种图纸的编号。

③看设计说明：了解工程概况、供电方式以及安装技术要求。特别注意的是,有些分项局部问题是在各分项工程图纸上说明的,看分项工程图纸时也要先看设计说明。

④看图例：充分了解各图例符号所表示的设备器具名称及标注说明。

⑤看系统图：各分项工程都有系统图,如变配电工程的供电系统图,电气工程的电力系统图,电气照明工程的照明系统图,了解主要设备、元件连接关系及它们的规格、型号、参数等。

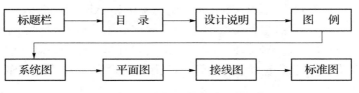

图 5.49 电气工程图读图顺序

⑥看平面图：了解建筑物的平面布置、轴线、尺寸、比例,各种变配电设备、用电设备的编号、名称和它们在平面上的位置,各种变配电设备的起点、终点、敷设方式及在建筑物中的走向。

⑦读平面图的一般顺序见图 5.50。

图 5.50 电气平面图识图顺序

⑧看标准图:标准图详细表达设备、装置、器材的安装方式方法。

⑨看设备材料表:设备材料表提供了该工程所使用的设备、材料的型号、规格、数量,是编制施工方案、编制预算、材料采购的重要依据。

(3)读图时的注意事项

就建筑电气工程而言,读图时应注意如下事项:

①注意阅读设计说明,尤其是施工注意事项及各分部分项工程的做法,特别是一些暗设线路、电气设备的基础及各种电气预埋件等与土建工程密切相关的,读图时要结合其他专业图纸阅读。

②注意系统图与系统图对照看,例如,供配电系统图与电力系统图、照明系统图对照看,核对其对应关系;系统图与平面图对照看,电力系统图与电力平面图对照看,照明系统图与照明平面图对照看,核对有无不对应的错误。看系统图的组成与平面图对应的位置,看系统图与平面图线路的敷设方式、线路的型号、规格是否保持一致。

③注意看平面图的水平位置与其空间位置。

④注意线路的标注,注意电缆的型号规格,注意导线的根数及线路的敷设方式。

⑤注意核对图中标注的比例。

5.3.4 某小学教学楼电气照明施工图的识读

本工程为小学教学楼,地上 4 层,总建筑面积约 3 274.08 m²,建筑高度为 19.45 m,为多层公共建筑。本工程电源由校区已建变配电室引来,施工图纸目录、设计说明以及图例详见施工图,此处不做讲解。

(1)配电干线系统图

配电干线系统图表示各配电干线与配电箱之间的联系方式,具体参见小学教学楼电气工程施工图、配电干线系统图。

①本工程电源由室外引入教学楼内共 4 处,第一处是由 WDZC-YJY-4×150＋1×70 铜芯无卤低烟 C 级阻燃交联聚乙烯绝缘电力电缆穿管 S125 埋地敷设引入教学楼照明总配电箱 ALZ,线路编号 1B01。第二处是由 WDZC-YJY-5×10 铜芯无卤低烟 C 级阻燃交联聚乙烯绝缘电力电缆穿管 S40 埋地敷设引入教学楼公共照明总配电箱 AFZ,线路编号 1F01。第三处是由 WDZC-YJY-4×185＋1×95 铜芯无卤低烟 C 级阻燃交联聚乙烯绝缘电力电缆穿管 S125 埋地敷设引入教学楼空调总配电箱 AKZ,线路编号 1B02。第四处是由 WDZC-YJY-5×16 铜芯无卤低烟 C 级阻燃交联聚乙烯绝缘电力电缆穿管 S40 沿墙敷设引入教学楼电梯配电箱 APD,线路编号 1B03。

②由照明总配电箱 ALZ 引出 6 组干线回路 L-1,L-2,L-3,L-4,L-5 和 L-6,分别送至一层、二层、三层、四层照明配电箱,走道普通照明箱 1AL2 和应急照明箱 1AEL1。

③由公共照明总配电箱 AFZ 引出 2 组干线回路 F-1,F-2 分别送至走道普通照明箱 1AL2 和应急照明箱 1AEL1。

④由空调总配电箱 AKZ 引出 4 组干线回路分别送至一层、二层、三层、四层空调配电箱。

(2)配电箱系统图

以照明总配电箱系统图为例。引入配电箱的干线为 WDZC-YJY-4×185＋1×95-S125-FC;干线开关为 NDM2L-400/4300;回路开关为 NDM2-100/4300 和 NDM1-63C25/3;支线为 WDZC-YJY-4×25＋1×16-CT/-P63-WE、WDZC-YJY-5×6-CT/-P40-WE 及 WDZC-YJY-5×

6-CT/-S32-WE,回路编号为 L-1～L-6;配电箱的参数为:设备容量 P_e＝170 kW;需用系数 K_x＝0.7;功率因数 $\cos\varphi$＝0.8;计算电流 I_{js}＝226 A,底边距地 1.4 m,明装。

(3) 电气照明平面图

以一层照明平面图为例。1B01 回路由 B-C 轴之间的强电井引出埋地敷设引入照明总配电箱 ALZ,同样 1F01 回路也是从强电井引出埋地敷设引入公共照明总配电箱 AFZ,1B03 回路从强电井引出水平埋地敷设,竖直沿墙安装引入顶层电梯配电箱 APD。L-1 回路由照明总配电箱 ALZ 出发,沿着桥架(200 mm×100 mm)敷设进入 1AL1,L-2～L-4 回路竖直向上分别从照明总配电箱 ALZ 引出至各个楼层配电箱。L-5,L-6 回路从照明总配电箱 ALZ 出发沿着桥架(200 mm×100 mm)敷设进入 1AL2、1AEL1。从一层配电箱 1AL1 引出共 13 条回路,其中 N1～N9 回路,均为 WDZD-BYJ-3×6-CT/-P25-WC/CC,表示 3 根截面为 6 mm² 的低烟无卤阻燃交联聚氯乙烯绝缘电线沿桥架或穿配管(25 mm),沿墙面顶棚暗敷设,分别在指定位置引至 2 个辅助用房及 7 个教室的配电箱 MX1;N10 回路,为 WDZD-BYJ-3×16-CT/-P40-WC/CC,引至办公室配电箱 MX2;N11,N13 回路,为 WDZD-BYJ-3×25-CT/-P20-WC/CC,分别是卫生间照明线路和公共走廊的电铃电路;N12 回路,详见插座平面布置图。

再分析房间配电箱出发的回路情况,以辅助用房 MX1 配电箱为例。从 MX1 配电箱出发,照明回路 WL1 为 WDZD-BYJ-3×2.5-P20-WC/CC,连接房间照明设备及开关,整条线路导线根数有 2～5 根不等,具体情况看图纸线路标注;吊扇回路 WL3 为 WDZD-BYJ-3×4-P20-WC/CC,连接房间空调设备及空调开关,整条线路导线根数均为 3 根;WL2 回路详见插座平面图。同理分析其余房间照明线路,在此不做重复讲解。

(4) 电气动力平面图

以一层插座平面图为例。1B02 回路由 B-C 轴之间的强电井引出埋地敷设引入空调总配电箱 AKZ。K1～K4 各回路再由空调总配电箱 AKZ 沿着桥架(200 mm×100 mm)引入每层空调配电箱 1AK1～4AK1。从一层空调配电箱 1AK1 出发共有 10 条回路,其中 WK1～WK9 回路,均为 WDZD-BYJ-3×10-CT/-P32-WC/CC,表示 3 根截面为 10 mm² 的低烟无卤阻燃交联聚氯乙烯绝缘电线沿墙面顶棚暗敷设,分别在指定位置引至 2 个辅助用房及 7 个教室的配电箱 MX1;WK10 回路为 WDZD-BYJ-3×6-CT/-P25-WC/CC,引至办公室配电箱 MX2。再以辅助用房 MX1 配电箱为例,从 MX1 配电箱出发,普通插座回路 WL2 为 WDZD-BYJ-3×4-P20-WC/CC,连接房间普通插座,整条线路导线根数均为 3 根;空调插座回路 K1,为 WDZD-BYJ-3×10-P32-WC/CC,连接房间空调插座,整条线路导线根数均为 3 根。同理分析其余房间插座线路,在此不做重复讲解。

5.4　防雷接地系统施工图识读

5.4.1　防雷与接地系统施工图的组成与内容

建筑物防雷与接地施工图一般包括防雷施工图和接地施工图两部分。它主要由建筑防雷平面图、立面图和接地平面图表示。

防雷设计是根据雷击类型、建筑物的防雷等级等确定,防雷保护包括建筑物、电气设备及线路保护,接地系统包括防雷接地、设备保护接地、工作接地。

5.4.2 防雷与接地系统施工图的一般规定

建筑防雷接地施工图的识读方法可分为以下几个步骤：

①通过工程概况及施工说明,明确建筑物的雷击类型、防雷等级、防雷的措施。

②在防雷采用的方式确定后,在防雷平面图和立面图中分析接闪杆、接闪带等防雷装置的安装方式,引下线的路径及末端连接方式等。

③通过接地平面图,明确接地装置的设置和安装方式。

④明确防雷接地装置采用的材料、尺寸及型号。

5.4.3 某小学教学楼防雷与接地系统施工图识读

（1）工程概况

本工程为小学教学楼,地上 4 层,总建筑面积约为 3 274.08 m²,建筑高度为 19.45 m,为多层公共建筑。本工程按二类等级进行防雷设计,采用综合接地系统,接地系统工频电阻 $R<$ 1 Ω。

（2）接闪带及引下线的敷设

本工程采用 Φ10 圆钢在女儿墙上安装,接闪网格不大于 10 m×10 m 或 8 m×12 m。暗敷设的接闪带,暗敷深度不大于屋顶覆土 1.5 m,教学楼周围一圈敷设接闪带,并利用教学楼结构顶板内不小于 Φ12 的镀锌圆钢焊接连通成不大于 10 m×10 m 或 8 m×12 m 等电位网格,并将屋顶接闪带与塔楼防雷引下线焊接连通。本工程防雷引下线共 14 处,利用钢筋混凝土屋顶、梁、柱、基础内的两根 Φ16 或 4 根 Φ10 以上钢筋从下（基础）至上（屋顶接闪带）焊接连通。防雷引下线处在室外地平线以下 1 m 处焊接一根 40 mm×4 mm 的镀锌扁钢,此扁钢伸出外墙的长度不小于 1 m,可作散流用,与附近建筑物的接地极相连接。

（3）接地装置安装

本工程垂直接地极利用地下深度大于 2.5 m 的桩内两根不小于 Φ16 或 4 根不小于 Φ10 主筋,如果不能满足上述要求,则采用人工垂直接地极,采用长度为 2.5 m,规格为 50 mm×5 mm 角钢,埋入土中,顶端距地 1 m;水平接地体利用埋深不小于 0.5 m 的两根 Φ10 以上地梁钢筋,若不能满足上述条件,则用 40 mm×4 mm 镀锌扁钢（埋深 0.5 m）形成可靠接地网。引下线与垂直接地极、水平接地体均焊接连通。水平接地体在建筑物出入口或人行道处埋深不小于1m。在建筑物周边引下线柱之室外侧,距一层地面 0.5 m 处预埋一块 100 mm×100 mm×6 mm 钢板与引下线钢筋焊接连通作接地检测点。电井接地点强电工程利用 50 mm×5 mm 镀锌扁钢从下（基础）至顶层,在井道中通长敷设,并在底层井道距地 0.5 m 焊出 160 mm×100 mm×6 mm 接地钢板,并且每二层与筒体水平主钢筋焊接一次。

5.5 电气照明工程分部分项工程量清单的编制

5.5.1 电气照明工程分部分项工程清单列项

根据《通用安装工程工程量计算规范》（GB 50856—2013）,结合某小学教学楼电气照明工程施工图纸,对该专业分部分项工程进行清单列项,详细内容见表 5.7。

表5.7 某小学教学楼电气照明工程分部分项工程清单列项

项目编码	项目名称	项目特征描述	计量单位	工程量计量规则	工作内容
030404017001	配电箱	1. 名称：MX1 2. 型号：4.5 kW 3. 端子板外部接线材质、规格：3个BYJ2.5 mm²，6个BYJ4 mm²，3个BYJ10 mm² 4. 安装方式：底边距地2.5 m，暗装	台	按设计图示数量计算	1. 本体安装 2. 基础型钢制作、安装 3. 焊、压接线端子 4. 补刷（喷）油漆 5. 接地
030404017002	配电箱	1. 名称：MX2 2. 型号：3 kW 3. 端子板外部接线材质、规格：3个BYJ2.5 mm²，6个BYJ4 mm²，3个BYJ6 mm² 4. 安装方式：底边距地2.5 m，暗装	台	按设计图示数量计算	1. 本体安装 2. 基础型钢制作、安装 3. 焊、压接线端子 4. 补刷（喷）油漆 5. 接地
030404017003	配电箱	1. 名称：1AL1 2. 型号：40 kW 3. 端子板外部接线材质、规格：27个BYJ6 mm²，3个BYJ16 mm²，6个BYJ2.5 mm²，3个BYJ4 mm² 4. 安装方式：底边距地1.4 m，明装	台	按设计图示数量计算	1. 本体安装 2. 基础型钢制作、安装 3. 焊、压接线端子 4. 补刷（喷）油漆 5. 接地
030404017004	配电箱	1. 名称：2AL1 2. 型号：40 kW 3. 端子板外部接线材质、规格：27个BYJ6 mm²，3个BYJ16 mm²，3个BYJ2.5 mm²，3个BYJ4 mm² 4. 安装方式：底边距地1.4 m，明装	台	按设计图示数量计算	1. 本体安装 2. 基础型钢制作、安装 3. 焊、压接线端子 4. 补刷（喷）油漆 5. 接地
030404017005	配电箱	1. 名称：3AL1 2. 型号：40 kW 3. 端子板外部接线材质、规格：27个BYJ6 mm²，3个BYJ16 mm²，3个BYJ2.5 mm²，3个BYJ4 mm² 4. 安装方式：底边距地1.4 m，明装	台	按设计图示数量计算	1. 本体安装 2. 基础型钢制作、安装 3. 焊、压接线端子 4. 补刷（喷）油漆 5. 接地
030404017006	配电箱	1. 名称：4AL1 2. 型号：40 kW 3. 端子板外部接线材质、规格：27个BYJ6 mm²，3个BYJ16 mm²，3个BYJ2.5 mm²，3个BYJ4 mm² 4. 安装方式：底边距地1.4 m，明装	台	按设计图示数量计算	1. 本体安装 2. 基础型钢制作、安装 3. 焊、压接线端子 4. 补刷（喷）油漆 5. 接地

（续表）

项目编码	项目名称	项目特征描述	计量单位	工程量计量规则	工作内容
030404017007	配电箱	1. 名称：1AK1 2. 型号：45 kW 3. 端子板外部接线材质、规格：27个 BYJ10 mm²，3 个 BYJ6 mm² 4. 安装方式：底边距地 1.5 m，明装	台	按设计图示数量计算	1. 本体安装 2. 基础型钢制作、安装 3. 焊、压接线端子 4. 补刷（喷）油漆 5. 接地
030404017008	配电箱	1. 名称：2AK1 2. 型号：45 kW 3. 端子板外部接线材质、规格：27个 BYJ10 mm²，3 个 BYJ6 mm² 4. 安装方式：底边距地 1.5 m，明装	台	按设计图示数量计算	1. 本体安装 2. 基础型钢制作、安装 3. 焊、压接线端子 4. 补刷（喷）油漆 5. 接地
030404017009	配电箱	1. 名称：3AK1 2. 型号：45 kW 3. 端子板外部接线材质、规格：27个 BYJ10 mm²，3 个 BYJ6 mm² 4. 安装方式：底边距地 1.5 m，明装	台	按设计图示数量计算	1. 本体安装 2. 基础型钢制作、安装 3. 焊、压接线端子 4. 补刷（喷）油漆 5. 接地
030404017010	配电箱	1. 名称：4AK1 2. 型号：45 kW 3. 端子板外部接线材质、规格：27个 BYJ10 mm²，3 个 BYJ6 mm² 4. 安装方式：底边距地 1.5 m，明装	台	按设计图示数量计算	1. 本体安装 2. 基础型钢制作、安装 3. 焊、压接线端子 4. 补刷（喷）油漆 5. 接地
030404017011	配电箱	1. 名称：1AL2 2. 型号：5 kW 3. 端子板外部接线材质、规格：21个 BYJ2.5 mm²，3 个 BYJ4 mm² 4. 安装方式：底边距地 1.5 m，明装	台	按设计图示数量计算	1. 本体安装 2. 基础型钢制作、安装 3. 焊、压接线端子 4. 补刷（喷）油漆 5. 接地
030404017012	配电箱	1. 名称：1AEL1 2. 型号：5 kW 3. 端子板外部接线材质、规格：31 个 BYJ2.5 mm² 4. 安装方式：底边距地 1.5 m，明装	台	按设计图示数量计算	1. 本体安装 2. 基础型钢制作、安装 3. 焊、压接线端子 4. 补刷（喷）油漆 5. 接地
030404017013	配电箱	1. 名称：ALZ 2. 型号：170 kW 3. 安装方式：底边距地 1.4 m，明装	台	按设计图示数量计算	1. 本体安装 2. 基础型钢制作、安装 3. 焊、压接线端子 4. 补刷（喷）油漆 5. 接地

（续表）

项目编码	项目名称	项目特征描述	计量单位	工程量计量规则	工作内容
030404017014	配电箱	1. 名称：AFZ 2. 型号：10 kW 3. 安装方式：底边距地 1.4 m，明装	台	按设计图示数量计算	1. 本体安装 2. 基础型钢制作、安装 3. 焊、压接线端子 4. 补刷（喷）油漆 5. 接地
030404017015	配电箱	1. 名称：AKZ 2. 型号：180 kW 3. 安装方式：底边距地 1.5 m，明装	台	按设计图示数量计算	1. 本体安装 2. 基础型钢制作、安装 3. 焊、压接线端子 4. 补刷（喷）油漆 5. 接地
030404031001	小电器	1. 名称：内击式电铃 2. 型号：U4-75 3. 规格：250 V，8 W	个	按设计图示数量计算	1. 本体安装 2. 焊、压接线端子 3. 接线
030404033001	风扇	1. 名称：吊扇 2. 规格：220 V，1×60 W 3. 安装方式：顶板下吊装，扇叶距地高度 3 m	台	按设计图示数量计算	1. 本体安装 2. 调速开关安装
030404034001	照明开关	1. 名称：单极开关 2. 材质：塑料 3. 规格：250 V，10 A 4. 安装方式：底边距地 1.3 m，暗装	个	按设计图示数量计算	1. 本体安装 2. 接线
030404034002	照明开关	1. 名称：双级开关 2. 材质：塑料 3. 规格：250 V，10 A 4. 安装方式：底边距地 1.3 m，暗装	个	按设计图示数量计算	1. 本体安装 2. 接线
030404034003	照明开关	1. 名称：三级开关 2. 材质：塑料 3. 规格：250 V，10 A 4. 安装方式：底边距地 1.3 m，暗装	个	按设计图示数量计算	1. 本体安装 2. 接线
030404034004	照明开关	1. 名称：声控开关 2. 材质：塑料 3. 规格：250 V，10 A 4. 安装方式：底边距地 1.3 m，暗装	个	按设计图示数量计算	1. 本体安装 2. 接线
030404034005	照明开关	1. 名称：消防声控开关 2. 材质：塑料 3. 规格：250 V，10 A 4. 安装方式：底边距地 2.2 m，墙上暗装	个	按设计图示数量计算	1. 本体安装 2. 接线

项目编码	项目名称	项目特征描述	计量单位	工程量计量规则	工作内容
030404034006	照明开关	1. 名称:吊扇调速开关 2. 材质:塑料 3. 规格:220 V,10 A 4. 安装方式:底边距地 1.3 m,暗装	个	按设计图示数量计算	1. 本体安装 2. 接线
030404035001	插座	1. 名称:普通插座 2. 材质:塑料 3. 规格:250 V,10 A 4. 安装方式:底边距地 0.3 m,暗装	个	按设计图示数量计算	1. 本体安装 2. 接线
030404035002	插座	1. 名称:单相空调插座 2. 材质:塑料 3. 规格:250 V,10 A 4. 安装方式:底边距地 3 m,暗装	个	按设计图示数量计算	1. 本体安装 2. 接线
030404035003	插座	1. 名称:单相空调插座 2. 材质:塑料 3. 规格:250 V,20 A 4. 安装方式:底边距地 0.3 m,暗装	个	按设计图示数量计算	1. 本体安装 2. 接线
030404035004	插座	1. 名称:电视插座 2. 材质:塑料 3. 规格:250 V,10 A 4. 安装方式:底边距地 2.2 m,暗装	个	按设计图示数量计算	1. 本体安装 2. 接线
030404035005	插座	1. 名称:扬声器插座 2. 材质:塑料 3. 规格:250 V,10 A 4. 安装方式:底边距地 2.2 m,暗装	个	按设计图示数量计算	1. 本体安装 2. 接线
030404035006	插座	1. 名称:投影仪插座 2. 材质:塑料 3. 规格:250 V,10 A 4. 安装方式:吸顶安装	个	按设计图示数量计算	1. 本体安装 2. 接线
030404035007	插座	1. 名称:投影仪插座 2. 材质:塑料 3. 规格:250 V,10 A 4. 安装方式:墙上暗装,底边距地 2.2 m	个	按设计图示数量计算	1. 本体安装 2. 接线
030404036001	其他电器	1. 名称:卫生间通风器 2. 规格:40 W 3. 安装方式:吸顶安装	台	按设计图示数量计算	1. 安装 2. 接线

(续表)

项目编码	项目名称	项目特征描述	计量单位	工程量计量规则	工作内容
030408001001	电力电缆	1. 名称:电力电缆 2. 型号:WDZC-YJY 3. 规格:4 mm×25 mm+1 mm×16 mm 4. 材质:铜芯电缆 5. 敷设方式、部位:穿管或桥架敷设 6. 电压等级(kV):1 kV 以下	m	按设计图示尺寸长度计算(含预留长度及附加长度)	1. 电缆敷设 2. 揭(盖)盖板
030408001002	电力电缆	1. 名称:电力电缆 2. 型号:WDZC-YJY 3. 规格:5 mm×6 mm 4. 材质:铜芯电缆 5. 敷设方式、部位:穿管或桥架敷设 6. 电压等级(kV):1 kV 以下	m	按设计图示尺寸长度计算(含预留长度及附加长度)	1. 电缆敷设 2. 揭(盖)盖板
030408006001	电力电缆头	1. 名称:电力电缆头 2. 型号:WDZC-YJY 3. 规格:4 mm×25 mm+1 mm×16 mm 4. 材质、类型:铜芯电缆,干包式 5. 安装部位:配电箱 6. 电压等级(kV):1 kV 以下	个	按设计图示数量计算	1. 电力电缆头制作 2. 电力电缆头安装 3. 接地
030408006002	电力电缆头	1. 名称:电力电缆头 2. 型号:WDZC-YJY 3. 规格:5 mm×6 mm 4. 材质、类型:铜芯电缆,干包式 5. 安装部位:配电箱 6. 电压等级(kV):1 kV 以下	个	按设计图示数量计算	1. 电力电缆头制作 2. 电力电缆头安装 3. 接地
030411001001	配管	1. 名称:刚性阻燃管 2. 材质:PVC 3. 规格:PC20 4. 配置要求:暗配	m	按设计图示尺寸以长度计算	1. 电线管路敷设 2. 钢索架设(拉紧装置安装) 3. 预留沟槽 4. 接地
030411001002	配管	1. 名称:刚性阻燃管 2. 材质:PVC 3. 规格:PC25 4. 配置要求:暗配	m	按设计图示尺寸以长度计算	1. 电线管路敷设 2. 钢索架设(拉紧装置安装) 3. 预留沟槽 4. 接地
030411001003	配管	1. 名称:刚性阻燃管 2. 材质:PVC 3. 规格:PC32 4. 配置要求:暗配	m	按设计图示尺寸以长度计算	1. 电线管路敷设 2. 钢索架设(拉紧装置安装) 3. 预留沟槽 4. 接地
030411001004	配管	1. 名称:刚性阻燃管 2. 材质:PVC 3. 规格:PC40 4. 配置要求:暗配	m	按设计图示尺寸以长度计算	1. 电线管路敷设 2. 钢索架设(拉紧装置安装) 3. 预留沟槽 4. 接地

项目编码	项目名称	项目特征描述	计量单位	工程量计量规则	工作内容
030411001005	配管	1. 名称：刚性阻燃管 2. 材质：PVC 3. 规格：PC63 4. 配置要求：暗配	m	按设计图示尺寸以长度计算	1. 电线管路敷设 2. 钢索架设（拉紧装置安装） 3. 预留沟槽 4. 接地
030411001006	配管	1. 名称：钢管 2. 材质：焊接钢管 3. 规格：SC20 4. 配置要求：暗配	m	按设计图示尺寸以长度计算	1. 电线管路敷设 2. 钢索架设（拉紧装置安装） 3. 预留沟槽 4. 接地
030411001007	配管	1. 名称：钢管 2. 材质：焊接钢管 3. 规格：SC32 4. 配置要求：暗配	m	按设计图示尺寸以长度计算	1. 电线管路敷设 2. 钢索架设（拉紧装置安装） 3. 预留沟槽 4. 接地
030411003001	桥架	1. 名称：桥架安装 2. 规格：200 mm×100 mm 3. 材质：钢制 4. 类型：槽式	m	按设计图示尺寸以长度计算	1. 本体安装 2. 接地
030411004001	配线	1. 名称：管内穿线 2. 配线形式：照明线路 3. 型号：WDZC-BYJ 4. 规格：2.5 mm² 5. 材质：铜芯线	m	按设计图示尺寸以单线长度计算（含预留长度）	1. 配线 2. 钢索架设（拉紧装置安装） 3. 支持体（夹板、绝缘子、槽板等）安装
030411004002	配线	1. 名称：桥架配线 2. 配线形式：照明线路 3. 型号：WDZC-BYJ 4. 规格：2.5 mm² 5. 材质：铜芯线	m	按设计图示尺寸以单线长度计算（含预留长度）	1. 配线 2. 钢索架设（拉紧装置安装） 3. 支持体（夹板、绝缘子、槽板等）安装
030411004003	配线	1. 名称：管内穿线 2. 配线形式：照明线路 3. 型号：WDZC-BYJ 4. 规格：4 mm² 5. 材质：铜芯线	m	按设计图示尺寸以单线长度计算（含预留长度）	1. 配线 2. 钢索架设（拉紧装置安装） 3. 支持体（夹板、绝缘子、槽板等）安装
030411004004	配线	1. 名称：桥架穿线 2. 配线形式：照明线路 3. 型号：WDZC-BYJ 4. 规格：4 mm² 5. 材质：铜芯线	m	按设计图示尺寸以单线长度计算（含预留长度）	1. 配线 2. 钢索架设（拉紧装置安装） 3. 支持体（夹板、绝缘子、槽板等）安装

（续表）

项目编码	项目名称	项目特征描述	计量单位	工程量计量规则	工作内容
030411004005	配线	1. 名称:管内穿线 2. 配线形式:照明线路 3. 型号:WDZC-BYJ 4. 规格:6 mm² 5. 材质:铜芯线	m	按设计图示尺寸以单线长度计算(含预留长度)	1. 配线 2. 钢索架设(拉紧装置安装) 3. 支持体(夹板、绝缘子、槽板等)安装
030411004006	配线	1. 名称:桥架配线 2. 配线形式:照明线路 3. 型号:WDZC-BYJ 4. 规格:6 mm² 5. 材质:铜芯线	m	按设计图示尺寸以单线长度计算(含预留长度)	1. 配线 2. 钢索架设(拉紧装置安装) 3. 支持体(夹板、绝缘子、槽板等)安装
030411004007	配线	1. 名称:管内穿线 2. 配线形式:照明线路 3. 型号:WDZC-BYJ 4. 规格:10 mm² 5. 材质:铜芯线	m	按设计图示尺寸以单线长度计算(含预留长度)	1. 配线 2. 钢索架设(拉紧装置安装) 3. 支持体(夹板、绝缘子、槽板等)安装
030411004008	配线	1. 名称:桥架配线 2. 配线形式:照明线路 3. 型号:WDZC-BYJ 4. 规格:10 mm² 5. 材质:铜芯线	m	按设计图示尺寸以单线长度计算(含预留长度)	1. 配线 2. 钢索架设(拉紧装置安装) 3. 支持体(夹板、绝缘子、槽板等)安装
030411004009	配线	1. 名称:管内穿线 2. 配线形式:照明线路 3. 型号:WDZC-BYJ 4. 规格:16 mm² 5. 材质:铜芯线	m	按设计图示尺寸以单线长度计算(含预留长度)	1. 配线 2. 钢索架设(拉紧装置安装) 3. 支持体(夹板、绝缘子、槽板等)安装
030411004010	配线	1. 名称:桥架配线 2. 配线形式:照明线路 3. 型号:WDZC-BYJ 4. 规格:16 mm² 5. 材质:铜芯线	m	按设计图示尺寸以单线长度计算(含预留长度)	1. 配线 2. 钢索架设(拉紧装置安装) 3. 支持体(夹板、绝缘子、槽板等)安装
030411006001	接线盒	1. 名称:接线盒 2. 材质:塑料 3. 规格:86H 4. 安装形式:暗装	个	按设计图示数量计算	本体安装
030411006002	接线盒	1. 名称:灯头盒 2. 材质:塑料 3. 规格:86H 4. 安装形式:暗装	个	按设计图示数量计算	本体安装

（续表）

项目编码	项目名称	项目特征描述	计量单位	工程量计量规则	工作内容
030411006003	接线盒	1. 名称:开关盒、插座盒 2. 材质:塑料 3. 规格:86H 4. 安装形式:暗装	个	按设计图示数量计算	本体安装
030412001001	普通灯具	1. 名称:吸顶灯 2. 规格:220 V,21 W 3. 类型:吸顶安装	套	按设计图示数量计算	本体安装
030412001002	普通灯具	1. 名称:壁装双头应急灯 2. 规格:220 V,2×3 W 3. 类型:底边距地 2.2 m 墙上明装	套	按设计图示数量计算	本体安装
030412001003	普通灯具	1. 名称:壁灯 2. 规格:220 V,1×11 W 3. 类型:门上方明装	套	按设计图示数量计算	本体安装
030412002001	工厂灯	1. 名称:防水防尘灯 2. 规格:220 V,14 W 3. 安装形式:吸顶安装	套	按设计图示数量计算	本体安装
030412004001	装饰灯	1. 名称:安全出口指示灯 2. 型号:带蓄电池 3. 规格:220 V,1×3 W 4. 安装形式:门上方 0.2 m 明装	套	按设计图示数量计算	本体安装
030412004002	装饰灯	1. 名称:单向疏散指示灯 2. 型号:带蓄电池 3. 规格:220 V,1×3 W 4. 安装形式:底边距地 0.3 m,暗装	套	按设计图示数量计算	本体安装
030412004003	装饰灯	1. 名称:双向疏散指示灯 2. 型号:带蓄电池 3. 规格:220 V,1×3 W 4. 安装形式:底边距地 0.3 m,暗装	套	按设计图示数量计算	本体安装
030412005001	荧光灯	1. 名称:双管荧光灯 2. 规格:220 V,2×21 W 3. 安装形式:教室距地 2.8 m,管吊	套	按设计图示数量计算	本体安装
030412005002	荧光灯	1. 名称:单管黑板荧光灯 2. 规格:220 V,1×21 W 3. 安装形式:钢管吊装,距地3 m	套	按设计图示数量计算	本体安装
030414002001	送配电装置系统	1. 名称:低压系统调试 2. 电压等级(kV):1 kV 以下 3. 类型:综合	系统	按设计图示数量计算	调试

5.5.2　电气照明工程分部分项工程工程量的计算

1）照明工程量计算要点

计算工程量时，为了正确计算，要注意以下计算要点：

（1）计算项目

计算照明工程量时应根据电气工程施工图，按单位估算表（或综合基价）中的子目划分分别列项计算，计算出的工程量的单位应与单位估算表（或综合基价）中规定的计量单位一致，以便于正确套用。

（2）计算方法

工程量计算必须按规定的计算规则。照明工程量根据该项工程电气设计施工的照明平面图、照明系统图以及设备材料表等进行计算。照明线路的工程量按施工图上标明的敷设方式和导线的型号规格，根据轴线尺寸结合比例尺量取进行计算。照明设备、用电器具的安装工程量，是根据施工图上标明的图例、文字符号分别统计出来的。

为了准确计算照明线路工程量，不仅要熟悉照明的施工图，还应熟悉或查阅建筑施工图上的有关主要尺寸。因为一般电气施工图只有平面图，没有立面图，故需要根据建筑施工图的立面图和电气照明施工图的平面图配合计算。

照明线路的工程量计算，一般先算干线，后算支线，按不同的敷设方式、不同型号和规格的导线分别进行计算。建筑照明进户线的工程量，原则上是从进户横担到配电箱的长度。对进户横担以外的线段不计入照明工程量中。

（3）注意事项

除了施工图上所表示的分项工程外，还应计算施工图纸中没有表示出来，但施工中又必须进行的工程项目，以免漏项。如在遇到建筑物沉降缝时，暗配管工程应作接线箱过渡等。

2）照明工程量的计算程序及方法

（1）照明工程量的计算程序

计算程序是根据照明平面图和系统图，按进户线、总配电箱，向各照明分配电箱配线，经各照明分配电箱向灯具、用电器具的顺序逐项进行计算。这样思路清晰，有条理，既可以加快看图、提高计算速度，又可避免重算和漏算。

（2）照明工程量的计算方法

工程量的计算采用列表方式进行计算。照明工程量的计算，一般宜按一定顺序自电源侧逐一向用电侧进行，要求列出简明的计算式，可以防止漏项、重复和潦草，也便于复核。

3）照明控制设备安装

（1）成套配电箱

配电箱按安装方式不同，悬挂嵌入式配电箱以半周长分档，均以"台"计量，使用相应定额。应注意不得漏算成套配电箱的未计价材料价值。

安装配电箱需做槽钢、角钢基座时，其制作安装以"m"计量，其长度 $L=2A+2B$，如图 5.51 所示。需做支架安装于墙、柱子上时，应计算支架制作安装，以"100 kg"计量，使用相应铁构件制作安装定额。角钢、槽钢及制作支架的钢材等主要材料价值另计。

A—各柜、箱边长之和；
B—柜之宽

图 5.51　配电箱角钢、槽钢基座示意图

进出配电箱的线头需焊(压)接线端子时,以"个"计量。

(2)非成套配电箱(盘、板)

箱、盘、板体制作:箱制作为铁质时以"100 kg"计量;木质配电箱制作以半周长分档,以"套"计量;配电板制作区别材质不同,以"m²"计量;板体安装区分板体半周长不同,以"块"计量。

(3)箱、盘、板内电气元件安装

箱、盘、板内电气元件安装,如电度表、电压表、电流表、各种控制开关(空气开关、刀型开关、铁壳开关、胶盖开关、组合开关、万能转换开关、漏电保护开关等)、继电器、接触器、熔断器安装,根据施工图纸箱、盘、板设计系统图设计数量以"个"计量;端子板以"组"计量,按施工图图示每10个端子划分为一组;端子板外接线以"10个头"计量,按施工图图示接线根数计算。

(4)配电箱、盘、板内配线

盘柜配线分不同规格以"m"计量,其长度 L=(盘、柜半周长+预留长度)×出线回路数。盘、箱、柜的外部进出线预留长度为配电箱(盘、板)的半周长。

4)室内配管配线

(1)配管工程量计算

①工程量计算规则:各种配管工程量以管材质、敷设方式和规格不同,按"延长米"计量,不扣除接线盒(箱)、灯头盒、开关盒所占长度。

②工程量计算方法:从配电箱起按各个回路进行计算,或按建筑物自然层划分计算,或按建筑平面形状特点及系统图的组成特点分片划块计算,然后汇总。千万不要"跳算",防止混乱,影响工程量计算的正确性。以图 5.52 为例讲述其计算方法,QA 表明沿墙暗敷设(新符号为WC),QM 表明沿墙明敷设(新符号为 WE)。n_1,n_2 分别表示两个回路。

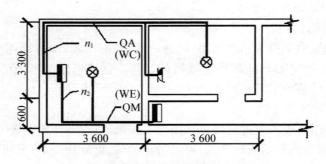

图 5.52 线管水平长度计算示意图(mm)

水平方向敷设的线管,以施工平面布置图的线管走向和敷设部位为依据,并借用建筑物平面图所标墙、柱轴线尺寸进行线管长度的计算。

当线管沿墙暗敷时(WC),按相关墙轴线尺寸计算该配管长度。如 n_1 回路,沿 B-C,1-3 等轴线长度计算工程量,其工程量为(3.3+0.6)÷2[B-C 轴间配管长度]+3.6[1-2 轴间配管长度]+3.6÷2[2-3 轴间配管长度]+(3.3+0.6)÷2[引向插座配管长度]+3.3÷2[引向灯具配管长度]=10.95 m。

当线管沿墙明敷时(WE),按相关墙面净空长度尺寸计算线管长度。如 n_2 回路,沿 B-A,1-2 等墙面净空长度计量,其工程量为(3.3+0.6-0.24)÷2[B-A 轴间配管长度]+3.6[1-2 轴间配管长度]+(3.3+0.6-0.24)÷2[引向灯具]=7.26 m。

②直方向敷设的管(沿墙、柱引上或引下),其工程量计算与楼层高度及与箱、柜、盘、板、开关等设备安装高度有关。无论配管是明敷或暗敷均按图5.53计算线管长度。一般来说,拉线开关距顶棚200～300 mm,开关插座距地面距离为1 300 mm,配电箱底部距地面距离为1 500 mm。在此要注意从设计图纸或安装规范中查找有关数据。

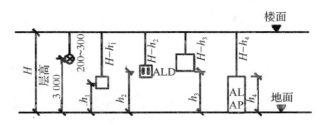

图5.53　引下线管长度计算示意图(mm)

可知,拉线开关1配管长度为200～300 mm,开关2配管长度为$(H-h_1)$,插座3的配管长度为$(H-h_2)$,配电箱4的配管长度为$(H-h_3)$,配电柜5的配管长度为$(H-h_4)$。

当埋地配管时(FC),水平方向的配管按墙、柱轴线尺寸及设备定位尺寸进行计算。穿出地面向设备或向墙上电气开关配管时,按埋的深度和引向墙、柱的高度进行计算,如图5.54、图5.55所示。

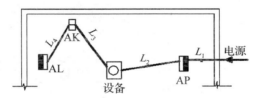

图5.54　埋地水平管道长度

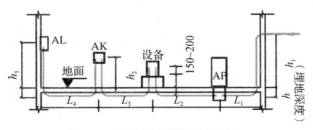

图5.55　埋地管出地面长度(mm)

若电源架空引入,穿管进入配电箱(AP),再进入设备,又连开关箱(AK),再连照明箱(AL)。水平方向配管长度为$L_1+L_2+L_3+L_4$,均算至各中心处。垂直方向配管长度为(h_1+h)[电源引下线管长度]+(h+设备基础高+150～200 mm)[引向设备线管长度]+$(h+h_2)$[引向刀开关线管长度]+$(h+h_3)$[引向配电箱线管长度]。

③配管工程量计算中的其他规定:

a.在钢索上配管时,除计算钢索配管外,还要计算钢索架设和钢索拉紧装置制作与安装两项。钢索架设工程量应区分圆钢、钢索(直径6 mm、9 mm)按图示墙(柱)内缘距离,以"延长米"为计量单位计算,不扣除拉紧装置所占长度。钢索拉紧装置制作安装工程量,应区别花篮螺栓直径(12 mm、16 mm、18 mm),以"套"为计量单位计算。

b. 当动力配管发生刨混凝土地面沟时,应区别管子直径,以"m"为计量单位计算,用相应定额。

c. 在吊顶内配管敷设时,相应管材明配线管,并用相应定额。

d. 电线管、钢管明配、暗配均包括刷防锈漆,若图纸设计要求作特殊防腐处理时,按规定计算防腐处理工程量并用相应定额。

e. 配管工程包括接地,不包括支架制作与安装,支架制作安装另列项计算。

(2)配管接线箱、接线盒安装工程量计算

明配线管和暗配线管,均发生接线盒(分线盒)或接线箱安装,或开关盒、灯头盒及插座盒安装。接线箱安装工程量,应区别安装形式(明装、暗装)、接线箱半周长,以"个"为计量单位计算。接线盒安装工程量,应区别安装形式(明装、暗装、钢索上安装)以及接线盒类型,以"个"为计量单位计算。

①接线盒产生在管线分支处或管线转弯处,如图 5.56 所示,按此示意图位置计算接线盒数量。

②线管敷设超过下列长度时,中间应加接线盒。

a. 管长>45 m,且无弯曲。b. 管长>30 m,有一个弯曲。c. 管长>20 m,有 2 个弯曲。d. 管长>12 m,有 3 个弯曲。

(3)配管内穿线工程量计算

①管内穿线。管内穿线工程量计算应区分线路性质(照明线路和动力线路)、导线材质(铝芯线、铜芯线和多芯软线)、导线截面,按单线"延长米"为计量单位计算。照明线路中的导线截面超过 6 mm² 以上时,按动力穿线定额计算。

管内穿线长度可按下式计算:

管内穿线长度=(配管长度+导线预留长度)×同截面导线根数

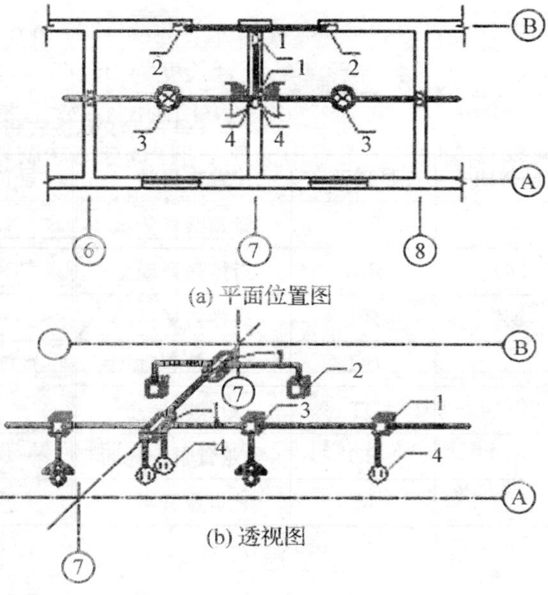

②导线进入开关箱、柜及设备预留长度见图 5.57 及表 5.8 所示。

图 5.56 接线盒位置图

1—接线盒;2—开关盒;3—灯头盒;4—插座盒

(a) 平面位置图

(b) 透视图

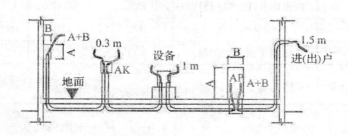

图 5.57 埋地管穿出地面

表 5.8　导线预留长度

序　号	项目	预留长度(m)	说明
1	各种开关箱、柜、板	宽＋高	盘面尺寸
2	单独安装(无箱、盘)的铁壳开关、闸刀开头、启动器、母线槽进出线盒	0.3	从安装对象中心算起
3	由地面管子出口引至动力接线箱	1.0	从管口算起
4	由电源与管内导线连接(管内穿线与硬、软母线接头)	1.5	从管口算起
5	出户线(或进户线)	1.5	从管口算起

接头线进入灯具及明暗开关、插座、按钮等预留导线长度已分别综合在相应定额中,不得另行计算导线长度。

③导线与设备相连需焊(压)接头端子的,工程量按"个"计量,用相应定额。

(4)其他配线工程量计算

①线夹配线工程量,应区别线夹材质(塑料线夹或瓷质线夹)、线式(两线式或三线式)、敷设位置(在木结构、砖结构或混凝土结构上)以及导线规格,以"线路延长米"为计量单位计算。

②绝缘子配线工程量,应区分鼓形绝缘子(瓷柱)、针式绝缘子和蝶式绝缘子配线以及绝缘子配线位置、导线截面积,以单线"延长米"计量。

绝缘子配线沿墙、柱、屋架或跨屋架、跨柱敷设。需要支架时,按施工图规定或标准图计算支架质量,以"100 kg"计量,并列项计算支架制作。

当绝缘子配线跨越需要拉紧装置时,按"套"计算制作安装。

③槽板配线工程量,区分为槽板的材质(木槽板或塑料槽板)、导线截面、线式(两线式或三线式)以及配线位置(敷设在木结构、砖结构或混凝土结构上),以"线路延长米"计量。

④塑料护套线配线,不论圆型、扁型、轨型护套线,以芯数(二芯或三芯)、导线截面大小及敷设位置(敷设于木结构、砖混凝土结构上或沿钢索敷设)区别,按"单根线路延长米"计量。

塑料护套线沿钢索敷设时,需另列项计算钢索架设及钢索拉紧装置两项。

⑤线槽配线工程量,金属线槽和塑料线槽安装,按"m"计量,金属线槽宽小于 100 mm 的,用加强塑料线槽定额,大于 100 mm 的,用槽式桥架定额。线槽进出线盒以容量分档按"个"计量;灯头盒、开关盒按"个"计量;线槽内配线以导线规格分档,以单线"延长米"计量。线槽需要支架时,要列支架制作与安装项目另行计算。

5)照明器具安装

(1)照明灯具安装工程量计算

照明灯具安装工程量计算应区别灯具的种类、型号、规格、安装方式分别列项,以"套"为计量单位计算。其中:

①普通灯具安装,包括吸顶灯、其他普通灯具两大类,均以"套"计量。

②荧光灯具安装,分组装型和成套型两类。

a. 成套型荧光灯,凡由工厂定型生产成套供应的灯具,因运输需要,散件出厂、现场组装者,执行成套型定额。这类有链吊式、管吊式、一般吸顶式等安装方式。

b. 组装型荧光灯,凡不是工厂定型生产的成套灯具,或由市场采购的不同类型散件组装起来,甚至局部改装者,执行组装定额。这类有链吊式、管吊式、一般吸顶式和嵌入吸顶式等安装方式。

③工厂罩灯及防水防尘灯安装,这类灯具可分为两类:一是工厂罩灯及防水防尘灯;二是其他常用碘钨灯、投光灯、混光灯等灯具安装。均以"套"计量。

④医院灯具安装,这类灯具分为4种:病房指示灯、病房暗脚灯、紫外线杀菌灯、无影灯(吊管灯)。均以"套"计量。

⑤路灯安装,路灯包括两种:一是大马路弯灯安装,臂长有1 200 mm以下及以上;二是庭院路灯安装,分三火以下柱灯、七火以下柱灯两个子目。均以"套"计量。

路灯安装,不包括支架制作及导线架设,应另列项计算。

(2)装饰灯具安装工程量计算

装饰灯具安装以"套"计量,根据灯的类型和形状,以灯具直径、灯垂吊长度、形状等分档,对照灯具图片套用定额。

(3)开关、插座及其他器具安装工程计算

①开关安装工程量计算。

开关安装包括拉线开关、板把开关、板式开关、密闭开关、一般按钮开关安装,并分为明装与暗装,均以"套"计量。

计算开关安装同时应计算明装开关盒或暗装开关盒安装,用相应开关盒安装子目。

②插座安装定额分普通插座和防爆插座两类,又分明装与暗装,均以"套"计量。计算插座安装同时应计算明装或暗装插座盒安装,执行开关盒安装定额。

③风扇、安全变压器、电铃安装。

a. 风扇安装,吊扇不论直径大小均以"台"计量,定额包括吊扇调速器安装;壁扇、排风扇、鸿运扇安装,均以"台"计量。

b. 安全变压器安装,以容量(VA)分档,以"台"计量;但不包括支架制作,支架制作应另立项计算。

c. 电铃安装,以铃径大小分档,以"套"计量;门铃安装分明装与暗装,以"个"计量。

6)电缆工程工程量计算

(1)电缆沟填挖、人工开挖路面

①工作内容:测位、画线、挖电缆沟、回填土、夯实、开挖路面、清理现场。

②工程量计算:直埋电缆的挖、填土(石)方量除特殊要求外,可按表5.9计算土方量。

表5.9 直埋电缆的挖、填土(石)方量

项 目	电缆根数	
	1~2	每增加1根
每米沟长挖方量(m³)	0.45	0.153

注:1. 两根以内的电缆沟,系按上口宽度600 mm,下口宽度400 mm,深度900 mm计算的常规土方量(深度按规范的最低标准)。
2. 每增加一根电缆,其宽度增加170 mm。
3. 以上土方量系按埋深从自然地坪起算,如设计埋深超过900 mm时,多挖的土方量应另行计算。

电缆沟挖填按电缆沟的土质不同立项,计量单位为"m³";人工开挖路面按路面的材料不同立项,计量单位为"m²"。

(2)电缆沟铺砂、盖砖及移动盖板

①工作内容:调整电缆间距、铺砂、盖砖(或保护板)、埋设标桩、揭(盖)盖板。

②工程量计算:

铺砂、盖砖(或盖保护板)以电缆沟内敷设 1～2 根电缆作为基本定额子目,以每增加 1 根电缆为辅助定额子目。计量单位为"100 m"。

揭(盖)盖板预算定额用于电缆沟沟内明敷电缆,定额按盖板长度分项。定额中包括揭(盖)盖板的人工费。

移动盖板或揭或盖,定额均按一次考虑,如又揭又盖则按两次计算。

(3)电缆保护管

①工作内容。保护管敷设定额包括测位、锯管、敷设、打喇叭口等工作内容。顶管敷设定额包括测位、安装机具、顶管、接管、清理、扫管。

②工程量计算。保护管敷设:根据管径大小按照混凝土及管石棉水泥管、铸铁管、钢管分别立项。计量单位为"米"。各种管材及附件为未计价材料。电缆保护用的 Φ100 mm 以下钢管敷设套用配管的相应各项定额。

电缆保护管长度,除按设计规定长度计算外,遇有下列情况,应按以下规定增加保护管长度:

a. 横穿道路,按路基宽度两端各增加 2 m。

b. 垂直敷设时,管口距地面增加 2 m。

c. 穿过建筑物外墙时,按基础外缘以外增加 1 m。

d. 穿过排水沟,按沟壁外缘以外增加 1 m。

电缆保护管埋地敷设时,其土方量的计算:凡有施工图注明的按施工图计算;无施工图的,一般按沟深 0.9 m,沟宽按最外边的保护管两侧边缘外各增加 0.3 m 工作面计算,套用电缆沟挖填土方项目。

(4)电缆桥架安装

电缆桥架安装定额按桥架材质和形式分有:钢制桥架、玻璃钢桥架、铝合金桥架、组合式桥架及桥架支撑架。桥架支撑架适用于立柱、托臂及其他的各种支撑的安装。

各种材质桥架安装工程量均区分不同规格,以"m"为计量单位;组合式桥架以"片"为计量单位;桥架支撑架以"kg"为计量单位。

(5)电缆敷设

电缆敷设的预算定额根据电缆芯的材质不同(铝芯、铜芯),按电缆截面分项。

电缆敷设以"m"为计量单位。不包括终端电缆头和中间电缆盒的制作安装。电缆为未计价材料。

电缆敷设定额中均未考虑波形增加长度及预留等富余长度,该长度应计入工程量之内。

电缆敷设长度应根据敷设路径的水平和垂直距离计算,并另按规定增加附加长度。

单根电缆长度＝水平长度＋垂直长度＋预留(附加)长度。

电缆敷设的附加长度见表 5.10 所示。

表 5.10 电缆敷设的附加长度

序 号	项目	预留长度(附加)	说明
1	电缆敷设弛度、波形弯度、交叉	2.5%	按电缆全长计算
2	电缆进入建筑物	2.0 m	规范规定最小值
3	电缆进入沟内或吊架时引上(下)预留	1.5 m	规范规定最小值
4	变电所进线、出线	1.5 m	规范规定最小值

（续表）

序　号	项目	预留长度（附加）	说明
5	电力电缆终端头	1.5 m	检修余量最小值
6	电缆中间接头盒	两端各留 2.0 m	检修余量最小值
7	电缆进入控制、保护屏及模拟盘等	高＋宽	按盘面尺寸
8	高压开关柜及低压配电盘、箱	2.0 m	盘下进出线
9	电缆至电动机	0.5 m	从电机接线盒起算
10	厂用变压器	3.0 m	从地坪起算
11	电缆绕过梁柱等增加长度	按时计算	按被绕物的断面情况计算增加值
12	电梯电缆与电缆架固定点	每处 0.5 m	规范最小值

（6）电缆头制作安装

电力电缆头主要有户内浇注式电力电缆终端头、户内干包式电力电缆终端头、户外电力电缆终端头、户内热缩式电力电缆终端头、电力电缆中间头以及控制电缆头等。

户内干包式电力电缆终端头不装"终端盒"时，称为"简包电缆头"，适用于一般塑料和橡皮绝缘低压电缆。户内浇注式电力电缆终端头主要用于油浸纸绝缘电缆。户内热缩式电力电缆终端头适用于 0.5～10 kV 的交联聚乙烯电缆和各种电缆。

各种电缆头制作安装以不同形式及不同作用分别立项。电力电缆的电缆头根据电压等级，按照电缆截面的大小分项，控制电缆按照电缆芯数分项，以"个"为计量单位。电缆终端盒为未计价材料，户内干包式电力电缆终端头适用于塑料绝缘电缆和橡皮绝缘电缆，户外电力电缆终端头制作安装也分为浇注式和干包式两类定额。电缆终端盒、抱箍、螺栓为未计价材料。电力电缆中间头用材中的保护盒和铝管套管为未计价材料。

控制电缆头制作安装含终端头的制作安装和中间头的制作安装，并根据线芯数量划分子目。一根电缆有两个终端头，中间电缆头根据设计需要确定。

7）某小学教学楼电气照明工程工程量计算

根据上述计算规则，现将某小学教学楼电气照明工程工程量计算结果汇总如下，如表 5.11 所示。

表 5.11　某小学教学楼电气照明工程工程量计算结果

序　号	项目名称	计算式	单位	工程量	备注
教室配电					
1	配电箱 MX1	9×4	台	36	1～4 层
2	配管 PC20	$((3.9 - 2.5 + 0.91 + 1.54 + 2.4 + 2.15 + 5.62 \times 2)$［三根］＋$((3.9 - 1.3) \times 2 + 1.80 + 1.17)$［两根］＋$(5.62)$［四根］＋$(5.01 + 3.9 - 1.3)$［五根］$) \times 36$	m	1 369.44	WL1 回路，1～4 层

（续表）

序　号	项目名称	计算式	单位	工程量	备注
3	管内配线 WDZD-BYJ-2.5	$((0.8+3.9-2.5+0.91+1.54+2.4+2.15+5.62\times2)\times3[三根]+((3.9-1.3)\times2+1.80+1.17))\times2[两根]+(5.62)\times4[四根]+(5.01+3.9-1.3)\times5[五根])\times36$	m	4 974.84	WL1 回路，1～4 层
4	配管 PC20	$((3.9-2.5+0.72+1.87+5.84+0.64+2.39+1.0+0.4+8.95+(3.9-0.3)\times3+(3.9-2.2)\times2)[三根])\times36+(3.9-2.2)\times6\times4$	m	1 387.56	WL2 回路，1～4 层
5	管内配线 WDZD-BYJ-4	$((0.8+3.9-2.5+0.72+1.87+5.84+0.64+2.39+1.0+0.4+8.95+(3.9-0.3)\times3+(3.9-2.2)\times2)\times3[三根])\times36+(3.9-2.2)\times6\times4\times3$	m	4 249.08	WL2 回路，1～4 层
6	配管 PC20	$((3.9-2.5+1.19+5.14+3.17\times2+3.50+(3.9-1.3))[三根])\times36$	m	726.12	WL3 回路，1～4 层
7	管内配线 WDZD-BYJ-4	$((0.8+3.9-2.5+1.19+5.14+3.17\times2+3.50+(3.9-1.3))\times3[三根])\times36$	m	2 264.76	WL3 回路，1～4 层
8	管吊双管荧光灯	9×36	套	324	1～4 层
9	单管黑板荧光灯	3×36	套	108	1～4 层
10	防水防尘灯	1×36	套	36	1～4 层
11	单极开关	2×36	个	72	1～4 层
12	双极开关	2×36	个	72	1～4 层
13	普通插座	7×36	个	252	1～4 层
14	电视插座	6×4	个	24	1～4 层
15	扬声器插座	1×36	个	36	1～4 层
16	投影仪插座	2×36	个	72	1～4 层
17	吊扇	4×36	台	144	1～4 层
18	吊扇调速开关	4×36	个	144	1～4 层
19	空调插座	2×36	个	72	1～4 层
20	接线盒	3×36	个	108	1～4 层
21	灯头盒	$(9+3+1)\times36$	个	468	1～4 层
22	开关盒、插座盒	$(2+2+7+1+2+4+2)\times36+24$	个	744	1～4 层
		办公室配电			
23	配电箱 MX2	1×4	台	4	1～4 层

（续表）

序　号	项目名称	计算式	单位	工程量	备注
24	配管 PC20	((3.9－2.5＋1.51＋3.12×3＋2.20)[三根]＋(2.20)[四根]＋(3.65＋3.9－1.3)[五根])×4	m	91.68	WL1 回路，1～4 层
25	管内配线 WDZD-BYJ-2.5	((0.8＋3.9－2.5＋1.51＋3.12×3＋2.20)×3[三根]＋(2.20)×4[四根]＋(3.65＋3.9－1.3)×5[五根])×4	m	343.44	WL1 回路，1～4 层
26	配管 PC20	((3.9－2.5＋1.97＋3.2＋2.6＋1.25＋(3.9－0.3)×3)[三根])×4	m	84.88	WL2 回路，1～4 层
27	管内配线 WDZD-BYJ-4	((0.8＋3.9－2.5＋1.97＋3.2＋2.6＋1.25＋(3.9－0.3)×3)×3[三根])×4	m	264.24	WL2 回路，1～4 层
28	配管 PC20	((3.9－2.5＋2.26＋5.42＋5.8＋(3.9－0.3)×2)[三根])×4	m	88.32	WL3 回路，1～4 层
29	管内配线 WDZD-BYJ-4	((0.8＋3.9－2.5＋2.26＋5.42＋5.8＋(3.9－0.3)×2)×3[三根])×4	m	274.56	WL3 回路，1～4 层
30	管吊双管荧光灯	7×4	套	28	1～4 层
31	双极开关	2×4	个	8	1～4 层
32	普通插座	13×4	个	52	1～4 层
33	空调插座	1×4	个	4	1～4 层
34	接线盒	2×4	个	8	1～4 层
35	灯头盒	7×4	个	28	1～4 层
36	开关盒、插座盒	(2＋13＋1)×4	个	64	1～4 层
楼层照明					
37	配电箱 1AL1	1	台	1	1 层
38	配电箱 2AL1	1	台	1	2 层
39	配电箱 3AL1	1	台	1	3 层
40	配电箱 4AL1	1	台	1	4 层
41	配管 PC25	((0.9＋2.58＋3.9－2.5)×3＋(0.9＋1.46＋3.9－2.5)×6)×4	m	148.80	N1～N9 回路，1～4 层
42	管内配线 WDZD-BYJ-6	148.8×3＋0.8×36×3	m	532.80	N1～N9 回路，1～4 层
43	桥架配线 WDZD-BYJ-6	(38.35＋28.81＋19.41＋5.29＋14.7＋24.11＋33.5＋42.91＋52.3＋(3－1.4＋1.4)×9)×4×3	m	3 436.56	N1～N9 回路，1～4 层

序 号	项目名称	计算式	单位	工程量	备注
44	配管 PC40	$(0.9+1.14+3.9-2.5)\times4$	m	13.76	N10 回路，1～4 层
45	管内配线 WDZD-BYJ-16	$(0.9+1.14+3.9-2.5+0.8)\times3\times4$	m	50.88	N10 回路，1～4 层
46	桥架配线 WDZD-BYJ-16	$(3-1.4+1.4)\times3\times4$	m	36	N10 回路，1～4 层
47	配管 PC20	$((0.9+3.53+1.93+2.03\times2+3.7\times2+2.9\times2+4.5)[三根]+(0.86+2.1+3.9-1.3)\times2[四根])\times4$	m	156.96	N11 回路，1～4 层
48	管内配线 WDZD-BYJ-2.5	$((0.9+3.53+1.93+2.03\times2+3.7\times2+2.9\times2+4.5)\times3[三根]+(0.86+2.1+3.9-1.3)\times2\times4[四根])\times4$	m	515.36	N11 回路，1～4 层
49	桥架配线 WDZD-BYJ-2.5	$(1.71+3-1.4+1.4)\times4\times3$	m	56.52	N11 回路，1～4 层
50	配管 PC20	$(0.9+7.86+(3.9-0.3)\times2[三根])\times4$	m	63.84	N12 回路，1～4 层
51	管内配线 WDZD-BYJ-4	$(0.9+7.86+(3.9-0.3)\times2[三根])\times4\times3$	m	191.52	N12 回路，1～4 层
52	桥架配线 WDZD-BYJ-4	$(6.86+3-1.4+1.4)\times4\times3$	m	118.32	N12 回路，1～4 层
53	配管 PC20	$(0.9+1.13+3.9\times3)\times2[三根]$	m	27.46	N13 回路，1～4 层
54	管内配线 WDZD-BYJ-2.5	$0.9+1.13+3.9\times3)\times2[三根]\times3$	m	82.38	N13 回路，1～4 层
55	桥架配线 WDZD-BYJ-2.5	$(44.31+3-1.4+1.4)\times1\times3$	m	141.93	N13 回路，1～4 层
56	防水防尘灯	6×4	套	24	1～4 层
57	卫生间通风器	4×4	台	16	1～4 层
58	三级开关	2×4	个	8	1～4 层
59	普通插座	2×4	个	8	1～4 层
60	内击式电铃	2×4	个	8	1～4 层
61	接线盒	5×4	个	20	1～4 层
62	灯头盒	6×4	个	24	1～4 层
63	开关盒、插座盒	$(2+2)\times4$	个	16	1～4 层

序 号	项目名称	计算式	单位	工程量	备注
		空调部分			
64	配电箱 1AK1	1	台	1	1 层
65	配电箱 2AK1	1	台	1	2 层
66	配电箱 3AK1	1	台	1	3 层
67	配电箱 4AK1	1	台	1	4 层
68	配管 PC32	$((3.9-2.5+16.74+(3.9-3)\times2)$ [三根]$)\times36$	m	717.84	K1 回路，由 MX1 引出 1～4 层
69	管内配线 WDZD-BYJ-10	$((0.8+3.9-2.5+16.74+(3.9-3)\times2)$ [三根]$)\times36\times3$	m	2 239.92	K1 回路，由 MX1 引出 1～4 层
70	配管 PC25	$((2.5+11.91+0.3)$ [三根]$)\times4$	m	58.84	K1 回路，由 MX2 引出 1～4 层
71	管内配线 WDZD-BYJ-6	$((0.8+2.5+11.91+0.3)$ [三根]$)\times4\times3$	m	186.12	K1 回路，由 MX2 引出 1～4 层
72	配管 PC32	$((0.9+2.58+3.9-2.5)\times3+(0.9+1.46+3.9-2.5)\times6)\times4$	m	148.80	WK1～WK9 回路，1～4 层
73	管内配线 WDZD-BYJ-10	$148.8\times3+0.8\times36\times3$	m	532.80	WK1～WK9 回路，1～4 层
74	桥架配线 WDZD-BYJ-10	$(38.35+28.81+19.41+5.29+14.7+24.11+33.5+42.91+52.3+(3-1.4+1.4)\times9)\times4\times3$	m	3 436.56	WK1～WK9 回路，1～4 层
75	配管 PC25	$(0.9+1.14+3.9-2.5)\times4$	m	13.76	WK10 回路，1～4 层
76	管内配线 WDZD-BYJ-6	$(0.9+1.14+3.9-2.5+0.8)\times3\times4$	m	50.88	WK10 回路，1～4 层
77	桥架配线 WDZD-BYJ-6	$(3-1.4+1.4)\times3\times4$	m	36	WK10 回路，1～4 层
78	单向空调插座	2×36	个	72	普通教室 1～4 层
79	单向空调插座	1×4	个	4	办公室 1～4 层
80	接线盒	1×36	个	36	1～4 层
81	插座盒	$2\times36+1\times4$	个	76	1～4 层

（续表）

序 号	项目名称	计算式	单位	工程量	备注
		走道普通照明			
82	配电箱1AL2	1	台	1	1层
83	配管PC20	$((4.07+14.64+(3.9-1.3)\times 2$ [三根]$)+(43.8)$[五根]$)\times 4=$ 270.84	m	270.84	WL1～WL4回路，1～4层
84	管内配线WDZD-BYJ-2.5	$((4.07+14.64+(3.9-1.3)\times 2$ [三根]$)\times 3+(43.8$[五根]$\times 5)$ $\times 4$	m	1 162.92	WL1～WL4回路，1～4层
85	桥架配线 WDZD-BYJ-2.5	$(4.22\times 4+(3-1.4+1.4)\times 4+$ $0+3.9+7.8+11.7)\times 1\times 3$	m	156.84	WL1～WL4回路，1～4层
86	配管PC20	$(3.9-1.4+2.35+(2.2-1.3+$ $0.65)\times 4+11.7$[三根]$)$	m	22.75	WL5回路，1～4层
87	管内配线WDZD-BYJ-2.5	$(1.4+3.9-1.4+2.35+(2.2-$ $1.3+0.65)\times 4+11.7$[三根]$)\times 3$	m	72.45	WL5回路，1～4层
88	配管PC20	$(3.9-1.4+1.93+11.7$[三根]$)$	m	16.13	WL6回路，1～4层
89	管内配线WDZD-BYJ-4	$(1.4+3.9-1.4+1.93+11.7$[三根]$)\times 3$	m	52.59	WL6回路，1～4层
90	配管PC20	$(0.9+8.16+2.45+8.67\times 3+$ 11.7[三根]$)$	m	49.22	WL7回路，1～4层
91	管内配线WDZD-BYJ-2.5	$(0.9+8.16+2.45+8.67\times 3+$ 11.7[三根]$)\times 3$	m	147.66	WL7回路，1～4层
92	桥架配线WDZD-BYJ-2.5	$(42.54+3-1.4+1.4)\times 1\times 3$	m	136.62	WL7回路，1～4层
93	配管PC20	$(0.9+9.2+1.69\times 3+11.7$[三根]$)$	m	26.87	WL8回路，1～4层
94	管内配线WDZD-BYJ-2.5	$(0.9+9.2+1.69\times 3+11.7$[三根]$)\times 3$	m	80.61	WL8回路，1～4层
95	桥架配线WDZD-BYJ-2.5	$(3.06+3-1.4+1.4)\times 1\times 3$	m	18.18	WL8回路，1～4层
96	吸顶灯	10×4	套	40	1～4层
97	壁灯	1×4	套	4	1～4层
98	单极开关	1×4	个	4	1～4层
99	声控开关	9	个	9	1～4层

（续表）

序　号	项目名称	计算式	单位	工程量	备注
100	普通插座	1×4	个	4	1～4 层
101	接线盒	4×4	个	16	1～4 层
102	灯头盒	(10+1)×4	个	44	1～4 层
103	开关盒、插座盒	1×4+9+1×4	个	17	1～4 层
走廊应急照明					
104	配电箱 1AEL1	1	台	1	1 层
105	配管 S20	(0.9＋48.43＋1.97＋1.95＋(3.9－1.3)×3[四根])＋(8.37＋4.85＋(1.3－0.3)×3＋(3.9－2.4)×8[三根])	m	89.27	WE1 回路，1 层
106	管内配线 WDZD-BYJ-2.5	(0.9＋48.43＋1.97＋1.95＋(3.9－1.3)×3[四根])×4＋(8.37＋4.85＋(1.3－0.3)×3＋(3.9－2.4)×8[三根])×3	m	328.86	WE1 回路，1 层
107	桥架配线 WDZD-BYJ-2.5	(2.42＋(3－1.4＋1.4))×4	m	21.68	WE1 回路，1 层
108	配管 S20	(0.9＋14.25＋1.95[四根])＋(54.7＋(3.9－2.4)×12[三根])	m	89.80	WE2 回路，1 层
109	管内配线 WDZD-BYJ-2.5	(0.9＋14.25＋1.95[四根])×4＋(54.7＋(3.9－2.4)×12[三根])×3＝286.50	m	286.50	WE2 回路，1 层
110	桥架配线 WDZD-BYJ-2.5	(2.42＋(3－1.4＋1.4))×4	m	21.68	WE2 回路，1 层
111	配管 S20	(0.9＋46.71＋17.11＋1.96＋1.95＋(3.9－1.3)×5[四根])×3[层]＋((1.3－0.3)×5＋(3.9－2.4)×6[三根])×3[层]＋((3.9－1.3)×1[两根])×3[层]	m	294.69	WE3、WE5、WE7 回路，2～4 层
112	管内配线 WDZD-BYJ-2.5	(0.9＋46.71＋17.11＋1.96＋1.95＋(3.9－1.3)×5[四根])×3[层]×4＋((1.3－0.3)×5＋(3.9－2.4)×6[三根])×3[层]×3＋((3.9－1.3)×1[两根])×3[层]×2	m	1 121.16	WE3、WE5、WE7 回路，2～4 层
113	桥架配线 WDZD-BYJ-2.5	(2.42×3＋(3－1.4＋1.4)×3＋0＋3.9＋7.8＋11.7)×1×4	m	158.64	WE3、WE5、WE7 回路，2～4 层
114	配管 S20	(0.9＋9.38＋5.66＋1.95＋(3.9－1.3)×1[四根])×3[层]＋(54.71＋(1.3－0.3)×1＋(3.9－2.4)×12[三根])×3[层]＋((3.9－1.3)×1[两根])×3[层]	m	290.40	WE4、WE6、WE8 回路，2～4 层

（续表）

序号	项目名称	计算式	单位	工程量	备注
115	管内配线 WDZD-BYJ-2.5	（0.9＋9.38＋5.66＋1.95＋（3.9－1.3）×1［四根］）×3［层］×4＋（54.71＋（1.3－0.3）×1＋（3.9－2.4）×12［三根］）×3［层］×3＋（（3.9－1.3）×1［两根］）×3［层］×2	m	924.87	WE4、WE6、WE8 回路，2～4层
116	桥架配线 WDZD-BYJ-2.5	（2.42×3＋（3－1.4＋1.4）×3＋0＋3.9＋7.8＋11.7）×1×4	m	158.64	WE4、WE6、WE8 回路，2～4层
117	安全出口灯	20＋18×3＋1	套	75	1～4层
118	壁装双头应急灯	3＋24＋2	套	29	1～4层
119	单向疏散指示灯	3＋5×3	套	18	1～4层
120	双向疏散指示灯	3	套	3	1～4层
121	单极开关	3＋24＋12	个	39	1～4层
122	消防声控开关	12＋2	个	14	1～4层
123	灯头盒	75＋29＋18＋3	个	125	1～4层
124	开关盒	39＋14	个	53	1～4层
配电工程					
125	桥架 200×100	53.17×4＋3.9×4	m	228.28	
126	配电箱 ALZ	1	台	1	1层
127	配管 PC63	1.05＋0.3×2	m	1.65	L-1 回路
128	电力电缆 WDZC-YJY-4×25＋1×16	1.5＋1.05＋0.3×2＋1.5	m	4.65	L-1 回路
129	配管 PC63	1.05	m	1.05	L-2 回路
130	电力电缆 WDZC-YJY-4×25＋1×16	1.5＋1.05＋1.5＋3.9	m	7.95	L-2 回路
131	配管 PC63	1.05	m	1.05	L-3 回路
132	电力电缆 WDZC-YJY-4×25＋1×16	1.5＋1.05＋1.5＋3.9×2	m	11.85	L-3 回路
133	配管 PC63	1.05	m	1.05	L-4 回路
134	电力电缆 WDZC-YJY-4×25＋1×16	1.5＋1.05＋1.5＋3.9×3	m	15.75	L-4 回路
135	配管 PC40	0.85＋0.3×2	m	1.45	L-5 回路
136	电力电缆 WDZC-YJY-5×6	1.5＋0.85＋0.3×2＋1.5	m	4.45	L-5 回路
137	配管 S32	0.85＋0.3×2	m	1.45	L-6 回路
138	电力电缆 WDZC-YJY-5×6	1.5＋0.85＋0.3×2＋1.5	m	4.45	L-6 回路

（续表）

序　号	项目名称	计算式	单位	工程量	备注
139	电缆头 4×25+1×16	8	个	8	L-1～L-4回路
140	电缆头 5×6	4	个	4	L-5、L-6回路
141	配电箱 AFZ	1	台	1	1层
142	配管 PC40	0.85+0.3×2	m	1.45	F-1 回路
143	电力电缆 WDZC-YJY-5×6	1.5+0.85+0.3×2+1.5	m	4.45	F-1 回路
144	配管 S32	0.85+0.3×2	m	1.45	F-2 回路
145	电力电缆 WDZC-YJY-5×6	1.5+0.85+0.3×2+1.5	m	4.45	F-2 回路
146	电缆头 5×6	4	个	4	F-1、F-2回路
147	配电箱 AKZ	1	台	1	1层
148	配管 PC63	1.05+0.3×2	m	1.65	K-1 回路
149	电力电缆 WDZC-YJY-4×25+1×16	1.5+1.05+0.3×2+1.5	m	4.65	K-1 回路
150	配管 PC63	1.05	m	1.05	K-2 回路
151	电力电缆 WDZC-YJY-4×25+1×16	1.5+1.05+1.5+3.9	m	7.95	K-2 回路
152	配管 PC63	1.05	m	1.05	K-3 回路
153	电力电缆 WDZC-YJY-4×25+1×16	1.5+1.05+1.5+3.9×2	m	11.85	K-3 回路
154	配管 PC63	1.05	m	1.05	K-4 回路
155	电力电缆 WDZC-YJY-4×25+1×16	1.5+1.05+1.5+3.9×3	m	15.75	K-4 回路
156	电缆头 4×25+1×16	8	个	8	K-1 ～ K-4回路
157	送配电装置系统调试	1	系统	1	—

5.5.3　电气照明分部分项工程工程量清单的编制

现将工程量计算结果汇总到电气照明专业工程清单表中，如表 5.12 所示。

表 5.12 某小学教学楼电气照明专业工程清单表

序号	项目编码	项目名称	项目特征描述	计量单位	工程量
1	030404017001	配电箱	1. 名称:MX1 2. 型号:4.5 kW 3. 端子板外部接线材质、规格:3 个 BYJ2.5 mm²,6 个 BYJ4 mm²,3 个 BYJ10 mm² 4. 安装方式:底边距地 2.5 m,暗装	台	36
2	030404017002	配电箱	1. 名称:MX2 2. 型号:3 kW 3. 端子板外部接线材质、规格:3 个 BYJ2.5 mm²,6 个 BYJ4 mm²,3 个 BYJ6 mm² 4. 安装方式:底边距地 2.5 m,暗装	台	4
3	030404017003	配电箱	1. 名称:1AL1 2. 型号:40 kW 3. 端子板外部接线材质、规格:27 个 BYJ6 mm²,3 个BYJ16 mm²,6 个 BYJ2.5 mm²,3 个BYJ4 mm² 4. 安装方式:底边距地 1.4 m,明装	台	1
4	030404017004	配电箱	1. 名称:2AL1 2. 型号:40 kW 3. 端子板外部接线材质、规格:27 个 BYJ6 mm²,3 个BYJ16 mm²,3 个 BYJ2.5 mm²,3 个BYJ4 mm² 4. 安装方式:底边距地 1.4 m,明装	台	1
5	030404017005	配电箱	1. 名称:3AL1 2. 型号:40 kW 3. 端子板外部接线材质、规格:27 个 BYJ6 mm²,3 个BYJ16 mm²,3 个 BYJ2.5 mm²,3 个BYJ4 mm² 4. 安装方式:底边距地 1.4 m,明装	台	1
6	030404017006	配电箱	1. 名称:4AL1 2. 型号:40 kW 3. 端子板外部接线材质、规格:27 个 BYJ6 mm²,3 个BYJ16 mm²,3 个 BYJ2.5 mm²,3 个BYJ4 mm² 4. 安装方式:底边距地 1.4 m,明装	台	1
7	030404017007	配电箱	1. 名称:1AK1 2. 型号:45 kW 3. 端子板外部接线材质、规格:27 个 BYJ10 mm²,3 个 BYJ6 mm² 4. 安装方式:底边距地 1.5 m,明装	台	1
8	030404017008	配电箱	1. 名称:2AK1 2. 型号:45 kW 3. 端子板外部接线材质、规格:27 个 BYJ10 mm²,3 个 BYJ6 mm² 4. 安装方式:底边距地 1.5 m,明装	台	1
9	030404017009	配电箱	1. 名称:3AK1 2. 型号:45 kW 3. 端子板外部接线材质、规格:27 个 BYJ10 mm²,3 个 BYJ6 mm² 4. 安装方式:底边距地 1.5 m,明装	台	1

（续表）

序　号	项目编码	项目名称	项目特征描述	计量单位	工程量
10	030404017010	配电箱	1. 名称:4AK1 2. 型号:45 kW 3. 端子板外部接线材质、规格:27 个 BYJ10 mm²,3 个 BYJ6 mm² 4. 安装方式:底边距地 1.5 m,明装	台	1
11	030404017011	配电箱	1. 名称:1AL2 2. 型号:5 kW 3. 端子板外部接线材质、规格:21 个 BYJ2.5 mm²,3 个 BYJ4 mm² 4. 安装方式:底边距地 1.5 m,明装	台	1
12	030404017012	配电箱	1. 名称:1AEL1 2. 型号:5 kW 3. 端子板外部接线材质、规格:31 个 BYJ2.5 mm² 4. 安装方式:底边距地 1.5 m,明装	台	1
13	030404017013	配电箱	1. 名称:ALZ 2. 型号:170 kW 3. 安装方式:底边距地 1.4 m,明装	台	1
14	030404017014	配电箱	1. 名称:AFZ 2. 型号:10 kW 3. 安装方式:底边距地 1.4 m,明装	台	1
15	030404017015	配电箱	1. 名称:AKZ 2. 型号:180 kW 3. 安装方式:底边距地 1.5 m,明装	台	1
16	030404031001	小电器	1. 名称:内击式电铃 2. 型号:U4-75 3. 规格:250 V,8 W	个	8
17	030404033001	风扇	1. 名称:吊扇 2. 规格:220 V,1×60 W 3. 安装方式:顶板下吊装,扇叶距地高度 3 m	台	144
18	030404034001	照明开关	1. 名称:单极开关 2. 材质:塑料 3. 规格:250 V,10 A 4. 安装方式:底边距地 1.3 m,暗装	个	115
19	030404034002	照明开关	1. 名称:双级开关 2. 材质:塑料 3. 规格:250 V,10 A 4. 安装方式:底边距地 1.3 m,暗装	个	80
20	030404034003	照明开关	1. 名称:三级开关 2. 材质:塑料 3. 规格:250 V,10 A 4. 安装方式:底边距地 1.3 m,暗装	个	8

（续表）

序 号	项目编码	项目名称	项目特征描述	计量单位	工程量
21	030404034004	照明开关	1. 名称:声控开关 2. 材质:塑料 3. 规格:250 V,10 A 4. 安装方式:底边距地 1.3 m,暗装	个	9
22	030404034005	照明开关	1. 名称:消防声控开关 2. 材质:塑料 3. 规格:250 V,10 A 4. 安装方式:底边距地 2.2 m,墙上暗装	个	14
23	030404034006	照明开关	1. 名称:吊扇调速开关 2. 材质:塑料 3. 规格:220 V,10 A 4. 安装方式:底边距地 1.3 m,暗装	个	144
24	030404035001	插座	1. 名称:普通插座 2. 材质:塑料 3. 规格:250 V,10 A 4. 安装方式:底边距地 0.3 m,暗装	个	316
25	030404035002	插座	1. 名称:单相空调插座 2. 材质:塑料 3. 规格:250 V,10 A 4. 安装方式:底边距地 3 m,暗装	个	72
26	030404035003	插座	1. 名称:单相空调插座 2. 材质:塑料 3. 规格:250 V,20 A 4. 安装方式:底边距地 0.3 m,暗装	个	4
27	030404035004	插座	1. 名称:电视插座 2. 材质:塑料 3. 规格:250 V,10 A 4. 安装方式:底边距地 2.2 m,暗装	个	24
28	030404035005	插座	1. 名称:扬声器插座 2. 材质:塑料 3. 规格:250 V,10 A 4. 安装方式:底边距地 2.2 m,暗装	个	36
29	030404035006	插座	1. 名称:投影仪插座 2. 材质:塑料 3. 规格:250 V,10 A 4. 安装方式:吸顶安装	个	36
30	030404035007	插座	1. 名称:投影仪插座 2. 材质:塑料 3. 规格:250 V,10 A 4. 安装方式:墙上暗装,底边距地 2.2 m	个	36

（续表）

序　号	项目编码	项目名称	项目特征描述	计量单位	工程量
31	030404036001	其他电器	1. 名称：卫生间通风器 2. 规格：40 W 3. 安装方式：吸顶安装	台	16
32	030408001001	电力电缆	1. 名称：电力电缆 2. 型号：WDZC-YJY 3. 规格：4 mm×25 mm＋1 mm×16 mm 4. 材质：铜芯电缆 5. 敷设方式、部位：穿管或桥架敷设 6. 电压等级（kV）：1 kV 以下	m	80.40
33	030408001002	电力电缆	1. 名称：电力电缆 2. 型号：WDZC-YJY 3. 规格：5 mm×6 mm 4. 材质：铜芯电缆 5. 敷设方式、部位：穿管或桥架敷设 6. 电压等级（kV）：1 kV 以下	m	17.8
34	030408006001	电力 电缆头	1. 名称：电力电缆头 2. 型号：WDZC-YJY 3. 规格：4 mm×25 mm＋1 mm×16 mm 4. 材质、类型：铜芯电缆，干包式 5. 安装部位：配电箱 6. 电压等级（kV）：1 kV 以下	个	16
35	030408006002	电力 电缆头	1. 名称：电力电缆头 2. 型号：WDZC-YJY 3. 规格：5 mm×6 mm 4. 材质、类型：铜芯电缆，干包式 5. 安装部位：配电箱 6. 电压等级（kV）：1 kV 以下	个	8
36	030411001001	配管	1. 名称：刚性阻燃管 2. 材质：PVC 3. 规格：PC20 4. 配置要求：暗配	m	4 341.27
37	030411001002	配管	1. 名称：刚性阻燃管 2. 材质：PVC 3. 规格：PC25 4. 配置要求：暗配	m	221.4
38	030411001003	配管	1. 名称：刚性阻燃管 2. 材质：PVC 3. 规格：PC32 4. 配置要求：暗配	m	866.64
39	030411001004	配管	1. 名称：刚性阻燃管 2. 材质：PVC 3. 规格：PC40 4. 配置要求：暗配	m	16.66

（续表）

序　号	项目编码	项目名称	项目特征描述	计量单位	工程量
40	030411001005	配管	1. 名称:刚性阻燃管 2. 材质:PVC 3. 规格:PC63 4. 配置要求:暗配	m	9.6
41	030411001006	配管	1. 名称:钢管 2. 材质:焊接钢管 3. 规格:SC20 4. 配置要求:暗配	m	764.16
42	030411001007	配管	1. 名称:钢管 2. 材质:焊接钢管 3. 规格:SC32 4. 配置要求:暗配	m	2.9
43	030411003001	桥架	1. 名称:桥架安装 2. 规格:200 mm×100 mm 3. 材质:钢制 4. 类型:槽式	m	228.28
44	030411004001	配线	1. 名称:管内穿线 2. 配线形式:照明线路 3. 型号:WDZC-BYJ 4. 规格:2.5 mm² 5. 材质:铜芯线	m	10 041.05
45	030411004002	配线	1. 名称:桥架配线 2. 配线形式:照明线路 3. 型号:WDZC-BYJ 4. 规格:2.5 mm² 5. 材质:铜芯线	m	713.89
46	030411004003	配线	1. 名称:管内穿线 2. 配线形式:照明线路 3. 型号:WDZC-BYJ 4. 规格:4 mm² 5. 材质:铜芯线	m	7 296.75
47	030411004004	配线	1. 名称:桥架配线 2. 配线形式:照明线路 3. 型号:WDZC-BYJ 4. 规格:4 mm² 5. 材质:铜芯线	m	118.32
48	030411004005	配线	1. 名称:管内穿线 2. 配线形式:照明线路 3. 型号:WDZC-BYJ 4. 规格:6 mm² 5. 材质:铜芯线	m	769.8

序 号	项目编码	项目名称	项目特征描述	计量单位	工程量
49	030411004006	配线	1. 名称:桥架配线 2. 配线形式:照明线路 3. 型号:WDZC-BYJ 4. 规格:6 mm² 5. 材质:铜芯线	m	3 472.56
50	030411004007	配线	1. 名称:管内穿线 2. 配线形式:照明线路 3. 型号:WDZC-BYJ 4. 规格:10 mm² 5. 材质:铜芯线	m	2 772.72
51	030411004008	配线	1. 名称:桥架配线 2. 配线形式:照明线路 3. 型号:WDZC-BYJ 4. 规格:10 mm² 5. 材质:铜芯线	m	3 436.56
52	030411004009	配线	1. 名称:管内穿线 2. 配线形式:照明线路 3. 型号:WDZC-BYJ 4. 规格:16 mm² 5. 材质:铜芯线	m	50.88
53	030411004010	配线	1. 名称:桥架配线 2. 配线形式:照明线路 3. 型号:WDZC-BYJ 4. 规格:16 mm² 5. 材质:铜芯线	m	36
54	030411006001	接线盒	1. 名称:接线盒 2. 材质:塑料 3. 规格:86H 4. 安装形式:暗装	个	188
55	030411006002	接线盒	1. 名称:灯头盒 2. 材质:塑料 3. 规格:86H 4. 安装形式:暗装	个	689
56	030411006003	接线盒	1. 名称:开关盒、插座盒 2. 材质:塑料 3. 规格:86H 4. 安装形式:暗装	个	894
57	030412001001	普通灯具	1. 名称:吸顶灯 2. 规格:220 V,21 W 3. 类型:吸顶安装	套	40
58	030412001002	普通灯具	1. 名称:壁装双头应急灯 2. 规格:220 V,2×3 W 3. 类型:底边距地 2.2 m 墙上明装	套	29

（续表）

序 号	项目编码	项目名称	项目特征描述	计量单位	工程量
59	030412001003	普通灯具	1. 名称:壁灯 2. 规格:220 V,1×11 W 3. 类型:门上方明装	套	4
60	030412002001	工厂灯	1. 名称:防水防尘灯 2. 规格:220 V,14 W 3. 安装形式:吸顶安装	套	60
61	030412004001	装饰灯	1. 名称:安全出口指示灯 2. 型号:带蓄电池 3. 规格:220 V,1×3 W 4. 安装形式:门上方 0.2 m,明装	套	75
62	030412004002	装饰灯	1. 名称:单向疏散指示灯 2. 型号:带蓄电池 3. 规格:220 V,1×3 W 4. 安装形式:底边距地 0.3 m,暗装	套	18
63	030412004003	装饰灯	1. 名称:双向疏散指示灯 2. 型号:带蓄电池 3. 规格:220 V,1×3 W 4. 安装形式:底边距地 0.3 m,暗装	套	3
64	030412005001	荧光灯	1. 名称:双管荧光灯 2. 规格:220 V,2×21 W 3. 安装形式:教室距地 2.8 m,管吊	套	352
65	030412005002	荧光灯	1. 名称:单管黑板荧光灯 2. 规格:220 V,1×21 W 3. 安装形式:钢管吊装,距地 3 m	套	108
66	030414002001	送配电装置系统	1. 名称:低压系统调试 2. 电压等级(kV):1 kV 以下 3. 类型:综合	系统	1

5.6 防雷接地工程分部分项工程量清单的编制

5.6.1 防雷接地工程分部分项工程清单列项

根据《通用安装工程工程量计算规范》(GB 50856—2013),结合某小学教学楼防雷接地施工图纸,对该专业分部分项工程进行清单列项,详细内容见表 5.13。

表 5.13　某小学教学楼防雷接地分部分项工程清单列项

项目编码	项目名称	项目特征描述	计量单位	工程量计量规则	工作内容
030409002001	接地母线	1. 名称:接地母线 2. 材质:镀锌扁钢 3. 规格:40 mm×4 mm 4. 安装部位:埋地安装	m	按设计图示尺寸以长度计算(含附加长度)	1. 接地母线制作、安装 2. 补刷(喷)油漆
030409002002	接地母线	1. 名称:接地母线 2. 材质:镀锌扁钢 3. 规格:50 mm×5 mm 4. 安装部位:埋地安装	m	按设计图示尺寸以长度计算(含附加长度)	1. 接地母线制作、安装 2. 补刷(喷)油漆
030409003001	避雷引下线	1. 名称:避雷引下线 2. 规格:2根 Φ16 主筋 3. 安装形式:利用柱内主筋做引下线 4. 断接卡子、箱材质、规格:卡子测试点 4 个,焊接点 14 处	m	按设计图示尺寸以长度计算(含附加长度)	1. 避雷引下线制作、安装 2. 断接卡子、向制作、安装 3. 利用主钢筋焊接 4. 补刷(喷)油漆
030409004001	均压环	1. 名称:均压环 2. 规格:2根 Φ16 主筋 3. 安装形式:利用梁内主筋做均压环	m	按设计图示尺寸以长度计算(含附加长度)	1. 均压环敷设 2. 钢铝窗接地 3. 柱主筋与圈梁焊接 4. 利用圈梁钢筋焊接 5. 补刷(喷)油漆
030409005001	避雷网	1. 名称:避雷带 2. 材质:镀锌圆钢 3. 规格:Φ10 4. 安装形式:沿女儿墙敷设	m	按设计图示尺寸以长度计算(含附加长度)	1. 避雷网制作、安装 2. 跨接 3. 混凝土块制作 4. 补刷(喷)油漆
030409005002	避雷网	1. 名称:避雷带 2. 材质:镀锌圆钢 3. 规格:Φ12 4. 安装形式:教学楼屋顶平台	m	按设计图示尺寸以长度计算(含附加长度)	1. 避雷网制作、安装 2. 跨接 3. 混凝土块制作 4. 补刷(喷)油漆
030409008001	等点位端子箱、测试板	名称:MEB 总等电位连接端子箱	台	按设计图示数量计算	本体安装
030409008002	等点位端子箱、测试板	名称:LEB 卫生间局部等电位连接箱	台	按设计图示数量计算	本体安装
030414011001	接地装置	名称:系统调试 类别:接地网	系统	按设计图示数量计算	调试

5.6.2　防雷接地工程分部分项工程工程量的计算

（1）避雷针制作安装

普通避雷针制作安装，以"根"为计量单位，独立避雷针安装以"基"为计量单位。工程量计算时，其长度、高度、数量均按施工图图示设计的规定。

（2）避雷网安装

①避雷网敷设以"m"为计量单位，工程量按施工图图示长度计算，其长度按施工图设计水平和垂直规定长度另加 3.9％的附加长度（包括转弯、上下波动、避绕障碍物、搭接头所占长度）计算，即：

$$避雷网敷设长度（m）=施工图设计长度（m）×（1+3.9％）$$

②敷设避雷网用混凝土块制作以"块"为计量单位，工程量按施工图图示数量计算，施工图未说明时，避雷网直线段可按每 1～1.5 m 设 1 块，转弯段可按每 0.5～1 m 设 1 块考虑。

③均压环敷设以"m"为计量单位，主要考虑利用圈梁内主筋做均压环接地连线，焊接按两根主筋考虑，超过两根时，可按比例调整。长度按施工图设计需要做均压接地的圈梁中心线长度，以"延长米"计算。

注意：均压环的敷设方式有两种，一种是利用圈梁钢筋做均压环，另一种是单独用扁钢、圆钢做均压环。单独用扁钢、圆钢做均压环时，仍以"延长米"计量。

④利用圈梁钢筋做均压环，利用柱子主筋做引下线时，柱子主筋与圈梁钢筋要互相焊接成网的，焊接工程量以焊接点以"处"为计量单位，每处按两根主筋与两根圈梁钢筋焊接连接考虑，超过两根时，可按比例调整，需要连接的柱子主筋和圈梁钢筋"处"数按施工图计算。

（3）半导体少长针消雷装置安装

工程量计算以"套"为计量单位，按施工图设计数量计算，装置本身由设备制造厂成套供货。

注意，半导体少长针消雷装置安装已考虑了高空作业的因素。

（4）避雷引下线敷设

①沿建筑物、构筑物引下：引下线安装工程量计算，按施工图建筑物高度计算，以"m"计量。计量公式为：

$$引下线长度（m）=施工图设计长度（m）×（1+3.9％）$$

②利用金属构件、建筑物主筋引下，按引下长度以"延长米"计量。利用建筑物主筋作引下线的，每一柱子内按焊接两根主筋考虑，如果焊接主筋数超过两根时，可按比例调整。

③断接卡子制作、安装，按施工图设计规定装设的数量计算。接地检查井内的断接卡子安装按每井一套计算。

（5）接地极（板）制作安装

接地极制作安装以"根"为计量单位，工程量按施工图图示数量计算，其长度按设计长度计算，设计无规定时，每根长度按 2.5 m 计算。若设计有管帽时，管帽另按加工件计算。

（6）接地母线敷设

接地母线敷设，按施工图设计长度以"m"为计量单位计算工程量，其长度应按图示"延长米"另加 3.9％的附加长度计算，即：

$$接地母线敷设长度（m）=施工图设计长度（m）×（1+3.9％）$$

（7）接地跨接线安装

接地跨接线、钢铝窗接地以"处"为计量单位，构架接地以"处"为计量单位。工程量按施工图图示数量计算。

（8）接地装置调试

独立接地装置调试以"组"为计量单位，接地网以"系统"为计量单位，工程量按施工图图示数量计算。

根据上述计算规则，结合某小学教学楼防雷接地施工平面图，现将计算结果汇总如下，如表5.14所示。

表5.14　某小学教学楼防雷接地工程工程量计算结果

序　号	项目名称	计算式	单位	工程量	备注
		防雷接地系统			
1	避雷带镀锌扁钢 Φ10	$(10.3+60.4+20.9+7.6+1.5+33.85+9.4+6.3+9.3+6.3+12.65+(1.4\times2+2.9)\times2+(1.4\times2+3.6)\times7+(1\times2+2)+2.5\times3)\times(1+3.9\%)$	m	255.80	沿女儿墙敷设
2	避雷带镀锌扁钢 Φ12	$(10.3+10+19.4\times4+20.9+41.45)\times(1+3.9\%)$	m	166.50	屋顶平台敷设
3	引下线	$(1+17.55)\times14+(1+17.55)\times1=18.55$	m	278.25	A点、B点
4	均压环	189.47×3	m	568.41	
5	接地母线-40 mm×4 mm	$154.51+47.35+11.04+18.62\times4+7.63+5.55+3.34+2.09+1.5\times14+(1+17.55)\times1.039$	m	346.26	基础、散流点、D点
6	接地母线-50 mm×5 mm	$(1+17.55)\times1.039$	m	19.27	C点
7	总等电位连接端子箱MEB	1	台	1	
8	卫生间局部等电位连接箱LEB	1×4	台	4	1～4层
9	接地装置调试	1	系统	1	

5.6.3　防雷接地分部分项工程工程量清单的编制

现将工程量计算结果汇总到防雷接地专业工程清单表中，如表5.15所示。

表 5.15　某小学教学楼防雷接地专业工程清单表

序　号	项目编码	项目名称	项目特征描述	计量单位	工程量
1	030409002001	接地母线	1. 名称:接地母线 2. 材质:镀锌扁钢 3. 规格:40 mm×4 mm 4. 安装部位:埋地安装	m	346.26
2	030409002002	接地母线	1. 名称:接地母线 2. 材质:镀锌扁钢 3. 规格:50 mm×5 mm 4. 安装部位:埋地安装	m	19.27
3	030409003001	避雷引下线	1. 名称:避雷引下线 2. 规格:2 根 Φ16 主筋 3. 安装形式:利用柱内主筋做引下线 4. 断接卡子、箱材质、规格:卡子测试点 4 个,焊接点 14 处	m	278.25
4	030409004001	均压环	1. 名称:均压环 2. 规格:2 根 Φ16 主筋 3. 安装形式:利用梁内主筋做均压环	m	568.41
5	030409005001	避雷带	1. 名称:避雷带 2. 材质:镀锌圆钢 3. 规格:Φ10 4. 安装形式:沿女儿墙敷设	m	255.80
6	030409005002	避雷带	1. 名称:避雷带 2. 材质:镀锌圆钢 3. 规格:Φ12 4. 安装形式:教学楼屋顶平台	m	166.50
7	030409008001	等电位端子箱测试板	名称:MEB 总等电位连接端子箱	台	1
8	030409008002	等电位端子箱测试板	名称:LEB 卫生间局部等电位连接箱	台	4
9	030414011001	接地装置	1. 名称:系统调试 2. 类别:接地网	系统	1

本章小节

本章主要讲述以下内容:

1. 建筑电气照明低压配电系统由以下几个部分组成:进户线→总配电箱→干线→分配电箱→支线→照明用电器具。

2. 常见的照明线路敷设方式有线槽配线、导管配线,在大跨度的车间也用到钢索配线。

3. 室内普通灯具的安装方式有:悬吊式、吸顶式、嵌入式和壁式等。灯具安装工艺流程:灯具固定→灯具组装→灯具接线→灯具接地。

4. 配电箱的安装方式有明装和暗装两种,明装配电箱有落地式和悬挂式。成套配电箱的安装程序是:现场预埋→管与箱体连接→安装盘面→装盖板(贴脸及箱门)。

5. 电缆的敷设方式主要有:直接埋地敷设、电缆沟内敷设、电缆隧道内敷设、电缆桥架敷设、电缆线槽敷设、电缆竖井内敷设等。

6. 建筑物的防雷装置由接闪器、引下线和接地装置三部分组成。

7. 我国低压变配电系统接地制式采用国际电工委员会(EEC)标准,即 TN、TT、IT 三种接地制式。在 TN 接地制式中,因 N 线和 PE 线组合方式的不同,又分为 TN-C、TN-S、TN-C-S 三种。

8. 等电位连接分为总等电位连接(代号为 MEB),辅助等电位连接(代号为 SEB),局部等电位连接(代号为 LEB)。

9. 电气工程施工图组成主要包括:图纸目录、设计说明、图例材料表、系统图、平面图和安装大样图(详图)等。

10. 识读建筑电气施工图,一般遵循"六先六后"的原则。即:先强电后弱电、先系统后平面、先动力后照明、先下层后上层、先室内后室外、先简单后复杂。

11. 建筑物防雷与接地施工图一般包括防雷施工图和接地施工图两部分。它主要由建筑防雷平面图、立面图和接地平面图表示。

12. 配电箱按安装方式不同,悬挂嵌入式配电箱以半周长分档,均以"台"计量。

13. 各种配管工程量以管材质、敷设方式和规格不同,按"延长米"计量,不扣除接线盒(箱)、灯头盒、开关盒所占长度。

14. 管内穿线工程量计算应区分线路性质(照明线路和动力线路)、导线材质(铝芯线、铜芯线和多芯软线)、导线截面,按单线"延长米"为计量单位计算。管内穿线长度=(配管长度+导线预留长度)×同截面导线根数。

15. 照明灯具安装工程量计算应区别灯具的种类、型号、规格、安装方式分别列项,以"套"为计量单位计算。

16. 电缆工程工程量计算内容包括:电缆沟填挖、人工开挖路面、电缆沟铺砂、盖砖及移动盖板、电缆保护管、电缆桥架安装、电缆敷设、电缆头制作安装。

17. 普通避雷针制作安装,以"根"为计量单位,独立避雷针安装以"基"为计量单位。

18. 避雷网敷设以"m"为计量单位,工程量按施工图图示长度计算。避雷网敷设长度(m)=施工图设计长度(m)×(1+3.9%)。

19. 敷设避雷网用混凝土块制作以"块"为计量单位,工程量按施工图图示数量计算。

20. 均压环敷设以"m"为计量单位。

21. 沿建筑物、构筑物引下:引下线安装工程量计算,按施工图建筑物高度计算,以"m"计量。利用金属构件、建筑物主筋引下,按引下长度以"延长米"计量。

22. 接地极制作安装以"根"为计量单位,工程量按施工图图示数量计算。

23. 接地母线敷设,按施工图设计长度以"m"为计量单位计算工程量,接地母线敷设长度(m)=施工图设计长度(m)×(1+3.9%)。

24. 接地跨接线、钢铝窗接地以"处"为计量单位,构架接地以"处"为计量单位。

25. 独立接地装置调试以"组"为计量单位,接地网以"系统"为计量单位,工程量按施工图图示数量计算。

思 考 题

1. 建筑电气照明低压配电系统由哪几部分组成?

2. 简述建筑电气工程中常用的配管及配线形式。

3. 简述电缆敷设的主要方式。

4. 建筑物的防雷装置由哪几部分组成？

5. 简述电气施工图识图规则。

6. 配管配线工程量计算规则是怎么规定的？导线与配电箱相接时预留长度应为多少？

7. 防雷接地工程计算哪些工程量？

8. 避雷带的工程量如何计算？为什么附加3.9%？

9. 利用柱内主筋作引下线时，工程量计算是否还考虑附加长度？

10. 进入接线盒的导线是否考虑预留长度？

11. 电缆工程计算哪些工程量？计算规则是怎么规定的？

6 消防工程计量

6.1 消防工程基本知识

6.1.1 消火栓灭火系统

1）室内消火栓系统的分类

该系统由消防给水管网,消火栓、水带、水枪组成的消火栓箱柜,消防水池、消防水箱,增压设备等组成。根据目前我国广泛使用的建筑消防登高器材的性能及消防车供水能力,对高、低层建筑的室内消防给水系统有不同的要求。9层及9层以下的住宅建筑(包括底层设置商业服务网点的住宅)和建筑高度不超过24 m的其他民用建筑厂房、库房和单层公共建筑为低层建筑。低层建筑利用室外消防车从室外水源取水,直接扑灭室内火灾。

对于10层及10层以上的建筑、建筑高度为24 m以上的其他民用和工业建筑为高层建筑。高层建筑的高度超过了室外消防车的有效灭火高度,无法利用消防车直接扑救高层建筑上部的火灾,所以高层建筑发生火灾时,必须以"自救"为主。高层建筑室内消火栓给水系统是扑救高层建筑室内火灾的主要灭火设备之一。

根据室外消防给水系统提供的水量、水压及建筑物的高度、层数,室内消火栓给水系统的给水方式有以下几种:

①无水泵和水箱的室内消火栓给水系统。室外给水管网的水量、水压在任何时候均能满足室内最高、最远处消火栓的设计流量、压力要求。这种方式为独立的消火栓给水系统。如图6.1所示。

②单设水箱的室内消火栓给水系统。该系统适用于室外给水管网的流量能满足生活、生产、消防的用水量。但室外管网压力在1天中变化幅度较大,即当生活、生产、消防的用水量达到最大时,室外管网的压力不能保证室内最高、最远处消火栓的用水要求;而当生活、生产用水量较小时,室外给水管网的压力较大,能向高位水箱补水,满足10 min的扑救初期火灾消防用水量的要求。如图6.2所示。

③设消防水泵和水箱的室内消火栓给水系统。适用于室外管网的水量和水压经常不能满足室内消火栓给水系统的初期火灾所需

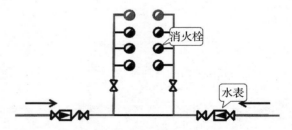

图6.1 由室外给水管网直接供水的消防给水方式

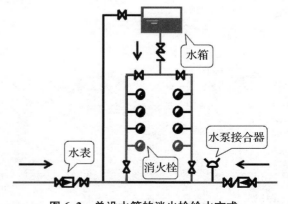

图6.2 单设水箱的消火栓给水方式

水量和水压的情况。水箱储存 10 min 室内消防用水量,消防水泵的扬程度按室内最不利点消火栓灭火设备的水压计算。如图 6.3 所示。

④区域集中的室内高压消火栓给水系统及室内临时高压消火栓给水系统。区域集中是指某个区域内数幢建筑共用一套消防池和消防水泵设备,各幢建筑内的消防管网由区域集中消防水泵房出水管引入并自成环状布置。消防管网内经常保持能够满足灭火用水所需的压力和流量,扑灭火灾时不需要启动消防水泵即可直接使用灭火设备进行灭火,这种系统称为高压消防给水系统。

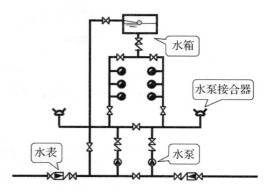

图 6.3　设水泵、水箱的消火栓给水方式

消防管网平时水压和流量不能满足灭火需求,起火时启动消防水泵使用管网内的压力和流量达到灭火要求,这种系统称为临时高压消防给水系统。

⑤分区供水的室内消火栓给水系统。当建筑物的高度超过 50 m 或消火栓处的静水压力超过 0.8 MPa 时,考虑麻质水龙带和普通钢管的耐压强度,应采用分区供水的室内消火栓给水系统,即各区组成各自的消防给水系统。分区方式有并联分区和串联分区两种。如图 6.4 所示。

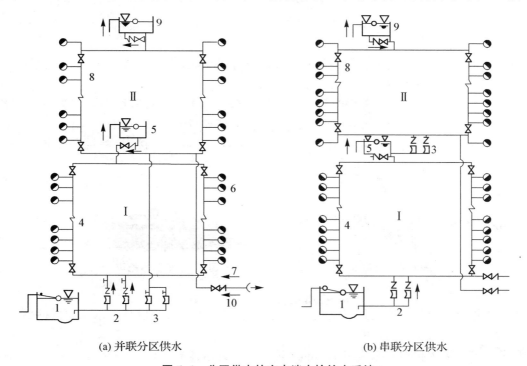

(a) 并联分区供水　　　　　　　　　　(b) 串联分区供水

图 6.4　分区供水的室内消火栓给水系统

1—水池;2—Ⅰ区消防泵;3—Ⅱ区消防泵;4—Ⅰ区管网;5—Ⅰ区水箱;
6—消火栓;7—Ⅰ区水泵接合器;8—Ⅱ区管网;9—Ⅱ区水箱;10—Ⅱ区水泵接合器

并联分区的消防水泵集中于底层。管理方便,系统独立设置,互相不干扰。但在高区的消防水泵扬程度较大,其管网的承压也较高。串联分区的消防水泵设置于各区,水泵的压力相近,无需高压泵及耐高压管,但管理分散,上区供水受下区限制,高区发生火灾时,下面各区水泵联动逐区向上供水,供水安全性差。

2)室内消火栓系统的组成

(1)消防管道

室内消防管道应采用镀锌钢管、焊接钢管。由引入管、干管、立管和支管组成。它的作用是将水供给消火栓,并且必须满足消火栓在消防灭火时所需水量和水压的要求。消防管道的直径应不小于50 mm。

(2)消火栓

室内消火栓是消防用的龙头,是带有内扣式的角阀。进口向下和消防管道相连,出口与水龙带相接。直径规格有50 mm和65 mm两种规格,其常用类型为直角单阀单出口型(SN)、450单阀单出口型(SNA)、单角单阀双出口型(SNS)和单角双阀双出口型(SNSS),其公称压力为1.6 MPa,如图6.5所示。

图6.5 消火栓

(3)消防水龙带

消防水龙带按材料分为有衬里消防水龙带(包括衬胶水龙带、灌胶水龙带)和无衬里消防水龙带(包括棉水龙带、芒麻水龙带和亚麻水龙带)。

无衬里水龙带耐压低,内壁粗糙,阻力大,易漏水,寿命短,成本高,已逐渐淘汰。消防水龙带的直径规格有50 mm和65 mm两种,长度有10 m、15 m、20 m、25 m四种。消防水龙带是输送消防水的软管,一端通过快速内扣式接口与消火栓、消防车连接,另一端与水枪相连,如图6.6所示。

图6.6 消防水龙带　　　　　图6.7 消防水枪

(4)消防水枪

消防水枪是灭火的主要工具,其功能是将消防水带内水流转化成高速水流,直接喷射到火场,达到灭火、冷却或防护的目的。

目前在室内消火栓给水系统中配置的水枪一般多为直流式水枪,有QZ型、QZA型直流水枪和QZG型开关直流水枪,这种水枪的出水口直径分别为13 mm、16 mm、19 mm和22 mm等,如图6.7所示。

(5)室内消火栓箱

室内消火栓箱是指安装在建筑物内的消防给水管路上,由箱体、室内消火栓、水带、水枪及电气设备等消防器材组成。室内消火栓是一种具有内扣式接口的球形阀式龙头,有单出口和双出口两种类型。消火栓的一端与消防竖管相连,另一端与水带相连。当发生火灾时,消防水量

通过室内消火栓给水管网供水带,经水枪喷射出有压水流进行灭火,如图
6.8 所示。

图 6.8 消火栓箱

(6) 消防水泵接合器

消防水泵接合器是为建筑物配套的自备消防设施,一端由室内消火栓
给水管网最低层引至室外,室外另一端可供消火栓或移动水泵站加压向室
内消防灭火管网输水,这种设备适用于消火栓给水系统和自动喷淋灭火系
统。消防水泵接合器有地上式、地下式和墙壁式消防水泵接合器三种,如
图 6.9 所示。

(a) 地上式消防水泵接合器

(b) 墙壁式消防水泵接合器

(c) 地下式消防水泵接合器

图 6.9 消防水泵接合器

(7) 减压节流孔板

室内消火栓给水系统中立管上的消火栓由于高度的不同,当上部消火栓口水压满足灭火要
求时,则下部消火栓压力过剩。当开启这类消火栓灭火时,其出流量过大,将迅速用完消防贮备
水;同时栓口压力过大,会导致灭火人员难以把持水枪。设置减压节流孔板安装在与消火栓出
水端相连接的固定接口内,作用同减压阀。

3) 室内消火栓系统的安装

(1) 管道的布置要求

①室内消火栓超过 10 个,且室内消防用水量大于 15 L/s 时,室内消防给水管道至少应有
两条进水管与室外环状管网连接,并将室内管道连成环状或将进水管与室外管道连成环状。
7~9 层的单元住宅不超过 8 户的通廊式住宅,其室内消防给水管道可为枝状,采用一根进
水管。

②超过 6 层的塔式(采用双出口消火栓者除外)和通廊式住宅、超过 5 层或体积超过 10 000 m³
的其他民用建筑、超过 4 层的厂房和库房,如室内消防竖管为两条或两条以上时,应至少每两根

竖管连成环状。

③18层以下，每层不超过8户、建筑面积不超过650 m²的塔式住宅，当设两根消防竖管有困难时，可设一根竖管，但必须采用双阀双出口消火栓。

④高层建筑室内消防竖管应成环状，且管道的最小直径为100 mm。

⑤室内消防给水管道应用阀门分成若干独立段，当某段损坏时，停止使用的消火栓在一层中不应超过5个。对高层建筑，应保证停用的竖管不超过一根，当竖管超过4根时，可关闭不相邻的两根。

⑥当生产、生活用水量达到最大，且市政给水管道仍能满足室内外消防用水量时，室内消防泵进水管宜直接从市政管道取水。

⑦室内消火栓给水管网与自动喷水灭火设备的管网应分开设置，如有困难至少应在报警阀前分开设置。

⑧高层建筑的消防给水应采用高压或临时高压给水系统，与生活、生产给水系统分开独立设置。

（2）消防水箱、水池与水泵及配管的设置要求

①消防水箱。

a. 设置高压给水系统的建筑物，如能保证最不利点消火栓和自动喷水灭火系统的水量和水压时，可不设消防水箱。设置临时高压给水系统的建筑物，应设消防水箱、气压罐或水塔。

b. 高层建筑采用高压给水系统时，可不设高位消防水箱；采用临时高压给水系统时，应设高位防水箱，水箱的设置高度应保证最不利点消火栓静水压力。当建筑高度不超过100 m时，最不利点消火栓静水压力不应低于0.07 MPa；当建筑高度超过100 m时，不应低于0.15 MPa。不满足要求时，应设增压设施。

c. 消防水箱应储存10 min的消防用水量，与其他用水合并时，应有消防用水不做他用的技术措施。除串联消防给水系统外，发生火灾后由消防水泵供给的水不应进入消防水箱。

②消防水池。

a. 非高层建筑当生产、生活用水量达到最大，市政给水管道、进水管或天然水源不能满足室内外消防用水量时应设置消防水池；或市政给水管道为枝状或只有一条进水管，且消防用水量之和超过25 L/s时应设置消防水池。

b. 高层建筑当市政给水管道和进水管或天然水源不能满足消防用水量时，应设置消防水池；市政给水管道为枝状或只有一条进水管（二类居住建筑除外）时，应设置消防水池。

③水泵及配管。

a. 一组消防水泵的吸水管不应少于两条；当其中一条损坏时，其余的吸水管应仍能通过全部用水量。消防水泵应采用自灌式吸水，其吸水管上应设阀门。

b. 高压和临时高压消防给水系统，其每台工作消防水泵应有独立的吸水管。

（3）管道的连接方式

①室内消火栓给水管道，管径不大于100 mm时，宜用热镀锌钢管或热镀锌无缝钢管，管道连接宜采用螺纹连接、卡箍（沟槽式）管接头或法兰连接；管径大于100 mm时，采用焊接钢管或无缝钢管，管道宜采用焊接或法兰连接。

②消火栓系统的无缝钢管采用法兰连接，在保证镀锌加工尺寸要求的前提下，其管配件及短管连接采用焊接连接。

6.1.2　喷水灭火系统

1) 自动喷水灭火系统的分类

自动喷水灭火系统是一种能自动启动喷水灭火,并能同时发出火警信号的灭火系统,可以用于公共建筑、工厂、仓库等一切可以用水灭火的场所。它具有工作性能稳定、适应范围广、灭火效率高、维修简便等优点。根据使用要求和环境的不同,喷水灭火系统可分为湿式灭火系统、干式灭火系统、干湿两用灭火系统、预作用灭火系统、重复启闭预作用灭火系统等。

(1) 自动喷水湿式灭火系统

湿式灭火系统是指在准工作状态时管道内充满有压水的闭式系统。该系统由闭式喷头、水流指示器、湿式自动报警阀组、控制阀及管路系统组成,必要时还包括与消防水泵的联动控制和自动报警装置。闭式喷头分为易熔合金锁闭式喷头和玻璃球闭式喷头两类,喷头一般安装于受保护建筑物的天花板下,也有安装于墙上的,报警器一般安设于特设的室内。当装有喷头的房间保护区内一旦发生火警,室内空气温度上升至足以使喷头上的锁封易熔合金熔化或玻璃球喷头上的密封玻璃泡爆碎,喷头即自行喷水进行灭火,同时发出警报信号。该系统具有控制火势或灭火迅速的特点,主要缺点是不适应于寒冷地区,其使用环境温度为 4～70 ℃。

(2) 自动喷水干式灭火系统

它的供水系统、喷头布置等与湿式系统完全相同。所不同的是,平时在报警阀(此阀设在采暖房间内)前充满水而在阀后管道内充以压缩空气。当火灾发生时,喷水头开启,先排出管路内的空气,供水才能进入官网,由喷头喷水灭火。该系统适用于环境温度低于 4 ℃ 或高于 70 ℃ 并不宜采用湿式喷头灭火系统的地方。主要缺点是作用时间比湿式系统迟缓一些,灭火效率一般低于湿式灭火系统。另外,还要设置压缩机及附属设备,投资较大。

(3) 自动喷水干湿两用灭火系统

这种系统亦称为水、气交换式自动喷水灭火装置。该装置在冬季寒冷的季节里,管道内可充填压缩空气,即为自动喷水干式灭火系统;在温暖的季节里整个系统充满水,即为自动喷水湿式灭火系统。此种系统在设计和管理上都很复杂,很少采用。

(4) 自动喷水预作用灭火系统

该系统具有湿式系统和干式系统的特点,预作用阀后的管道内平时无水,呈干式,充满有压或无压的气体。火灾发生初期,火灾探测器系统动作先于喷头控制自动开启或手动开启预作用阀,使消防水进入阀后管道,系统成为湿式灭火系统。当火场温度达到喷头的动作温度时,闭式喷头开启,即可出水灭火。该系统由火灾探测系统、闭式喷头、预作用阀、充气设备和充以有压或无压气体的钢管等组成。该系统既克服了干式系统延迟的缺陷,又可避免湿式系统易渗水的弊病,故适用于不允许有水渍损失的建筑物、构筑物。

(5) 重复启闭预作用灭火系统

它是指能在火灾后自动关阀、复燃时再次开阀喷水的预作用系统。重复启闭预作用系统目前有两种形式,一种是利用洒水喷头本身具有的自动重复启闭功能,另一种是系统通过火灾探测控制启闭系统的控制阀来实现系统的重复启闭功能。重复启闭预作用灭火系统具有自动启动、自动关闭的特点,从而防止因系统自动启动灭火后,无人关闭系统而产生不必要的水渍损失。且具有多次自动启动和自动关闭的特点,在火灾复燃后能有效扑救。

(6) 自动喷水雨淋灭火系统

它是指由火灾自动报警系统或传动管控制,自动开启雨淋报警阀和启动供水泵后,向开式洒水喷头供水的自动喷射灭火系统。它的管网和喷淋头的布置与干式系统基本相同,但喷淋头是开式的。系统包括开式喷头、管道系统、雨淋阀、火灾探测器和辅助设施等。系统工作时所有喷头同时喷水,好似倾盆大雨,故称雨淋灭火系统。雨淋灭火系统一旦动作,系统保护区域内将全面喷水,可以有效控制火势发展迅猛、蔓延迅速的火灾。

(7) 水幕灭火系统

水幕灭火系统的工作原理与雨淋灭火系统基本相同,所不同的是水幕灭火系统喷出的水为水幕状。它是能喷出幕帘状水流的管网设备,主要由水幕头支管、自动喷淋头控制阀、手动控制阀、干支管等组成。水幕灭火系统不具备直接灭火的能力,一般情况下与防火卷帘或防火幕配合使用,起到防止火灾蔓延的作用。

2) 自动喷水灭火系统的组成

(1) 喷头

喷头是自动喷水灭火系统的关键部件,担负着探测火灾、启动系统和喷水灭火的任务。

喷头按其结构分为闭式喷头和开式喷头。如图 6.10 所示。

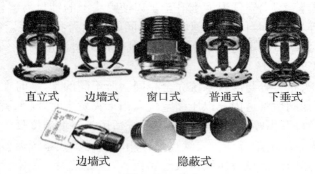

直立式　　边墙式　　窗口式　　普通式　　下垂式

边墙式　　　　隐蔽式

图 6.10　喷头

闭式喷头的喷口是由感温元件组成的释放机构封闭型元件,当温度达到喷头的公称动作温度范围时,感温元件动作,释放机构脱落,喷头开启喷水灭火。

(2) 报警阀

报警阀是自动喷水灭火系统中的控制水源、启动系统、启动水力警铃等报警设备的专用阀门。报警阀的作用是开启和关闭管网的水流,传递控制信号至控制系统并启动水力警铃直接报警。如图 6.11 所示。

(a) 雨淋报警阀　　　　　　　　　(b) 湿式报警阀

图 6.11　报警阀

按系统类型和用途不同可分为湿式报警阀、干式报警阀、干湿两用报警阀、雨淋报警阀和预作用报警阀。

（3）水流报警装置

①水力警铃。水力警铃是一种全天候的水压驱动机械式警铃,能在喷淋系统动作时发出持续警报。

②水流指示器。水流指示器是用于自动喷水灭火系统中将水流信号转换成电信号的一种报警装置,装设在一个受保护区域的喷淋管道上,监视水流动作,火灾发生时,喷淋头受高温而爆裂,管道水会流向爆裂的喷淋头,流动的水力推动水流指示器动作(也是一个橡胶叶片置入在管道中)。水流指示器起水流监视作用,不联动其他设备。

③压力开关。压力开关在水力警铃报警的同时,依靠警铃管内水压的升高自动接通电触点,完成电动警铃报警,向消防控制室传送电信号或启动消防水泵。如图6.12所示。

(a) 水力警铃   (b) 水流指示器   (c) 压力开关

图 6.12　水流报警装置

（4）延迟器

一个有进水口和出水口的圆筒形储水容器,连接报警阀和水力警铃,起缓冲时间的作用,避免水流压力波动而引起水力警铃的误报警,用来防止由于水压波动原因引起报警阀开启而导致的误报。报警阀开启后,水流需经过30 s左右充满延迟器后方可冲打水力警铃。延迟器一般安装于湿式报警阀与水力警铃(或压力开关)之间。如图6.13所示。

（5）控制阀

控制阀安装在报警阀入口处,用以检修时切断供水水源。控制阀处于常开状态,为避免误操作,宜采用信号阀,其开启状态应反馈到消防控制室;当不采用信号阀时,应设锁定阀位的锁具。

图 6.13　延迟器

（6）末端试水装置

安装在系统管网或分区管网的末端,检验系统启动、报警及联动等功能的装置,用于对自动喷淋系统水管网内的压力检查和检查喷淋系统水压自动衡压和自动补水是否正常。如果在多层建筑上,那应该是每一层的喷淋管网末端都应该有这个装置,因为每层的喷淋管网都有一个末端。如图6.14所示。

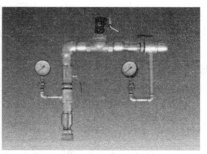

图 6.14　末端试水装置

3) 自动喷水灭火系统安装

(1) 系统组件、喷头、阀门的检验

①自动喷水灭火系统管道施工前应对系统组件、管件等进行现场检查,并需符合下列要求:

a. 型号、规格符合设计要求与国家现行标准的规定,具有出厂合格证。

b. 喷头、报警阀、压力开关、水流指示器等主要系统组件应经国家消防产品质量监督检验中心检测合格。

②喷头的现场检验应符合下列要求:

a. 型号、规格符合设计要求,商标、型号、制造厂商及生产年月等标志齐全。

b. 外观无加工缺陷和机械损伤,螺纹密封面无伤痕、毛刺、缺丝或断丝现象。

c. 闭式喷头应进行密封性能试验,以无渗漏、无损伤为合格。试验数量宜从每批中抽查1%,但不得少于 5 只,试验压力为 3.0 MPa,试验时间不得少于 3 min。当有两只或两只以上不合格时,不得使用该批喷头。当仅有一只不合格时,应再抽查 2%,但不得少于 10 只,重新进行密封性能试验,当仍有不合格时,不得使用该批喷头。

③阀门及其附件的现场检验应符合下列要求:

a. 阀门的型号、规格符合设计要求,阀门及其附件配备齐全,报警阀商标、型号、规格及水流方向标志齐全。

b. 外观无加工缺陷和机械损伤,报警阀和控制阀的阀瓣及操作机构动作灵活、无卡涩现象。水力警铃的铃锤转动灵活,无阻滞现象。

c. 报警阀应逐个进行渗漏试验,试验压力为额定工作压力的 2 倍,试验时间为 5 min,阀瓣处应无渗漏。

④压力开关、水流指示器及水位、气压、阀门限位等自动监测装置应有清晰的铭牌、安全操作指示标志和产品说明书,水流指示器还应有水流方向标志。上述系统组件在安装前应逐个进行主要功能检查,不合格者不得使用。

(2) 管道的安装

①自动喷水灭火系统管道的安装顺序为先配水干管、后配水管和水支管,与土建配合施工时,先将水平横管安装到位并开出喷淋头三通,然后在土建吊龙骨时穿插安装支管和喷淋头。对于暗敷在平顶内的管道,为保证今后喷头安装位置正确,宜侧向或向上开出喷淋头三通,通过弯头盘绕使喷头准确到位。

②管道安装前应清除管内杂物。在腐蚀性场所安装管道时,应按设计要求对管子、管件进行防腐处理。

③管道变径时,宜采用异径接头;在管道弯头处不得采用补芯;当需要采用补芯时,三通上可用 1 个,四通上不应超过 2 个;公称通径大于 50 mm 的管道上不宜采用活接头。

④管道安装位置应符合设计要求,管道的支、吊架,防晃支架的安装应符合设计要求。

⑤管道穿过建筑物的变形缝时设置柔性短管;穿过墙体或楼板时加设套管,套管长度不得小于墙体厚度,应高出楼面或地面 50 mm,套管与管道的间隙用不燃材料填塞密实。

⑥管道横向安装宜设 2°~5°的坡度,坡向排水管。当喷头数量少于或等于 5 只时,可在管道低凹处加设堵头;当喷头数量多于 5 只时,宜装设带阀门的排水管。

(3) 喷头安装

①喷头应在系统管道试压、冲洗合格后安装,安装时应使用专用扳手,严禁利用喷头的框架施拧。喷头安装时不得对喷头进行拆装、改动,喷头上不得附加任何装饰性涂层。安装在易受

机械损伤处的喷头,应加设防护罩。

②当喷头的公称通径小于 10 mm 时,应在配水干管或配水管上安装过滤器。

③喷头安装时,溅水盘与吊顶、门、窗、洞口或墙面的距离应符合设计要求。当喷头露水盘高于附近梁底或宽度小于 1.2 m 的通风管道腹面时,喷头溅水盘高于梁底、通风管道腹面的最大垂直距离应符合有关规定。当通风管道宽度大于 1.2 m 时,喷头应安装在其腹面以下部位。

6.1.3 火灾自动报警系统

1) 火灾自动报警系统的组成

火灾自动报警系统由三部分组成,即火灾探测器、报警器和联动控制器。

火灾探测部分主要由探测器组成,是火灾自动报警系统的检测元件,它将火灾发生初期所产生的烟、热、光转变成电信号,送入报警系统。

报警器将收到的报警电信号进行显示和传递,并对自动消防装置发出控制信号。

联动控制由一系列控制系统组成,如报警、灭火、防排烟、广播、消防通信等。联动控制部分自身不能独立构成一个自动控制系统,它必须根据来自火灾自动报警系统的火警数据,经过分析处理后,方能发出相应的联动控制信号。

(1) 火灾探测器

火灾探测器是火灾自动报警和自动灭火系统自动检测的触发器件。其基本功能是对火灾参量——气、烟、热、光等作出有效响应,并转化为电信号,提供给火灾报警控制器。

①火灾探测器的组成。

火灾探测器通常由传感元件、电路和固定部件与外壳等部分组成。

a. 传感元件。它的作用是将火灾燃烧的特征物理量转换成电信号,凡是对烟雾、温度、辐射光和气体浓度等敏感的传感元件都可使用。它是探测器的核心部分。

b. 电路。它的作用是将传感元件转换所得的电信号进行放大并处理成火灾报警控制器所需要的信号,通常由转换电路、抗干扰电路、保护电路、指示电路和接口电路等组成。

c. 固定部件与外壳。其作用是将传感元件、电路印刷板、接插件、确认灯和紧固件等部件有机地连成一体,保证一定的机械强度,达到规定的电气性能,以防止其所处环境如光源、阳光、灰尘、气流、高频电磁波等干扰和机械力的破坏。

②火灾探测器的类型。

a. 按信息采集类型分为感烟探测器、感温探测器、火焰探测器、特殊气体探测器。

b. 按设备对现场信息采集原理分为离子型探测器、光电型探测器、线型探测器。

c. 按设备在现场的安装方式分为点式探测器、缆式探测器、红外光束探测器。

d. 按探测器与控制器的接线方式分为总线制、多线制;总线制又分编码的和非编码的,而编码的又分电子编码和拨码开关编码,拨码开关编码的又叫拨码编码,它又分为二进制编码、三进制编码。

③火灾探测器的设置与布局。

a. 探测区域内的每个房间至少应设置一只火灾探测器。

b. 感烟、感温探测器的保护面积和保护半径应按表 6.1 确定。

表 6.1　感烟、感温探测器的保护面积和保护半径

火灾探测器的种类	地面面积 $S(m^2)$	房间高度 $h(m)$	一只探测器的保护面积 A 和保护半径 R					
			屋顶坡度					
			$\theta \leqslant 15°$		$15° < \theta \leqslant 30°$		$\theta > 30°$	
			$A(m^2)$	$R(m)$	$A(m^2)$	$R(m)$	$A(m^2)$	$R(m)$
感烟探测器	$S \leqslant 80$	$h \leqslant 12$	80	6.7	80	7.2	80	8.0
	$S > 80$	$6 < h \leqslant 12$	80	6.7	100	8.0	120	9.9
		$h \leqslant 6$	60	5.8	80	7.2	100	9.0
感温探测器	$S \leqslant 30$	$h \leqslant 8$	30	1.4	30	4.9	30	5.5
	$S > 30$	$h \leqslant 8$	20	3.6	30	4.9	40	6.3

（2）火灾报警控制器

火灾报警控制器是能够为火灾探测器供电，并能接收、处理及传递探测点的火警电信号，发出声、光报警信号，同时显示及记录火灾发生的部位和时间，向联动控制器发出联动通信信号的报警控制装置。

（3）联动控制器

联动控制器除具有普通火灾控制器功能外，还要有以下功能：

①切断火灾发生区域的正常供电电源，接通消防电源。

②能启动消火栓灭火系统的消防泵，能启动自动喷水灭火系统的喷淋泵并显示状态。

③能打开雨淋灭火系统的控制阀，启动雨淋泵；能打开气体或化学灭火系统的容器阀，能在容器阀动作之前手动急停，并显示状态。

④能控制防火卷帘门的半降、全降；能控制平开防火门，显示所处的状态。

⑤能关空调送风系统的送风机；能开防排烟系统的排烟机、正压送风机，并显示状态。

⑥能控制常用电梯，使其自动降至首层。

⑦能使受其控制的火灾应急广播投入使用，能使受其控制的应急照明系统投入工作。

⑧能使受其控制的疏散、诱导指示设备工作，能使与其连接的警报装置进入工作状态。

2）火灾现场报警装置

①手动报警按钮。手动报警按钮是由现场人工确认火灾后，手动输入报警信号的装置。

②声、光报警器。火警时可发出声、光报警信号。其工作电压由外控电源提供，由联动控制器的配套执行器件（继电器盒、远程控制器或输出控制模块）中的控制继电器来控制。

③警笛、警铃。火警时可发出报警信号（变调音）。同样由联动控制器输出控制信号驱动现场的配套执行器件完成对警笛、警铃的控制。

3）消防通信设备

①消防广播。

②消防电话。消防专用电话应为独立的消防通信网络系统。消防控制室应设置专用电话总机。重要场所应设置电话分机，分机应为免拨号式的。

6.2 消防专业工程施工图识读

6.2.1 消防施工图的识读

1) 消防水施工图的识读方法

建筑消防水施工图的组成同建筑内部给排水施工图,包括设计施工说明、平面布置图、系统图(轴侧图)、施工详图、施工说明及主要设备材料表等。消防管道中水流的方向为:进户管→水表井→水平干管→立管→水平支管→用水设备(消火栓或喷头)。在管路中间按需要装置阀门等配水控制和设备。建筑消防水施工图的识读方法同建筑内部给排水施工图。

2) 消防电施工图的识读方法

建筑消防电施工图的组成同建筑电气施工图,包括设计施工说明、电气平面图、系统图、大样图、电路图、接线图及主要设备材料表等等。建筑消防电施工图的识读方法同建筑电气施工图。通过系统图了解电气系统的组成概况,在平面图中按照:进线→总配线箱→干线→支干线→分配电箱→支线→用电设备这样的顺序进行识读。

6.2.2 某小学教学楼扩建工程消防施工图的识读

1) 消防水施工图的识读

本工程为多层建筑,建筑最高约为 19.5 m,本工程按照多层建筑要求进行消防水的设计,只涉及消火栓系统,未涉及自动喷淋灭火系统。

本工程的室内外消防用水全部由一期工程供水,本工程设置有专用的室外消火栓给水环网,管网由一期工程提供;室内单栓消火栓箱内配置 DN65 mm 消火栓一个,25 m 长 DN65 mm 麻质衬胶水带一条,DN65 mm×19 mm 直流水枪一支;箱体尺寸为 700 mm×650 mm×200 mm。

室内消火栓管道在管道工作压力 $P \leqslant 1.0$ MPa 时,采用内外壁热镀锌钢管;管道工作压力 $P > 1.0$ MPa 时,采用内外壁热镀锌无缝钢管,DN≤80 mm 者采用螺纹连接,DN>80 mm 者采用沟槽式卡箍连接。

识读某小学教学楼扩建工程消防水施工图,将平面图和系统图对照起来看,水平管道在平面图中体现,而立管在平面图中以圆圈的形式表示,相应的立管信息可在系统图中读出,包括其标高、管径等,从干管引至各个楼层的消火栓,消防管道、消火栓、湿式报警阀、水流指示器、蝶阀等在材料表中的图例如图 6.15 所示。

图例	名称	图例	名称
— XH —	消防给水管		消防水泵接合器
— ZP —	消防自动喷水灭火给水管		室内单口消火栓
— SM —	水幕灭火给水管		室内双口消火栓

（续表）

图例	名称	图例	名称
─ YL ─	雨淋灭火给水管	 (半圆)	室外消防火栓
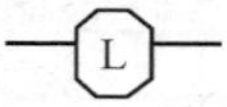 Ⓛ	水流指示器	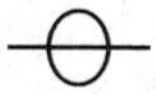 ⊖	自动喷洒头平面图（开式、闭式）
 (湿式报警阀符号)	湿式报警阀——系统	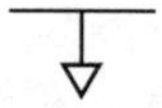 ▽	自动喷洒头系统图（开式）
 (雨淋阀符号)	雨淋阀——系统	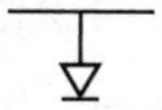 ▽	自动喷洒头系统图（闭式下喷）
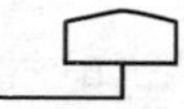 (水力警铃符号)	水力警铃	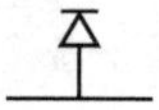 ▲	自动喷洒头系统图（闭式上喷）

图例	名称	图例	名称	图例	名称
S	感烟探测器	P	压力开关	ZM	非消防电源控制箱
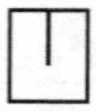 (感温)	感温探测器	FW	水流指示器	PYJ	排烟风机控制器
 (手动报警器)	手动报警器	8300	单输入模块	XFB	厂区消防水泵控制箱
 (手动报警按钮)	手动报警按钮（带插孔）	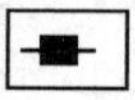 ▬	总线隔离器	PLB	喷淋加压泵控制箱
 (火灾扬声器)	火灾扬声器	8303	双输入双输出模块	KTD	空调机
 ⊗	消防栓报警按钮	8302A	双动作切换模块	WYB	稳压泵控制箱
8301	单输入模块	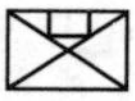 (防火阀符号)	防火阀（70 ℃）	8304	消防电话模块
 (信号阀符号)	信号阀	 (排烟防火阀符号)	排烟防火阀（280 ℃）	 (消防电话分机符号)	消防电话分机

图 6.15 图例

消防水施工图中，两根消防干管分别接小区消防环网，采用 DN100 mm 镀锌钢管，埋设深度均为 $H-0.45$ m，经 $H-0.45$ m 敷设的水平干管，通过 XHL-A、XHL-B 引至标高 3.5 m 处，位于标高 3.5 m 的水平管道通过 XHL-1、XHL-2、XHL-3、XHL-4 往下供水至一楼消火栓，往上供水至二到四层消火栓。消火栓的安装高度均为 $H+1.1$ m，XHL-1、XHL-2、XHL-3、XHL-4 在屋顶 $H+0.3$ m 处相接，形成环网，保证消防用水需求。

2）消防电施工图的识读

本工程为多层建筑，电源由校区已建变配电室引来，消防设备的配电干线采用 WDZBN-

YJY-0.6/1 kV 电缆或 WDZCN-BYJ-0.45/0.75 kV 电线,与消防相关的控制线为 WDZBN-KYJY 低烟无卤阻燃耐火型控制电缆。消防启泵控制线从已建工程弱电井中消防水泵控制箱引来,传递信号给已建工程报警系统。本工程设置有消防广播(与教学楼广播系统共用),配电干线从已建工程广播控制室引来,配电干线为 WDZC-BYJ-2 mm×2.5 mm,教室及走道上均设有定压式广播箱,配电干线通过竖向桥架配电给二到四层广播系统。

6.3　消防工程分部分项工程量清单的编制

6.3.1　消防工程分部分项工程清单列项

根据《通用安装工程工程量计算规范》(GB 50856—2013),结合某小学教学楼扩建工程消防工程施工图纸,对该专业分部分项工程进行清单列项,详细内容见表 6.2。

表 6.2　某小学教学楼扩建工程消防工程分部分项工程清单列项

项目编码	项目名称	项目特征描述	计量单位	工程量计量规则	工作内容
消防水系统					
030901001001	消火栓钢管	1. 安装部位:室内 2. 材质、规格:镀锌钢管 DN100 3. 连接形式:沟槽式卡箍连接 4. 压力试验及吹洗设计要求:水压试验和冲洗	m	按照设计图示管道中心线以长度计算	1. 管道及管件安装 2. 钢管镀锌 3. 压力试验 4. 冲洗 5. 管道标识
030901001002	消火栓钢管	1. 安装部位:室内 2. 材质、规格:镀锌钢管 DN65 3. 连接形式:螺纹连接 4. 压力试验及吹洗设计要求:水压试验和冲洗	m	按照设计图示管道中心线以长度计算	1. 管道及管件安装 2. 钢管镀锌 3. 压力试验 4. 冲洗 5. 管道标识
030901008001	试验消火栓	1. 规格:单栓 DN65 2. 组装形式:压力表、DN65 蝶阀及栓口	组	按照设计图示数量计算	1. 箱体及消火栓安装 2. 配件安装
030901010002	室内消火栓	1. 安装方式:室内 2. 型号、规格:单栓消火栓箱 700 mm×650 mm×200 mm 3. 材质、规格:内配置 DN65 mm 消火栓一个、25 m 长 DN65 mm 麻质衬胶水带一条,DN65 mm×19 mm 直流水枪一支	套	按照设计图示数量计算	1. 箱体及消火栓安装 2. 配件安装
031002003001	套管	1. 名称:刚性防水套管 2. 材质:焊接钢管 3. 规格:DN100 4. 系统:消火栓系统	个	按设计图示数量计算	1. 制作 2. 安装 3. 除锈、刷油
031002003002	套管	1. 名称:一般钢套管 2. 材质:焊接钢管 3. 规格:DN150 4. 系统:消火栓系统	个	按设计图示数量计算	1. 制作 2. 安装 3. 除锈、刷油

项目编码	项目名称	项目特征描述	计量单位	工程量计量规则	工作内容
031003001001	焊接法兰阀	1. 类型:蝶阀 2. 规格:DN100 3. 连接方式:沟槽法兰连接	个	按设计图示数量计算	1. 安装 2. 电气接线 3. 调试
030901013001	灭火器	1. 形式:放置式 2. 型号、规格:ABC 干粉灭火器、3 kg 3. 组成:放置箱1个,灭火器2具	套	按设计图示数量计算	设置
消防电系统					
030408002001	控制电缆	1. 名称:控制电缆 2. 型号:WDZBN-KYJY 3. 规格:4 mm×1.5 mm 4. 材质:低烟无卤阻燃耐火型控制电缆 5. 敷设方式、部位:综合	m	按设计图示尺寸以长度计算(含预留长度及附加长度)	1. 电缆敷设 2. 揭(盖)盖板
030411001001	配管	1. 名称:钢管 2. 材质:镀锌钢管 3. 规格:SC20 4. 配置形式:顶板暗配	m	按设计图示尺寸以长度计算	1. 电线管路敷设 2. 钢索架设 3. 预留沟槽 4. 接地
030411001002	配管	1. 名称:钢管 2. 材质:镀锌钢管 3. 规格:SC20 4. 配置形式:底板暗配	m	按设计图示尺寸以长度计算	1. 电线管路敷设 2. 钢索架设 3. 预留沟槽 4. 接地
030411001003	配管	1. 名称:钢管 2. 材质:镀锌钢管 3. 规格:SC25 4. 配置形式:顶棚暗配	m	按设计图示尺寸以长度计算	1. 电线管路敷设 2. 钢索架设 3. 预留沟槽 4. 接地
030411004001	配线	1. 名称:管内穿线 2. 配线形式:消防报警线路 3. 型号:WDZC-BYJ-2 mm×2.5 mm 4. 材质:无卤低烟阻燃C类交联聚烯烃绝缘电线 5. 配线部位:穿管敷设 6. 配线线制:两线制	m	按设计图示尺寸以单线长度计算(含预留长度)	1. 配线 2. 钢索架设 3. 支持体安装
030411004002	配线	1. 名称:桥架内穿线 2. 配线形式:消防报警线路 3. 型号:WDZC-BYJ-2 mm×2.5 mm 4. 材质:低烟无卤阻燃C类交联聚烯烃绝缘电线 5. 配线部位:桥架内敷设 6. 配线线制:两线制	m	按设计图示尺寸以单线长度计算(含预留长度)	1. 配线 2. 钢索架设 3. 支持体安装

项目编码	项目名称	项目特征描述	计量单位	工程量计量规则	工作内容
030411004003	配线	1. 名称:管内穿线 2. 配线形式:消防报警线 3. 型号:WDZD-BYJ-2 mm×2.5 mm 4. 材质:低烟无卤阻燃聚烯烃绝缘布电线 5. 配线部位:穿管敷设 6. 配线线制:两线制	m	按设计图示尺寸以单线长度计算(含预留长度)	1. 配线 2. 钢索架设 3. 支持体安装
030904003001	按钮	名称:消防启泵按钮	个	按设计图示数量计算	1. 安装 2. 校接线 3. 编码 4. 调试
030904007001	消防广播	1. 名称:定压式广播箱 2. 功率:3 W 3. 安装方式:距顶板0.3 m明装	个	按设计图示数量计算	1. 安装 2. 校接线 3. 编码 4. 调试

6.3.2 消防分部分项工程工程量的计算

1) 水灭火系统工程量计算规则

①水灭火管道如水喷淋、消火栓钢管等,不扣除阀门、管件及各种组件所占长度,按设计图示管道中心线长度以"m"计算。

②水喷淋(雾)喷头,安装部位区分有吊顶、无吊顶,按材质、规格等以"个"计算。

③报警装置、温感式水幕装置,按型号、规格以"组"计算。

说明:报警装置适用于湿式、干湿两用、电动雨淋、预制作用报警装置等安装。报警装置安装包括装配管(除水力警铃进水管)的安装,水力警铃进水管并入消防管道工程量。其中:

a. 湿式报警装置包括内容:湿式阀、蝶阀、装配管、供水压力表、装置压力表、试验阀、泄放试验阀、泄放试验管、试验管流量计、过滤器、延时器、水力警铃、报警截止阀、漏斗、压力开关等。

b. 干湿两用报警装置包括内容:两用阀、蝶阀、装配管、加速器、加速器压力表、供水压力表、试验阀(湿式、干式)、挠性接头、泄放试验管、试验管流量计、排气阀、截止阀、漏斗、过滤器、延时器、水力警铃、压力开关等。

c. 电动雨淋报警装置包括内容:雨淋阀、蝶阀、装配管、压力表、泄放试验阀、流量表、截止阀、注水阀、止回阀、电磁阀、排水阀、手动应急球阀、报警试验阀、漏斗、压力开关、过滤器、水力警铃等。

d. 预作用报警装置包括内容:报警阀、控制蝶阀、压力表、流量表、截止阀、排放阀、注水阀、止回阀、泄放阀、报警试验阀、液压切断阀、装配管、供水检验管、气压开关、试压电磁阀、空压机、应急手动试压器、漏斗、过滤器、水力警铃等。

e. 温感式水幕装置,包括给水三通至喷头、阀门间的管道、管件、阀门、喷头等全部内容的安装。

④水流指示器,按连接形式,型号、规格以"个"计算。

⑤减压孔板,按连接形式,型号、规格以"个"计算。减压孔板若在法兰盘内安装,其法兰计

入组价中。

⑥末端试水装置,按规格、组装形式以"组"计算。

末端试水装置,包括压力表、控制阀等附件安装。末端试水装置安装中不含连接管及排水管安装,其工程量并入消防管道。

⑦集热板制作安装,按材质、支架形式以"个"计算。

⑧室内、外消火栓,按安装方式,型号、规格,附件材质、规格以"套"计算。

说明如下:

a. 室内消火栓,包括消火栓箱、消火栓、水枪、水龙头、水龙带接扣、自救卷盘、挂架、消防按钮;落地消火栓箱包括箱内手提灭火器。

b. 室外消火栓,安装分地上式和地下式;地上式消火栓安装包括地上式消火栓、法兰接管、弯管底座;地下式消火栓安装包括地下式消火栓、法兰接管、弯管底座或消火栓三通。

⑨消防水泵接合器,按安装部位,型号和规格,附件材质、规格以"套"计算。

说明:消防水泵接合器,包括法兰接管及弯头安装,接合器井内阀门、弯管底座、标牌等附件安装。

⑩灭火器,按形式,型号、规格以"具(组)"计算。

⑪消防水炮,分普通手动水炮、智能控制水炮。根据水炮类型、压力等级、保护半径,按设计图示数量以"台"计算。

2)气体灭火系统工程量计算规则

①无缝钢管、不锈钢管,不扣除阀门、管件及各种组件所占长度,按设计图示管道中心线长度以"m"计算。

②不锈钢管管件,按设计图示数量以"个"计算。

③气体驱动装置管道,包括卡、套连接件。按设计图示管道中心线长度以"m"计算。

④选择阀、气体喷头,按设计图示数量以"个"计算。

⑤贮存装置、称重检漏装置、无管网气体灭火装置,按设计图示数量以"套"计算。

说明如下:

a. 贮存装置安装,包括灭火剂存储器、驱动气瓶、支框架、集流阀、容器阀、单向阀、高压软管和安全阀等贮存装置和阀驱动装置、减压装置、压力指示仪等。

b. 无管网气体灭火系统由柜式预制灭火装置、火灾探测器、火灾自动报警灭火控制器等组成,具有自动控制和手动控制两种启动方式。

c. 无管网气体灭火装置安装,包括气瓶柜装置(内设气瓶、电磁阀、喷头)和自动报警控制装置(包括控制器,烟、温感,声光报警器,手动报警器,手/自动控制按钮)等。

3)泡沫灭火系统工程量计算规则

①碳钢管、不锈钢管、铜管,不扣除阀门、管件及各种组件所占长度,按设计图示管道中心线长度以"m"计算。

②不锈钢管管件、铜管管件,按设计图示数量以"个"计算。

③泡沫发生器、泡沫比例混合器、泡沫液贮罐,按设计图示数量以"台"计算。

4)火灾自动报警系统

①点型探测器、按钮、消防警铃、声光报警器、消防报警电话插孔(电话)、消防广播(扬声器)、模块(模块箱)、区域报警控制箱、联动控制箱、远程控制箱(柜)、火灾报警系统控制主机、联动控制主机、消防广播及对讲电话主机(柜)、火灾报警控制微机(CRT)、备用电源及电池主机

（柜）、报警联动一体机。按设计图示数量以"个（部、台、套）"计算。

②消防报警系统配管、配线、接线盒均应按《通用安装工程工程量清单计算规范》（GB 50856—2013）电气设备安装工程相关项目编码列项。

说明：消防广播及对讲电话主机包括功放、录音机、分配器、控制柜等设备。点型探测器包括火焰、烟感、温感、红外光束、可燃气体探测器等。

5）消防系统调试

①自动报警系统调试按系统计算，水灭火控制装置调试按控制装置的点数计算，防火控制装置调试按设计图示数量以"个（部）"计算。气体灭火系统装置调试按调试、检验和验收所消耗的试验容器总数计算。

②自动报警系统，包括各种探测器、报警器、报警按钮、报警控制器、消防广播、消防电话等组成的报警系统，按不同点数以"系统"计算。水灭火控制装置，自动喷洒系统按水流指示器数量以"点（支路）"计算；消火栓系统按消火栓启泵按钮数量以"点"计算；消防水炮系统按水炮数量以"点"计算。

③防火控制装置，包括电动防火门、防火卷帘门、正压送风阀、排烟阀、防火控制阀、消防电梯等防火控制装置；电动防火门、防火卷帘门、正压送风阀、排烟阀、防火控制阀等调试以"个"计算，消防电梯以"部"计算。气体灭火系统调试，是由七氟丙烷、IG541、二氧化碳等组成的灭火系统，按气体灭火系统装置的瓶头阀以"点"计算。

6）计漏：规则说明

①喷淋系统水灭火管道，消火栓管道：室内外界限应以建筑物外墙皮1.5 m为界，入口处设阀门者应以阀门为界；设在高层建筑物内消防泵间管道应以泵间外墙皮为界。与市政给水管道的界限，以与市政给水管道碰头点（井）为界。

②消防管道如需进行探伤，按《通用安装工程工程量计算规范》（GB 50856—2013）工业管道工程相关项目编码列项。

③消防管道上的阀门、管道及设备支架、套管制作安装，按《通用安装工程工程量计算规范》（GB 50856—2013）给排水、采暖、燃气工程相关项目编码列项。

④管道及设备除锈、刷油、保温除注明者外，均应按《通用安装工程工程量计算规范》（GB 50856—2013）刷油、防腐蚀、绝热工程相关项目编码列项。

现将某小学教学楼扩建工程消防工程工程量计算结果汇总如下，如表6.3所示。

表6.3　某小学教学楼扩建工程消防工程工程量计算结果

序　号	项目名称	计算式	单位	工程量	备注
		消防水系统			
1	镀锌钢管 DN100	$48.3+3.46+14.9+16.02+3.49+(3.5+0.45)\times2+(16.15-3.5)\times4+46.66+4.25\times2$	m	199.83	
2	镀锌钢管 DN65	$2.38+1.1-0.3+(0.5+0.4)\times16+(3.5-0.7)\times4$	m	28.78	
3	消火栓箱	16	套	16	
4	试验消火栓	1	套	1	

（续表）

序　号	项目名称	计算式	单位	工程量	备注
5	蝶阀 DN100	6＋4	个	10	
6	一般钢套管 DN150	19＋4×3	个	31	
7	刚性防水套管 DN100	4	个	4	
8	灭火器	16	具	16	
消防电系统					
9	SC20	0.8＋5.9		6.7	接弱电井
	WDZD-BYJ-2.5	(0.8＋5.9)×2		13.4	
10	SC20	2.73＋47＋6.02＋18.95＋0.5＋0.9＋39.9＋0.9×2＋0.3×11	m	121.1	一层广播
	管内 WDZC-BYJ-2.5	121.1×2	m	242.2	一层广播
	桥架内 WDZC-BYJ-2 mm×2.5 mm	(1.4＋3－1.5＋6.49＋3.12)×2	m	25.02	一层广播
11	S20	(2.73＋47＋6.02＋18.95＋0.5＋0.9＋39.9＋0.9×2＋0.3×11)×3	m	363.3	二到四层广播
	管内 WDZC-BYJ-2.5	121.1×2×3	m	726.6	二到四层广播
	桥架内 WDZC-BYJ-2.5	(1.4＋3－1.5＋3.9＋6.49＋3.12)×2＋(1.4＋3－1.5＋3.9×2＋6.49＋3.12)×2＋(1.4＋3－1.5＋3.9×3＋6.49＋3.12)×2	m	121.86	二到四层广播
12	SC25	0.8＋62.35＋1.1×4＋3.9×3×4	m	114.35	启泵
	WDZBN-KYJY-1.5	(0.8＋62.35＋1.1×4＋3.9×3×4)×2	m	228.70	启泵
13	定压式（低音纸盆）广播箱	11×4	个	44	
14	消火栓启泵按钮	4×4	个	16	

6.3.3　消防分部分项工程工程量清单的编制

现将工程量计算结果汇总到消防专业工程清单表中，如表 6.4 所示。

表 6.4　某小学教学楼扩建工程消防专业工程清单表

序　号	项目编码	项目名称	项目特征描述	计量单位	工程量
1	030901001001	消火栓钢管	1. 安装部位：室内 2. 材质、规格：镀锌钢管 DN100 3. 连接形式：沟槽式卡箍连接 4. 压力试验及吹洗设计要求：水压试验和冲洗	m	199.83

（续表）

序　号	项目编码	项目名称	项目特征描述	计量单位	工程量
2	030901001002	消火栓钢管	1. 安装部位:室内 2. 材质、规格:镀锌钢管 DN65 3. 连接形式:螺纹连接 4. 压力试验及吹洗设计要求:水压试验和冲洗	m	28.78
3	030901008001	室内消火栓	1. 规格:DN65 2. 组装形式:压力表、DN65 蝶阀及试验消火栓栓口	组	1
4	030901010002	室内消火栓	1. 安装方式:室内 2. 型号、规格:单栓消火栓箱 700 mm×650 mm×200 mm 3. 材质、规格:内配置 DN65 mm 消火栓一个、25 m 长 DN65 mm 麻质衬胶水带一条,DN65 mm×19 mm 直流水枪一支	套	16
5	031002003001	套管	1. 名称:刚性防水套管 2. 材质:焊接钢管 3. 规格:DN100 4. 系统:消火栓系统	个	4
6	031002003002	套管	1. 名称:一般钢套管 2. 材质:焊接钢管 3. 规格:DN150 4. 系统:消火栓系统	个	32
7	031003003001	焊接法兰阀	1. 类型:蝶阀 2. 规格:DN100 3. 连接方式:沟槽法兰连接	个	12
8	030901013001	灭火器	1. 形式:放置式 2. 型号、规格:ABC 干粉灭火器、3 kg 3. 组成:放置箱1个,灭火器2具	套	16
9	030408002001	控制电缆	1. 名称:控制电缆 2. 型号:WDZBN-KYJY 3. 规格:4 mm×1.5 mm 4. 材质:低烟无卤阻燃耐火型控制电缆 5. 敷设方式、部位:综合	m	228.70
10	030411001001	配管	1. 名称:钢管 2. 材质:镀锌钢管 3. 规格:SC20 4. 配置形式:顶板暗配	m	484.4
11	030411001002	配管	1. 名称:钢管 2. 材质:镀锌钢管 3. 规格:SC20 4. 配置形式:底板暗配	m	6.7
12	030411001003	配管	1. 名称:钢管 2. 材质:镀锌钢管 3. 规格:SC25 4. 配置形式:顶棚暗配	m	114.35

（续表）

序　号	项目编码	项目名称	项目特征描述	计量单位	工程量
13	030411004001	配线	1. 名称:管内穿线 2. 配线形式:消防报警线路 3. 型号:WDZC-BYJ-2 mm×2.5 mm 4. 材质:无卤低烟阻燃C类交联聚烯烃绝缘电线 5. 配线部位:穿管敷设 6. 配线线制:两线制	m	968.8
14	030411004002	配线	1. 名称:桥架内穿线 2. 配线形式:消防报警线路 3. 型号:WDZC-BYJ-2 mm×2.5 mm 4. 材质:无卤低烟阻燃C类交联聚烯烃绝缘电线 5. 配线部位:桥架内敷设 6. 配线线制:两线制	m	146.88
15	030411004003	配线	1. 名称:管内穿线 2. 配线形式:消防报警线路 3. 型号:WDZD-BYJ-2 mm×2.5 mm 4. 材质:低烟无卤阻燃聚烯烃绝缘布电线 5. 配线部位:穿管敷设 6. 配线线制:两线制	m	13.4
16	030904003001	按钮	1. 名称:消防启泵按钮 2. 规格	个	16
17	030904007001	消防广播	1. 名称:定压式广播箱 2. 功率:3 W 3. 安装方式:距顶板 0.3 m 明装	个	44

本章小节

本章主要讲述以下内容:

1. 室内消火栓系统由消防给水管网,消火栓、水带、水枪组成的消火栓箱柜,消防水池、消防水箱,增压设备等组成。

2. 根据室外消防给水系统提供的水量、水压及建筑物的高度、层数,室内消火栓给水系统的给水方式有以下几种:

①无水泵和水箱的室内消火栓给水系统。

②仅设水箱的室内消火栓给水系统。

③设消防水泵和水箱的室内消火栓给水系统。

④区域集中的室内高压消火栓给水系统及室内临时高压消火栓给水系统。

⑤分区给水的室内消火栓给水系统。

3. 根据使用要求和环境的不同,喷水灭火系统可分为湿式系统、干式系统、预作用系统、重复启闭预作用灭火系统等。

4. 自动喷水灭火系统的组成:①喷头;②报警阀;③水流报警装置;④延迟器;⑤控制阀;⑥末端试水装置。

5. 火灾报警系统由三部分组成,即火灾探测器、报警器和联动控制器。

6. 建筑消防水施工图的组成包括设计施工说明、平面布置图、系统图(轴侧图)、施工详图、施工说明及主要设备材料表等。

7. 消防管道中水流的方向为:进户管→水表井→水平干管→立管→水平支管→用水设备(消火栓或喷头)。

8. 建筑消防电施工图的组成包括设计施工说明、电气平面图、系统图、大样图、电路图、接线图及主要设备材料表等等。

9. 建筑消防电施工图的识读方法,通过系统图了解电气系统的组成概况,在平面图中按照:进线→总配线箱→干线→支干线→分配电箱→支线→用电设备这样的顺序进行识读。

10. 水灭火管道如水喷淋、消火栓钢管等,不扣除阀门、管件及各种组件所占长度,按设计图示管道中心线长度以"m"计算。

11. 水喷淋(雾)喷头,安装部位区分有吊顶、无吊顶,按材质、规格等以"个"计算。

12. 消防报警系统配管、配线、接线盒均应按《通用安装工程工程量计算规范》(GB 50856—2013)电气设备安装工程相关项目编码列项。

思 考 题

1. 室内消火栓系统由什么组成?

2. 室内消火栓给水系统的给水方式有哪些? 各自的适用条件是怎样的?

3. 自动喷水灭火系统由什么组成?

4. 建筑消防水施工图包括哪些? 如何识读消防水施工图?

5. 建筑消防电施工图包括哪些? 如何识读消防电施工图?

6. 湿式报警装置包括哪些项目?

7. 末端试水装置以什么作为计量单位?

8. 消防报警系统配管、配线、接线盒按照什么进行列项?

9. 自动报警系统包括哪些?

10. 喷淋系统水灭火管道、消火栓管道的计算界限是怎样的?

7　通风空调工程计量

7.1　通风工程基础知识

7.1.1　基本概念

通风就是把室内的新鲜空气经适当的处理（如净化、加热等）后送进室内，把室内的废气（经消毒、除害）排至室外，从而保持室内空气的新鲜和洁净。

7.1.2　通风工程分类

通风工程一般按通风作用范围的大小和通风动力的不同划分。

1) 按通风作用范围的大小划分

通风工程按其通风作用范围可划分为全面通风、局部通风、混合通风。

（1）全面通风

对整个房间或设施进行全面空气交换。当有害气体在大范围内产生并扩散到整个房间或设施时就需要全面通风，排除有害气体或送入大量的新鲜空气，将有害气体的浓度冲淡到允许的范围之内。

（2）局部通风

将污浊空气或有害气体从产生处抽出以防止扩散，或将新鲜空气送到某一个局部范围，改善局部范围内的空气状况。

（3）混合通风

采用全面送风和局部排风或全面排风和局部送风相结合的通风形式称为混合通风。

2) 按通风动力的不同划分

通风工程按动力不同可划分为自然通风和机械通风，其中自然通风又可分为无组织的自然通风和有组织的自然通风。

（1）自然通风

利用风压和温差形成空气的自然对流，使空气得以交换的通风方式。它主要靠建筑物的门、窗、天窗、百叶窗、通风口或风帽来完成。一般当地下室面积小于 50 m² 或设外窗且走道长度小于 60 m 以及虽不设外窗但走道长度小于 20 m 时，可考虑采用自然通风。自然通风示意图如图 7.1 所示。

①无组织的自然通风：建筑物不设置任何的通风装置，只依靠门窗及其缝隙进行通风。一般的建筑物应优先考虑采用这种通风方式以降低成本。

②有组织的自然通风：建筑物在墙上、屋顶设置可以自由启闭的侧窗、天窗或风帽，以控制和调节排气的地点和数量，进行有组织的通风。

（2）机械通风

利用通风机生产的抽力和压力，借助通风管网进行室内外空气交换的通风方式。机械通风按作用范围不同可分为局部通风和全面通风两种。机械通风示意图如图 7.2 所示。

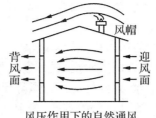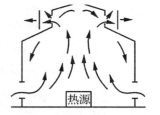

热压作用下的自然通风　　风压作用下的自然通风　　风压和热压同时作用下的自然通风

图7.1　自然通风示意图

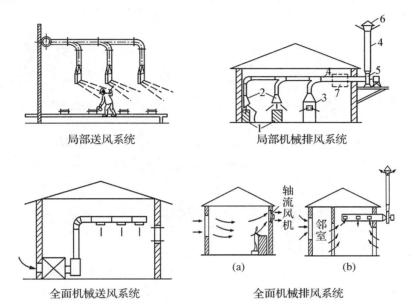

局部送风系统　　　　　局部机械排风系统

全面机械送风系统　　　　　全面机械排风系统

图7.2　机械通风示意图

1—工艺设备;2—排风罩;3—排风口;4—排风管;
5—排风机;6—排风帽;7—空气净化设备

7.1.3　通风工程组成

通风工程一般由送风系统和排风系统两部分组成。

（1）送风系统组成

送风系统组成如图7.3所示,包括新风口、空气处理室、通风机、送风管、回风管、送(出)风口、吸(回、排)风口、管道配件、管道部件等。

①新风口:新鲜空气的入口。

②空气处理室:进行空气过滤、加热、加湿等处理的设备。

③通风机:将处理后的空气送入风管内的机械。

④送风管:将通风机送来的空气送到各个房间的管道。送风管上安装有调节阀、送风口、防火阀、检查孔等部件。

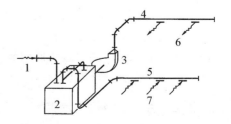

图7.3　送风(J)系统组成示意图

1—新风口;2—空气处理室;3—通风机;
4—送风管;5—回风管;6—送(出)风口;
7—吸(回、排)风口

⑤回风管:也称排风管,将浊气吸入管道内送回空气处理室。管道上安有回风口、防火阀等部件。

⑥送(出)风口:将处理后的空气均匀送入房间风口。

⑦吸(回、排)风口:将房间内浊气吸入回风管道,送回空气处理室进行处理的风口。

⑧管道配件(管件):弯头、三通、四通、异径管、法兰盘、导流片、静压箱等。

⑨管道部件:各种风口、阀门、排气罩、风帽、检查孔、测定孔和风管支、吊、托架等。

(2)排风系统组成

排风系统一般有 P 系统、侧吸罩 P 系统、除尘 P 系统几种形式,如图 7.4 所示。该系统由排风口、排风管、排风机、风帽、除尘器、其他管件和部件组成。

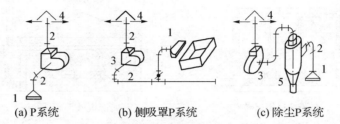

(a) P系统   (b) 侧吸罩P系统   (c) 除尘P系统

图 7.4　排风(P)系统组成示意图

1—排风口(侧吸罩);2—排风管;3—排风机;4—风帽;5—除尘器

①排风口:将浊气吸入排风管内。有吸风口、侧吸罩、吸风罩等部件。

②排风管:输送浊气的管道。

③排风机:排风机是将浊气用机械能量从排风管中排出。

④风帽:安装在排风管的顶部,防止空气倒灌及雨水灌入排风管的部件。

⑤除尘器:用排风机的吸力将带灰尘及有害质粒的浊气吸入除尘器中,将尘粒集中排除。如旋风除尘器、袋式除尘器、滤尘器等。

⑥其他管件和部件:同送风系统。

7.2　空调工程基本知识

7.2.1　基本概念

空调是空气调节的简称,是更高一级的通风,是指通过对室内空气的温度、湿度、洁净度、气流度(即四度)等进行有效的控制,使之保持室内参数相对稳定,不受室外气候条件和室内各种条件变化的影响,从而改善劳动条件和生活环境以保障人们身体健康,满足生产工作的需要。

7.2.2　空调系统的分类

空调工程按使用要求的不同划分,可分为恒温恒湿空调工程、一般空调工程、净化空调工程、除湿空调工程。

根据空气处理设备的集中程度划分,可分为集中式空调系统、局部式空调系统、混合式空调系统。

①集中式空调系统。将空气集中处理后由风机把空气输送到需要空气调节的房间。当系统的制冷量要求大时,因设备体积较大,可将所有空调设备集中安装在某个机房中,然后配以风管、风机、风口及各种配套阀门和控制设备。集中式空调系统示意图如图7.5所示。

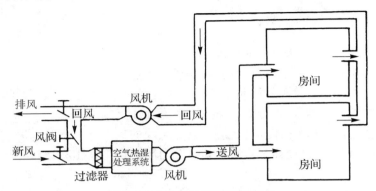

图 7.5　集中式空调系统示意图

②局部式空调系统。将空气设备直接或就近安装在需要空气调节的房间,就地调节空气。这类系统只要求局部实现空气调节,可直接采用空调机组,如柜式、壁挂式、窗式等,并在空调机上加新风口、电加热器、送风口及送风管等,如图7.6所示。

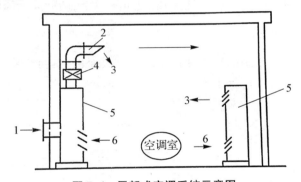

图 7.6　局部式空调系统示意图

1—新风口;2—送风管;3—送风口;4—电加热器;5—空调机组(柜式);6—回风口

③混合式空调系统。混合式空调系统既有集中处理,又有局部处理的空气调节,也称半集中式空调系统。这类系统是先通过集中式空调器对空气进行处理后,由风机和管道将处理过的空气(一次风)送至空调房间内的诱导器,空气经喷嘴以高速射出,在诱导器内形成负压,室内空气(二次风)被吸入诱导器,一、二次风相混合后由诱导器风口送出。

按系统使用新风量的多少划分,可分为直流式空调系统、部分回风式空调系统、全部回风式空调系统。

按负担热湿负荷所用的介质划分,可分为全空气式空调系统、空气-水式空调系统、全水式空调系统、制冷剂式空调系统。

①全空气式空调系统。空调房间的室内热湿负荷全部由经过处理的空气来承担的空调系统称为全空气式空调系统。它利用空调装置送出风调节室内空气的温度、湿度。由于空气的比热小,用于吸收室内余热、余湿的空气需求量大,所以这种系统要求的风道截面积大,占用建筑物面积较多。

②空气-水式空调系统。经过处理的空气和水共同负担室内热湿负荷的系统称为空气-水

式空调系统。典型装置是风机盘管加新风系统。它既可解决全水式系统无法通风换气的困难，又可克服全空气系统要求风道截面积大占用空间多的缺点。

③全水式空调系统。全部由经过处理的水负担室内热湿负荷的系统称为全水式空调系统。它是利用空调主机处理后的冷（温）水送往空调房间的风机盘管中，对房间的温度、湿度进行处理。由于水的比热及密度比空气大，所以全水式空调系统的体积较全空气式空调系统小，能够节省建筑物空间，但它不能解决房间通风换气的问题。

④制冷剂式空调系统。直接以制冷剂作为吸收房间空气热湿负荷的介质，这类系统称为制冷剂式空调系统。它利用直接蒸发的制冷剂吸热来达到调节室内温度、湿度的目的。

按风管中空气的流速划分，可分为高速空调系统、低速空调系统。

①高速空调系统。在保证一定的风量下，风道尺寸的减少意味着管内风速的提高，这就产生了高速空调系统（相对于低速而言），通常其主管内风速在 $12\sim15$ m/s 以上，风速提高，意味着噪声处理困难加大，因此，高速系统只用在对噪声要求较低的房间，如果要在正常标准或高标准的房间中使用，消声设计必须引起设计人员的重视。

②低速空调系统。低速空调系统是与消声器密切相关的，目前空调通风系统中常用的几种消声器最大适用风速一般在 $8\sim10$ m/s，当风速超过此值过多时，消声器的附加噪声有显著提高的趋势，导致其消声量明显下降，而在高层民用建筑中，噪声也是一个极为重要的控制参数，因此目前大部分建筑空调主送风管的风速都在 10 m/s 以下，即低速送风系统。

7.2.3　空调系统的组成

如图 7.7 所示为某空调系统的组成图。从图中可以看出，空调系统由空气处理设备、风机、风管（道）、送（回）风口、系统部件等组成。

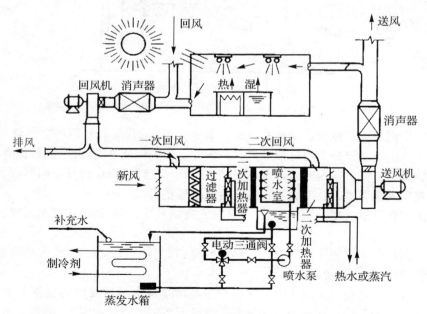

图 7.7　某空调系统的组成图

①空调处理设备：对空气进行加热、冷却、加湿、干燥和过滤等处理，以保证房间内空气的设计参数稳定在一定范围内。

②风机。包括通风机和排风机。

③风管（道）。包括送风管和排风管。

④风口。包括送风口和回风口。

⑤系统部件：包括各种风阀（例如，多叶调节阀、三通调节阀、防火阀等）、消声器、消声静压箱、与风机相连接的帆布软接头等。

7.3　通风空调施工图识读

7.3.1　通风空调施工图的构成

通风空调施工图一般由两大部分组成，即文字部分和图纸部分。文字部分包括图纸目录、设计施工说明、设备及主要材料表。图纸部分包括基本图和详图。基本图包括空调通风系统的平面图、剖面图、轴测图、原理图等。详图包括空调通风系统中某些局部或部件的放大图、加工图、施工图等。

注意事项：

①空调通风平、剖面图中的建筑与相应的建筑平、剖面图是一致的，空调通风平面图是在本层天棚以下按俯视图绘制的。

②空调通风平、剖面图中的建筑轮廓线只是与空调通风系统有关的部分（包括有关的门、窗、梁、柱、平台等建筑构配件的轮廓线），同时还有各定位轴线编号、间距以及房间名称。

③空调通风系统的平、剖面图和系统图可以按建筑分层绘制，或按系统分系统绘制，必要时对同一系统可以分段进行绘制。

7.3.2　通风空调工程制图采用的线型及常用图例、符号

通风空调工程图例见表7.1。

表7.1　通风空调工程图例

线型			
图形符号	说明	图形符号	说明
▬▬▬▬	粗实线	– – – – –	细虚线
────	中实线	–·–·–·–	细点画线
────	细实线	··–··–··	细双点画线
▬ ▬ ▬ ▬	粗虚线	∿	折断线
▬ ▬ ▬	中虚线	∿∿∿	波浪线
风管及部件			
图形符号	说明	图形符号	说明
风管	风管		送风管 上图为可见剖面 下图为不可见剖面

（续表）

图形符号	说明	图形符号	说明
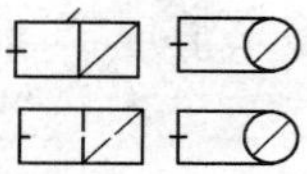	排风管 上图为可见剖面 下图为不可见 剖面	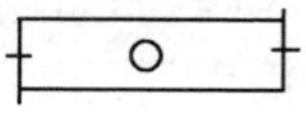	风管测定孔
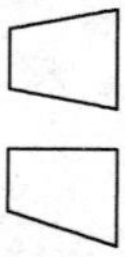	异径管	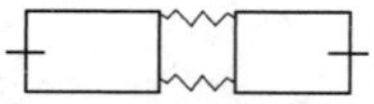	柔性接头 中间部分 也适用于软风管
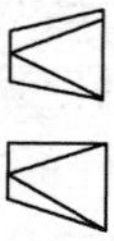	异形管 （天圆地方）	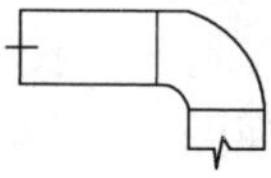	弯头
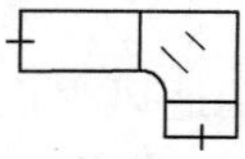	带导流片弯头	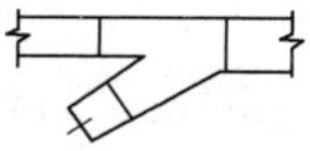	圆形三通
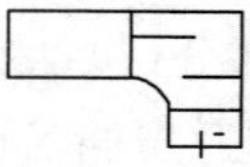	消声弯头	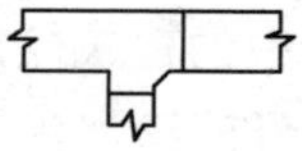	矩形三通
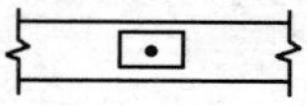	风管检查孔	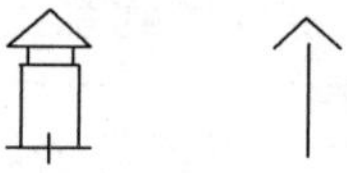	伞形风帽
	筒形风帽	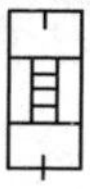	百叶窗
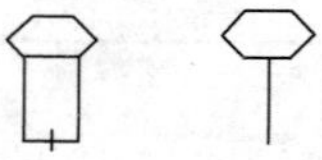	锥形风帽	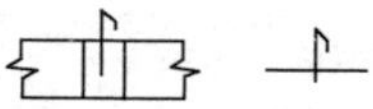	插板阀 本图例也适用于 斜插板
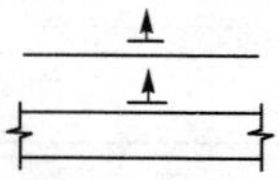	送风口	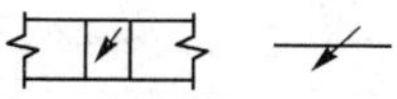	蝶阀
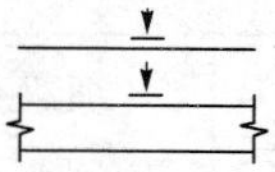	回风口		对开式多叶调节阀
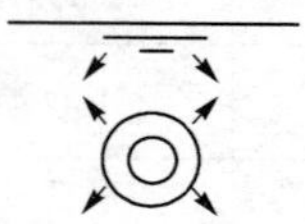	圆形散流器 上图为剖面 下图为平面		光圈式启动调节阀
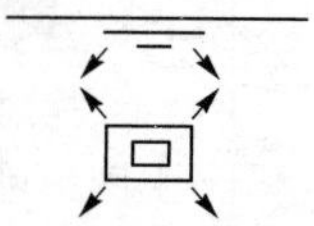	方形散流器 上图为剖面 下图为平面	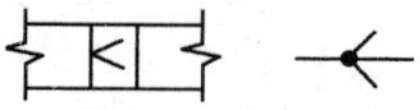	风管止回阀

（续表）

通风空调设备			
图形符号	说明	图形符号	说明
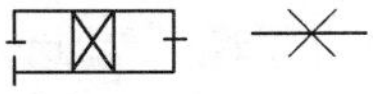	防火阀	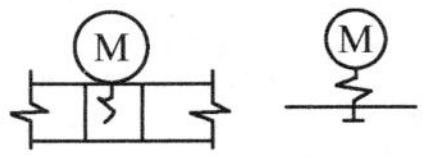	电动对开多叶调节阀
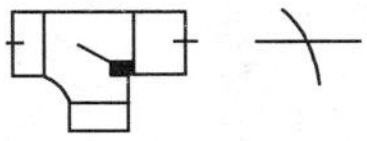	三通调节阀		
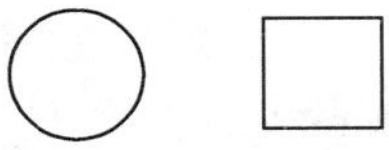	通风空调设备 左图适用于带传动部分的设备，右图适用于不带传动部分的设备	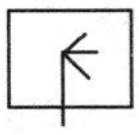	加湿器
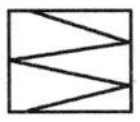	空气过滤器		电加热器
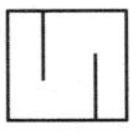	消声器	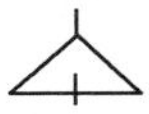	减振器
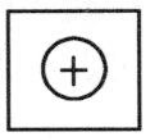	空气加热器	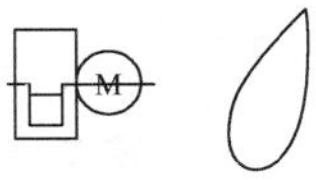	离心式通风机
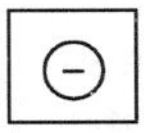	空气冷却器	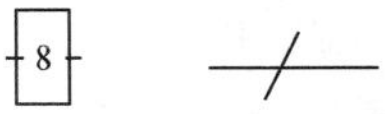	轴流式通风机
	风机盘管	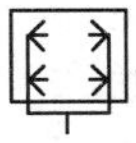	喷嘴及喷雾排管
	风机流向：自三角形的底边至顶点	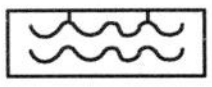	挡水板
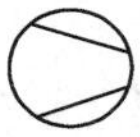	压缩机	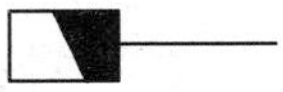	喷雾式滤水器
阀门			
图形符号	说明	图形符号	说明
	安全阀		膨胀阀
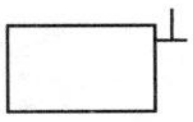	散热放风门		手动排气阀
	散热器三通阀		

7.3.3　通风空调施工图的特点

（1）风、水系统环路的独立性

在空调通风施工图中，风系统与水系统（包括冷冻水、冷却水系统）按照它们的实际情况出现在同一张平、剖面图中，但是在实际运行中，风系统与水系统具有相对独立性。因此，在阅读施工图时，首先将风系统与水系统分开阅读，然后综合起来。

（2）风、水系统环路的完整性

空调通风系统，无论是水系统还是风系统，都可以称之为环路，这就说明风、水系统总是有一定来源，并按一定方向，通过干管、支管，最后与具体设备相接，多数情况下又将回到它们的来源处，形成一个完整的系统。风、水系统环路示意图，如图 7.8 所示。

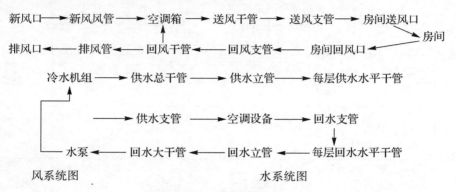

图 7.8　风、水系统环路示意图

（3）空调通风系统的复杂性

空调通风系统中的主要设备，如冷水机组、空调箱等，其安装位置由土建决定，这使得风系统与水系统在空间的走向往往是纵横交错，在平面图上很难表示清楚，因此，空调通风系统的施工图中除了大量的平面图、立面图外，还包括许多剖面图与系统图，它们对读懂图纸有重要帮助。

（4）与土建施工的密切性

安装通风空调系统中的各种管道、设备及各种配件都需要和土建的围护结构发生关联，同时，在施工中各种管道（如水、暖、电、通风等管道）相互之间也要发生交叉碰撞。要求施工人员不仅能够看懂本专业的图纸，还应适当掌握其他专业的图纸内容，避免施工中一些不必要的麻烦。

7.3.4　通风空调施工图识图方法与步骤

①阅读图纸目录。

②阅读施工说明。

③阅读有代表性的图纸。

在空调通风施工图中，有代表性的图纸基本上都是反映空调系统布置、空调机房布置、冷冻机房布置的平面图，因此，空调通风施工图的阅读基本上是从平面图开始的，先是总平面图，然后是其他的平面图。

④阅读辅助性图纸。

⑤阅读其他内容。

7.3.5　某小学教学楼通风空调工程施工图的识读

本工程为某小学教学楼项目,层高为 3.9 m,共 4 层。总建筑面积为 4 331.48 m²,剪力墙框架结构。教室舒适性空调由土建预留室外机位置,采用分体空调,空调器由用户自理。空调凝结水由给排水专业预留排水立管集中排放。教室采用可开启外窗的自然通风,公共卫生间设机械通风。

识读通风空调工程施工图时应将施工平面图、剖面图以及轴测图结合起来进行识读,下面以小学教学楼一层通风平面图为例进行讲解。本工程的通风管道集中敷设在卫生间即图纸B~C轴之间水平方向⑦~⑨轴。通风风管采用镀锌钢板制作,厚度 δ≤1.2 mm 时咬口连接,厚度 δ>1.2 mm 时采用焊接。水平方向通风管道管顶紧贴梁底敷设。卫生间通风时由室内向室外进行通风换气,分支管通风管为圆管直径 200 mm,在风管端部设置止回风阀,共 4 个。主通风管为圆管直径 300 mm,风管端部连接直径为 300 mm 的防雨百叶风口。因二~四层通风管道布置同一层,故此处不再重复识图讲解。

7.4　通风空调工程分部分项工程量清单的编制

7.4.1　通风空调工程分部分项工程清单列项

根据《通用安装工程工程量计算规范》(GB 50856—2013),结合某小学教学楼通风空调工程施工图纸,对该专业分部分项工程进行清单列项,详细内容见表 7.2。

表 7.2　某小学教学楼通风空调工程分部分项工程清单列项

项目编码	项目名称	项目特征描述	计量单位	工程量计量规则	工作内容
030702001001	碳钢通风管道	1. 名称:钢板通风管道 2. 材质:镀锌 3. 形状:圆形 4. 规格:Φ200 5. 板材厚度:δ1.2 6. 接口形式:咬口连接	m²	按设计图示内经尺寸以展开面积计算	1. 风管、管件、法兰、零件、支吊架制作、安装 2. 过跨风管落地支架制作、安装
030702001002	碳钢通风管道	1. 名称:钢板通风管道 2. 材质:镀锌 3. 形状:圆形 4. 规格:Φ300 5. 板材厚度:δ1.2 6. 接口形式:咬口连接	m²	按设计图示内经尺寸以展开面积计算	1. 风管、管件、法兰、零件、支吊架制作、安装 2. 过跨风管落地支架制作、安装
030703001001	碳钢阀门	1. 名称:止回风阀 2. 规格:Φ200	个	按设计图示数量计算	1. 阀体制作 2. 阀体安装 3. 支架制作、安装
030703009001	塑料风口、散流器、百叶窗	1. 名称:防雨百叶风口 2. 规格:Φ300	个	按设计图示数量计算	1. 风口制作、安装 2. 散流器制作、安装 3. 百叶窗安装
030704001001	通风工程检测、调试	通风工程检测、调试	系统	按通风系统计算	1. 通风管道风量测定 2. 风压测定 3. 温度测定 4. 各系统风口、阀门调整

7.4.2　通风空调工程分部分项工程工程量的计算

（1）通风管道工程量计算

①风管制作安装以施工图规格不同按展开面积计算，不扣除检查孔、测定孔、送风口、吸风口等所占面积。

$$圆管\ F = \pi \times D \times L$$

式中：F——圆形风管展开面积（m²）；

　　D——圆形风管直径；

　　L——管道中心线长度。

矩形风管按图示周长乘以管道中心线长度计算。

②风管长度一律以设计图示中心线长度为准（主管与支管以其中心线交点划分），包括弯头、三通、变径管、天圆地方等管件的长度，但不得包括部件所占长度。直径和周长按图示尺寸为准展开，咬口重叠部分已包括在定额内，不得另行增加。

注意：在计算风管长度时，必须扣除部件所占长度。部分通风部件长度值按下表计取。

a. 部分通风部件长度见表 7.3 所示。

表 7.3　通风部件长度表

序　号	部件名称	部件长度（mm）
1	蝶阀	200
2	止回阀	300
3	密闭式对开调节阀	210
4	圆形风管防火阀	$D+240$
5	矩形风管防火阀	$B+240$

注：D 为外径；B 为方形风管外边高。

b. 密闭式斜插板阀长度见表 7.4。

表 7.4　密闭式斜插板阀长度表　　　　　　　　　　　　单位：mm

型　号	1	2	3	4	5	6	7	8	9	10	11	12
D	80	85	90	95	100	105	110	115	120	125	130	135
L	280	285	290	300	305	310	315	320	325	330	335	340
型　号	13	14	15	16	17	18	19	20	21	22	23	24
D	140	145	150	155	160	165	170	175	180	185	190	195
L	345	350	355	360	365	365	370	375	380	385	390	395
型　号	25	26	27	28	29	30	31	32	33	34	35	36
D	200	205	210	215	220	225	230	235	240	245	250	255
L	400	405	410	415	420	425	430	435	440	445	450	455

（续表）

型　号	37	38	39	40	41	42	43	44	45	46	47	48
D	260	265	270	275	280	285	290	300	310	320	330	340
L	460	465	470	475	480	485	490	500	510	520	530	540

注：D 为外径；L 为管件长度。

c. 塑料手柄蝶阀长度见表 7.5 所示。

表 7.5　塑料手柄蝶阀长度表　　　　　　　　　　　单位：mm

型　号		1	2	3	4	5	6	7	8	9	10	11	12	13	14
圆管	D	100	120	140	160	180	200	220	250	280	320	360	400	450	500
	L	160	160	160	180	200	220	240	270	300	340	380	420	470	520
方管	A	120	160	200	250	320	400	500							
	L	160	180	220	270	340	420	520							

d. 塑料拉链式蝶阀长度见表 7.6。

表 7.6　塑料拉链式蝶阀长度表　　　　　　　　　　　单位：mm

型　号		1	2	3	4	5	6	7	8	9	10	11
圆管	D	200	220	250	280	320	360	400	450	500	560	630
	L	240	240	270	300	340	380	420	570	520	580	650
方管	A	200	250	320	400	500	630					
	L	240	270	340	420	520	650					

e. 塑料插板阀长度见表 7.7。

表 7.7　塑料插板阀长度表　　　　　　　　　　　单位：mm

型　号		1	2	3	4	5	6	7	8	9	10	11
圆管	D	200	220	250	280	320	360	400	450	500	560	630
	L	200	200	200	200	300	300	300	300	300	300	300
方管	A	200	250	320	400	500	630					
	L	200	200	200	200	300	300					

注：D——风管外径；A——方形风管外边宽；L——管件长度。

③风管导流叶片（见图 7.9）制作安装按图示叶片的面积计算。

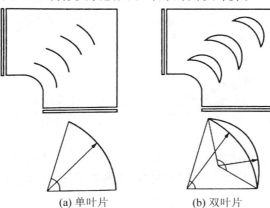

(a) 单叶片　　　　　　　　(b) 双叶片

图 7.9　风管导流叶片

a. 根据风管长边规格尺寸选择相对应导流叶片的片数,如表 7.8 所示。

表 7.8 风管导流叶片长边规格尺寸确定叶片数目

长边规格(mm)	500	630	800	1 000	1 250	1 600	2 000
叶片数(片)	4	4	6	7	8	10	12

b. 根据风管短边规格尺寸选择相对应导流叶片。单片面积数×根据长边尺寸已选定的导流叶片片数=该规格的风管导流叶片总面积。单片风管导流叶片表面积如表 7.9 所示。

表 7.9 单片风管导流叶片表面积

风管高 B(mm)	200	250	320	400	500	630	800	1 000	1 250	1 600	2 000
导流片面积(m^2/片)	0.075	0.091	0.114	0.140	0.170	0.216	0.273	0.425	0.502	0.623	0.755

④整个通风系统设计采用渐缩管均匀送风,圆形风管按平均直径、矩形风管按平均周长计算。

⑤塑料风管制作安装所列规格直径为内径,周长为内周长。复合型材料风管制作安装所列规格直径为外径,周长为外周长。

⑥柔性软风管安装,按图示管道中心线长度以"m"为计量单位。

⑦软管(帆布接口)制作安装,按图示尺寸以"m^2"为计量单位。

⑧风管检查孔质量,按"kg"计算。

⑨风管测定孔制作安装,按其型号以"个"为计量单位。

⑩薄钢板通风管道、净化通风管道、玻璃钢通风管道、复合型材料通风管道的制作安装中已包括法兰、加固框和吊托支架,不得另行计算。

⑪不锈钢通风管道、铝板通风管道的制作安装中不包括法兰和吊托支架,可按"kg"为计量单位另行计算。

⑫塑料通风管道制作安装,不包括吊托支架,可按"kg"为计量单位另行计算。

【例1】 某工程为局部新风系统,风管截面积为 320 mm×250 mm,采用 0.5 mm 镀锌薄钢板,风管中心线长度为 5.5 m,计算该风管工程量。

解:风管周长=$(A+B)×2$=$(0.32+0.25)×2$=1.140 m。

风管展开面积 S=1.14×5.5=6.27 m^2。

(2)调节阀制作安装工程量计算

各型阀件的制作安装按图示规格尺寸(周长或直径)以"个"为计量单位。

【例2】 钢制蝶阀(T302—8)制作安装,规格 120 mm×120 mm,10 个,试计算工程量。

解:风管蝶阀周长=$(0.12+0.12)×2$=0.48 m。

风管蝶阀安装(周长 800 mm 以内),10 个。

(3)风口制作安装工程量计算

①各型风口的安装按图示规格尺寸(周长或直径)以"个"为计量单位。

②钢百叶窗及活动金属百叶风口的制作以"m^2"为计量单位,安装按规格尺寸以"个"为计量单位。

③风口木框制作安装以"m^3"为计量单位。

【例3】 单层百叶风口(T202—2)制作安装,规格 200 mm×150 mm,10 只,试计算工程量。

解:百叶风口周长=$(0.2+0.15)×2$=0.7 m。

百叶风口安装(周长 900 mm 以内),10 个。

(4) 风帽制作安装工程量计算

各型风帽的制作安装,按设计图示数量以"个"为计量单位。

(5) 罩类制作安装工程量计算

各型罩类的制作安装,按设计图示数量以"个"为计量单位。

(6) 消声器、静压箱制作安装工程量计算

①各型消声器制作安装按设计图示数量以"个"为计量单位。

②静压箱制作按每只静压箱的表面积以"m²"为计量单位。

③静压箱安装按静压箱的表面积以"只"为计量单位。

(7) 空调部件及设备支架制作安装工程量计算

①钢板密闭门制作安装以"个"为计量单位。

②挡水板制作安装按空调器断面面积、不同折数、不同片距,以"m²"为计量单位。

③滤水器、溢水盘、电加热器外壳、金属空调器壳体制作以"kg"为计量单位。

④地下通风工程过滤吸收器安装以"台"为计量单位。

⑤地下通风工程手动密闭阀、自动排气活门安装以"个"为计量单位。

⑥地下通风工程穿墙密闭套管制作安装以"个"为计量单位。

⑦地下通风工程测压装置安装以"套"为计量单位。

⑧设备支架制作安装按图示尺寸以"kg"为计量单位。

⑨支架垫木制作安装以"m³"为计量单位。

(8) 通风空调设备安装工程量计算

①各型风机按设计型号、风机箱按设计风量以"台"为计量单位。

②空调器安装按不同重量和安装方式以"台"为计量单位。

③分段组装式空调器按重量以"kg"为计量单位。

④空气加热器、除尘设备安装重量不同以"台"为计量单位。

⑤风机盘管安装按安装方式以"台"为计量单位。

⑥空气幕安装按长度以"台"为计量单位。

根据上述计算规则,结合某小学教学楼通风空调工程,现将工程量计算结果汇总如下,如表 7.10 所示。

表 7.10　某小学教学楼通风空调工程工程量计算结果

序　号	项目名称	计算式	单位	工程量	备注
通风空调工程					
1	镀锌风管 Φ200	(3.14×0.2×((3.3−0.2)×2+(0.9−0.2)×2+2.3))×4	m²	24.87	1~4 层
2	镀锌风管 Φ300	3.14×0.3×1.8×4	m²	6.78	1~4 层
3	止回风阀	4×4	个	16	1~4 层
4	防雨百叶风口 Φ300	1×4	个	4	1~4 层
5	通风工程检测、调试	1	系统	1	

7.4.3 通风空调工程分部分项工程工程量清单的编制

现将工程量计算结果汇总到通风空调专业工程清单表中,如表 7.11 所示。

表 7.11 某小学教学楼通风空调专业工程清单表

序 号	项目编码	项目名称	项目特征描述	计量单位	工程量
1	030702001001	碳钢通风管道	1. 名称:钢板通风管道 2. 材质:镀锌 3. 形状:圆形 4. 规格:Φ200 5. 板材厚度:δ1.2 6. 接口形式:咬口连接	m²	24.87
2	030702001002	碳钢通风管道	1. 名称:钢板通风管道 2. 材质:镀锌 3. 形状:圆形 4. 规格:Φ300 5. 板材厚度:δ1.2 6. 接口形式:咬口连接	m²	6.78
3	030703001001	碳钢阀门	1. 名称:止回风阀 2. 规格:Φ200	个	16
4	030703009001	塑料风口、散流器、百叶窗	1. 名称:防雨百叶风口 2. 规格:Φ300	个	4
5	030704001001	通风工程检测、调试	通风工程检测、调试	系统	1

本章小节

本章主要讲述以下内容:

1. 通风工程一般按通风作用范围的大小和通风动力的不同划分。按其通风作用范围可划分为全面通风、局部通风、混合通风;按动力不同可划分为自然通风和机械通风。

2. 通风工程一般由送风系统和排风系统两部分组成。送风系统组成包括新风口、空气处理室、通风机、送风管、回风管、送(出)风口、吸(回、排)风口、管道配件、管道附件等。排风系统一般有 P 系统、侧吸罩 P 系统、除尘 P 系统几种形式。该系统由排风口、排风管、排风机、风帽、除尘器、其他管件和部件组成。

3. 空调工程按使用要求的不同划分,可分为恒温恒湿空调工程、一般空调工程、净化空调工程、除湿空调工程;根据空气处理设备的集中程度划分,可分为集中式空调系统、局部式空调系统、混合式空调系统;按系统使用新风量的多少划分,可分为直流式空调系统、部分回风式空调系统、全部回风式空调系统;按系统使用新风量的多少划分,可分为直流式空调系统、部分回风式空调系统、全部回风式空调系统。按风管中空气的流速划分,可分为高速空调系统、低速空调系统。

4. 空调工程由空气处理设备、风机、风管(道)、送(回)风口、系统部件等组成。

5. 风管制作安装以施工图规格不同按展开面积计算,不扣除检查孔、测定孔、送风口、吸风口等所占面积。圆管 $F＝\pi×D×L$;矩形风管按图示周长乘以管道中心线长度计算。

6. 风管长度一律以设计图示中心线长度为准(主管与支管以其中心线交点划分),包括弯头、三通、变径管、天圆地方等管件的长度,但不得包括部件所占长度。

7. 风管导流叶片制作安装按图示叶片的面积计算。

8. 整个通风系统设计采用渐缩管均匀送风,圆形风管按平均直径、矩形风管按平均周长计算。

9. 柔性软风管安装,按图示管道中心线长度以"m"为计量单位。

10. 软管(帆布接口)制作安装,按图示尺寸以"m²"为计量单位。

11. 风管测定孔制作安装,按其型号以"个"为计量单位。

12. 各型阀件的安装按图示规格尺寸(周长或直径)以"个"为计量单位。

13. 各型风口的安装按图示规格尺寸(周长或直径)以"个"为计量单位。

14. 各型风帽的制作安装,按设计图示数量以"个"为计量单位。各型罩类的制作安装,按设计图示数量以"个"为计量单位。

15. 各型消声器制作安装按设计图示数量以"个"为计量单位。

16. 静压箱制作按每只静压箱的表面积以"m²"为计量单位。静压箱安装按静压箱的表面积以"个"为计量单位。

17. 空调部件及设备支架制作安装工程量计算规则以及通风空调设备安装工程量计算规则。

思 考 题

1. 通风空调系统组成有哪些? 各有哪些常用设备?

2. 通风系统如何分类?

3. 空调系统如何分类?

4. 通风管道工程量如何计算?

5. 不锈钢风管规格为 800 mm×400 mm,长 20 m,计算工程量。

6. 风管部件指哪些? 其制作工程量如何计算?

8 安装工程工程量清单计价

安装工程工程量清单计价一般包括安装工程招标控制价的编制、安装工程投标价的编制以及索赔与现场签证、工程价款的支付、竣工结算等。这里仅以安装工程招标控制价的编制进行讲解。

8.1 安装工程招标控制价的编制

8.1.1 招标控制价的概念

招标控制价是指在工程采用招标发包的过程中，由招标人根据国家或省级、行业建设主管部门发布的有关计价规定，按设计施工图纸计算的工程造价，其作用是招标人用于对招标工程发包的最高限价。有的省、市又称拦标价、预算控制价、最高报价值。

招标控制价的实质就是通常所称的标底，但和标底又有着明显区别，具体表现在：从1983年原建设部试行施工招标投标制到2003年7月1日推行工程量清单计价这一时期，各地对中标价基本上采取不得高于标底的3％，不得低于标底的3％、5％等限制性措施评标定价，而且规定标底必须保密。但在2003年推行工程量清单计价以后，由于招标方式的改变，各地基本取消了中标价不得低于标底多少的规定。标底保密这一法律规定已不能起到有效控制哄抬标价的作用，我国有的地区和部门在一些工程项目招标中，出现了所有投标人的投标报价均高于招标人的标底，即使是最低的报价，招标人也不可能接受，但由于缺乏相关制度的规定，招标人不接受又产生了招标的合法性问题，给招标工程的项目业主带来了困扰。因此，为了有利于客观、合理的评审投标报价和哄抬标价，避免造成国有资产流失，《建设工程工程量清单计价规范》（GB 50500—2008）在条文4.2.1中规定：国有资金投资的工程建设项目应实行工程量清单招标，并编制招标控制价。招标控制价超过批准的概算时，招标人应将其报原概算审批部门审核。投标人的报价高于招标控制价的，其投标应予以拒绝。

招标控制价应在招标时公布，不应上调或下浮，招标人应将招标控制价及有关资料报送工程所在地工程造价管理机构备查。

投标人经复核认为招标人公布的招标控制价未按照《建设工程工程量清单计价规范》（GB 50500—2013）的规定进行编制的，应在开标前5天向招投标监督机构或（和）工程造价管理机构投诉。招投标监督机构应会同工程造价管理机构对投诉进行处理，发现确有错误的，应责成招标人修改。

8.1.2 招标控制价的编制依据

①《建设工程工程量清单计价规范》（GB 50500—2013）。
②国家或省级、行业建设主管部门颁发的计价定额和计价办法。
③建设工程设计文件及相关资料。
④招标文件中的工程量清单及其有关要求。
⑤与建设项目相关的标准、规范、技术资料。

⑥常规的施工方案。

⑦工程造价管理机构发布的工程造价信息，工程造价信息未发布材料单价的材料，其价格应通过市场调查确定。

⑧其他的相关资料。

8.1.3 招标控制价编制用表及相关规定

（1）封面

招标控制价封面见表8.1。

表8.1 招标控制价封面

_____**工程**

招标控制价

招标控制价(小写)：_____

（大写）：_____

其中:安全文明施工费(小写)：_____

（大写）：_____

招　标　人：_____　　工程造价
咨　询　人：_____
　　　（单位盖章）　　　　　　　　　　　（单位资质专用章）

法定代表人
或其授权人：_____　　法定代表人
或其授权人：_____
　　（签字或盖章）　　　　　　　　　　　（签字或盖章）

编　制　人：_____　　复　核　人：_____
　（造价人员签字盖专用章）　　　　　（造价工程师签字盖专用章）

时间：　　年　　月　　日

（2）总说明

招标控制价总说明的内容应包括以下内容：

①采用的计价依据。

②采用的施工组织设计。

③采用的材料价格来源。

④综合单价中风险因素、风险范围（幅度）。

⑤其他等。

招标控制价总说明举例见表8.2。

表8.2 工程计价总说明

总说明

第1页 共1页

工程名称：某大厦安装工程

1. 工程概况

本工程建设地点位于某市某路20号。工程由30层高主楼及其南侧5层高的裙房组成。主楼与裙房间首层设过街通道作为消防疏散通道。建筑地下部分功能主要为地下车库兼设备用房。建筑面积：73 000 m²，主要地上30层，地下3层，裙楼地上5层，地下3层；地下三层层高3.6 m，地下二层层高4.5 m，地下一层层高4.6 m，一、二、四层层高5.1 m，其余楼层为3.9 m。建筑檐高：主楼122.1 m、裙楼23.1 m。结构类型：主要框架，剪力墙结构，裙楼框架工程；基础为钢筋混凝土桩基础。

2. 工程招标范围

本次招标范围为施工图（图纸工号：×××××，日期××××年×月×日）范围内除消防系统、综合布线系统、门禁等分包项目以外的工程，安装分包项目的主体预埋、预留部分含在本次招标范围内。

3. 招标控制价编制依据

（1）招标文件提供的工程量清单及有关计价要求。

（2）工程施工设计图纸及相关资料。

（3）《山东省安装工程消耗量定额》（2011年价目表）及相应计算规则、费用定额。

（4）建设项目相关的标准、规范、技术资料。

（5）工程类别判断依据及工程类别：依据建筑项目施工图建筑面积审核表、《山东省建筑安装工程费用项目组成及计算规则》，确定本工程为Ⅱ类。

（6）人工工日单价、施工机械台班单价按照工程造价管理机构现行规定计算。本例中人工工日单价按53元/工日计算。材料价格采用2011年工程造价信息第1季度信息价，对于没有发布信息价格的材料，其价格参照市场价确定。

（7）费用计算中各项费率按工程造价管理机构现行规定计算。

（8）电气安装工程的盘、箱、柜列为设备；给排水安装工程中的成套供水设备、水箱及水箱消毒器、水泵、空调安装工程的泵类、分集水器、水箱、软水器、换热器、水处理器、风机、静压箱、消声弯头、风机盘管、电热空气幕、通风器、空气处理机组、油烟净化器、冷水机组等均列为设备，在投标报价中不计入以上设备的价值。

（9）空气检测费未计入控制价，结算时按实调整。

其他略。

（3）建设项目招标控制价汇总表

建设项目招标控制价汇总表包括工程项目招标控制价/投标报价汇总表（见表8.3）、单项工程招标控制价/投标报价汇总表（见表8.4）、单位工程招标控制价/投标报价汇总表（见表8.5）。

表 8.3 工程项目招标控制价/投标报价汇总表

工程名称：　　　　　　　　　　　　　　　　　　　　　　　　　　　　　　第　页　共　页

序　号	单项工程名称	金额/元	其中/元		
			暂列金额及 特殊项目暂估价	材料暂估价	规费
合　计					

说明：本表适用于工程项目招标控制价或投标报价的汇总。

表 8.4 单项工程招标控制价/投标报价汇总表

工程名称：　　　　　　　　　　　　　　　　　　　　　　　　　　　　　　第　页　共　页

序　号	单项工程名称	金额/元	其中/元		
			暂列金额及 特殊项目暂估价	材料暂估价	规费
合　计					

说明：本表适用于单项工程招标控制价或投标报价的汇总。

表8.5　单位工程招标控制价/投标报价汇总表

工程名称：　　　　　　　　　　　　　　标段：　　　　　　　　　　　　　第　页　共　页

序　号	汇总内容	金额/元	其中：暂估价/元
1	分部分项工程费		
1.1			
1.2			
1.3			
1.4			
2	措施项目费		
2.1	措施项目费（一）		
2.2	措施项目费（二）		
3	其他项目		
3.1	暂列金额		
3.2	特殊项目费		
3.3	计日工		
3.4	总承包服务费		
4	规费		
5	税金		
	招标控制价合计＝1＋2＋3＋4＋5		

说明：本表适用于单位工程招标控制价或投标报价的汇总，如无单位工程划分，单项工程也使用本表汇总。

（4）分部分项工程量清单计价表

此表是编制招标控制价、投标价、竣工结算的最基本用表。

招标控制价中的分部分项工程费应根据招标文件中的分部分项工程量清单项目的特征描述及有关规定，按照招标控制价的编制依据，确定综合单价进行计算。招标控制价中的综合单价应包括招标文件中要求投标人承担的风险费用；招标文件提供了暂估单价的材料，按暂估的单价计入综合单价。

分部分项工程量清单与计价表见表8.6。

（5）工程量清单综合单价分析表

工程量清单综合单价分析表是评标委员会评审和判断综合单价组成和价格完整性、合理性的主要基础，对因工程变更调整综合单价也是必不可少的基础价格数据来源。采用经评审的最低投标价法评标时，该分析表的重要性更为突出。

该分析表集中反映了构成每一个清单项目综合单价的各个价格要素的价格及主要的"工、料、机"消耗量。编制招标控制价和投标报价时，需要对每一个清单项目进行组价，为了使组价工作具有可追溯性（回复评标质疑时尤其重要），需要表示每一个数据的来源。

该分项表实际上是招标人编制招标控制价和投标人投标组价工作的一个阶段性成果文件。

编制招标控制价，使用本表时应填写省级或行业建设主管部门发布的计价定额名称。

工程量清单综合单价分析表见表8.7。

表 8.6 分部分项工程量清单计价表

工程名称：   第 页 共 页

序 号	项目编码	项目名称	项目特征	计量单位	工程量	金额（元）		
						综合单价	合价	其中:暂估价
		本页小计						
		合　计						

表 8.7 工程量清单综合单价分析表

工程名称：　　　　　　　　　　　标段：　　　　　　　　　　　第　页　共　页

项目编码		项目名称			计量单位		
清单综合单价组成明细							
定额编号	定额名称	定额单位	数量	单　价				合　价			
				人工费	材料费	机械费	管理费和利润	人工费	材料费	机械费	管理费和利润
人工单价			小计								
元/工日			未计价材料费								
清单项目综合单价											
材料费明细	主要材料名称、规格、型号				单位	数量	单价/元	合价/元	暂估单价/元	暂估合价/元	
	其他材料费						—		—		
	材料费小计						—		—		

说明:(1) 如不使用省级或行业建设主管部门发布的计价依据,可不填定额项目、编号等。
　　　(2) 招标文件提供了暂估单价的材料,按暂估的单价填入表内"暂估单价"栏及"暂估合价"栏。

`(6) 招标控制价中的措施项目费

招标控制价中的措施项目费应按照招标文件中提供的措施项目清单确定,措施项目采用分部分项工程综合单价形式进行计价的工程量,应按措施项目清单中的工程量,并按照招标控制价的编制依据确定综合单价;以"项"为单位的方式计价的,按照招标控制价的编制依据计价,包括除规费、税金以外的全部费用。计费基础、费率应按省级或行业建设主管部门的规定计取。

招标控制价中的措施项目费清单计价表见表8.8,其中安全文明施工费、夜间施工、二次搬运、冬雨季施工、大型机械设备进出场及安拆、施工排水、施工降水、地上地下设施和建书屋的临时保护等通用措施项目按表8.8(a)列项,专业工程的措施项目按表8.8(b)列项。若出现本规范未列出的项目,可根据工程实际情况进行补充。

《建设工程工程量清单计价规范》(GB 50500—2013)规定:措施项目清单中的安全文明施工费应按照国家或省级、行业建设主管部门的规定计价,不得作为竞争性费用。

表8.8(a)　措施项目费清单计价表(a)
施工组织措施项目清单计价表

工程名称:　　　　　　　　　　　标段:　　　　　　　　　　第1页　共1页

序　号	项目编码	项目名称	计算基础	费率(%)	金额(元)	调整费率(%)	调整后金额(元)	备注
1	031302001001	安全文明施工费						
2	031302002001	夜间施工	分部分项人工费＋技术措施人工费					
3	031302003001	非夜间施工照明	分部分项人工费＋技术措施人工费					
4	031302004001	二次搬运	分部分项人工费＋技术措施人工费					
5	031302005001	冬雨季施工	分部分项人工费＋技术措施人工					
6	031302006001	已完工程及设备保护	分部分项人工费＋技术措施人工费					
7	031302B03001	工程定位复测、点交及场地清理费	分部分项人工费＋技术措施人工费					
8	031302B04001	材料检验试验	分部分项人工费＋技术措施人工费					
9	031302B05001	建设工程竣工档案编制费	分部分项人工费＋技术措施人工费					
合　　计								

注:1. 计算基础和费用标准按本市有关费用定额或文件执行。
　　2. 根据施工方案计算的措施费,可不填写"计算基础"和"费率"的数值,只填写"金额"数值,但应在备注栏说明施工方案出处或计算方法。
　　3. 特殊检验试验费用编制招标控制价时按估算金额列入,结算时按实调整。

表 8.8(b) 措施项目费清单计价表(b)

施工技术措施项目清单计价表

工程名称：　　　　　　　　　　　　　　　　　　　　　　　　　　　　　　第 1 页　共 1 页

序　号	项目编码	项目名称	项目特征	计量单位	工程量	金额(元)		
						综合单价	合价	其中:暂估价
	—		施工技术措施项目					
		本页小计						
		合　计						

（7）招标控制价中的其他项目费计价的相关规定

①暂列金额。为保证工程施工建设的顺利实施,应对施工过程中可能出现的各种不确定因素对工程造价的影响,在招标控制价中需估算一笔暂列金额。暂列金额可根据工程的复杂程度、设计深度、工程环境条件（包括地质、水文、气候条件等）进行估算,一般可按分部分项工程费的10％～15％作为参考。

②暂估价。包括材料暂估价和专业工程暂估价,《山东省建设工程工程量清单计价规则》增加了特殊项目暂估价。编制招标控制价时,材料暂估单价应按工程造价管理机构发布的工程造价信息中的材料单价计算,工程造价信息未发布的材料单价,其单价参考市场价格估算;专业工程暂估价应分不同的专业,按有关计价规定进行计算。对于特殊项目暂估价,包括以下两点。

a. 在施工前,不同的编制人（包括招标控制价编制人及各投标报价人）可能根据不同的施工方案进行某些措施费用计算,费用差异很大,而评标时无法准确预计采用哪种方案更合理,无法对不同的报价设置一个统一的评定尺度,因而本规则规定这类费用按暂估价处理。

b. 工程量清单计价的规则内容中未包括且肯定发生、暂不确定的项目及费用,如锅炉、压力容器、压力管道、电台、起重机械等工程检测、检验费用。

③计日工包括计日工人工、材料和施工机械。在编制招标控制价时,对计日工中的人工单价和施工机械台班单价应按省级、行业建设主管部门或其授权的工程造价管理机构公布的单价计算;材料应按工程造价管理机构发布的工程造价信息中的材料单价计算,工程造价信息未发布的材料单价,其价格应按市场调查确定的单价计算。

④总承包服务费。编制招标控制价时,总承包服务费应按照省级或行业建设主管部门的规定计算,《建设工程工程量清单计价规范》（GB 50500—2013）在条文说明中列出的标准仅供参考:招标人仅要求对分包的专业工程进行总承包管理和协调时,按分包的专业工程估算造价的1.5％计算;招标人要求对分包的专业工程进行总承包和协调,并同时要求提供配套服务时,根据招标文件列出的配合服务内容和提出的要求,按分包的专业工程估算造价的3％～5％计算;招标人自行供应材料的,按招标人供应材料价值的1％计算。

招标控制价中的其他项目清单与计价表见表8.9～表8.14。

（8）关于规费、税金

《建设工程工程量清单计价规范》（GB 50500—2013）中规定:规费和税金应按照国家或省级、行业建设主管部门的规定计算,不得作为竞争性费用。本规定为强制性条文。

规费、税金项目清单与计价表见表8.15。

表8.9 其他项目清单计价汇总表

工程名称：   标段：   第1页 共1页

序　号	项目名称	计量单位	金额(元)	备注
1	暂列金额	项		
2	暂估价	项		
2.1	材料(工程设备)暂估价	项		
2.2	专业工程暂估价	项		
3	计日工	项		
4	总承包服务费	项		
5	索赔与现场签证	项		
	合　计			—

表 8.10 暂列金额明细表

工程名称：　　　　　　　　　　　标段：　　　　　　　　　　第 1 页　共 1 页

序　号	项目名称	计量单位	暂定金额(元)	备注
合　计				—

注：此表由招标人填写，如不能详列，也可只列暂定金额总额，投标人应将上述暂列金额计入投标总价中。

表 8.11 材料暂估单价及调整表

工程名称：   标段：   第 1 页 共 1 页

序　号	材料（工程设备）名称、规格、型号	计量单位	数量		暂估价(元)		调整价(元)		差额±(元)		备注
			暂估数	实际数	单价	合价	单价	合价	单价	合价	
合　计											

注：1. 此表由招标人填写"暂估单价"，并在备注栏说明暂估价的材料、工程设备拟用在那些清单项目上，投标人应将上述材料、工程设备暂估单价计入工程量清单综合单价报价中。
2. 材料包括原材料、燃料、构配件以及按规定应计入建筑安装工程造价的设备。

表 8.12　专业工程暂估价及结算价表

工程名称：　　　　　　　　　　　　　标段：　　　　　　　　　　　第 1 页　共 1 页

序　号	工程名称	工程内容	暂估金额(元)	结算金额(元)	差额±(元)	备注
	合　计					—

注：此表由招标人填写，投标人应将上述专业工程暂估价计入投标总价中。结算时按合同约定结算金额填写。

表 8.13　计日工表

工程名称：

编　号	项目名称	单位	暂定数量	实际数量	综合单价（元）	合价(元)	
						暂定	实际
1	人工						
1.1							
	小计		—		—		
2	材料						
2.1							
	小计		—		—		
3	机械						
3.1							
	小计		—		—		
	合　计						

注：此表项目名称、暂定数量由招标人填写，编制招标控制价时，单价由招标人按有关计价规定确定；投标时，单价由投标人自助报价，按暂定数量计算核价计入投标总价中。结算时，按发承包双方确认的实际数量计算合价。

表 8.14 总承包服务费计价表

工程名称： 　　　　　　　　　　　　　标段： 　　　　　　　　第 1 页　共 1 页

序　号	项目名称	项目价值(元)	服务内容	计算基础	费率(%)	金额(元)
合　计						

注:此表项目名称、服务内容由招标人填写,编制招标控制价时,费率及金额由招标人按有关计价规定确定;投标时,费率及金额由投标人自主报价,计入投标总价中。

表 8.15　规费、税金项目计价表

工程名称：　　　　　　　　　　　　　　　标段：　　　　　　　　　　　第 1 页　共 1 页

序　号	项目名称	计算基础	费率(%)	金额(元)
1	规费	社会保险费及住房公积金＋工程排污费		
1.1	社会保险费及住房公积金	分部分项工程量清单中的基价人工费＋施工技术措施项目清单中的基价人工费		
1.2	工程排污费			
2	税金	分部分项工程＋措施项目＋其他项目＋规费		
	合　计			

8.1.4 建筑安装工程工程量清单计价费用计价程序

安装工程综合单价以定额人工费为计算基础,综合单价计算程序见表8.16。单位工程造价计算程序见表8.17。

表 8.16 综合单价计算程序

序 号	费用名称	计算式
1	分项直接工程费	1.1+1.2+1.3+1.4
1.1	人工费	定额基价人工费
1.2	材料费	定额基价材料费
1.3	机械费	定额基价机械费
1.4	未计价材料费	
2	企业管理费	1.1×费率
3	利润	1.1×费率
4	人材机价差	4.1+4.2+4.3
4.1	人工费价差	
4.2	材料费价差	
4.3	机械费价差	
5	风险因素	一般风险费用
6	综合单价	1+2+3+4+5

表 8.17 单位工程造价计算程序

序 号	项目名称	计算式	金额(元)
1	分部分项工程量清单合价		
2	措施项目清单合价	2.1+2.2	
2.1	技术措施费		
2.2	组织措施费		
3	其他项目清单合价		
4	规费	(1+2.1)中的定额基价直接工程费×费率或(1+2.1)中的定额基价人工费×费率	
5	安全文明施工专项费	按文件规定计算	
6	工程定额测定费	(1+2+3+4+5)×费率	
7	税金	(1+2+3+4+5+6)×税率	
8	合价	1+2+3+4+5+6+7+8	

8.2 某小学教学楼扩建工程给排水专业清单计价

某小学教学楼扩建工程给排水专业清单计价(节选)详见附录。

本章小节

1. 安装工程工程量清单计价一般包括安装工程招标控制价的编制、安装工程投标价的编制以及索赔与现场签证、工程价款的支付、竣工结算等。

2. 招标控制价是指在工程采用招标发包的过程中,由招标人根据国家或省级、行业建设主管部门发布的有关计价规定,按设计施工图纸计算的工程造价,其作用是招标人用于对招标工程发包的最高限价。

3. 招标控制价编制的表格包括:①封面;②总说明;③建设项目招标控制价汇总表;④分部分项工程量清单计价表;⑤工程量清单综合单价分析表;⑥措施项目清单计价表;⑦其他项目清单与计价表;⑧规费、税金项目清单与计价表。

4. 招标控制价中的其他项目费用包括:①暂列金额;②暂估价;③计日工;④总承包服务费。

5. 规费和税金应按照国家或省级、行业建设主管部门的规定计算,不得作为竞争性费用。

思 考 题

1. 安装工程工程量清单计价包括哪些方面的计价内容?
2. 招标控制价的概念及编制依据是什么?
3. 招标控制价编制的表格包括哪些?
4. 招标控制价中的措施项目费清单计价表包括哪些项目?
5. 招标控制价中的其他项目费用包括哪些?

附录

某小学教学楼扩建给排水 工程

招 标 控 制 价

招标控制价(小写):160 438.28

　　(大写):壹拾陆万零肆佰叁拾捌元贰角捌分

其中:安全文明施工费(小写):5 050.23

　　(大写):伍仟零伍拾元贰角叁分

招　标　人：_____
　　　　　　　　(单位盖章)

工程造价
咨　询　人：_____
　　　　　　　　　(单位资质专用章)

法定代理人
或其授权人：_____
　　　　　　　　(签字或盖章)

法定代理人
或其授权人：_____
　　　　　　　　(签字或盖章)

编　制　人：_____
　　　　　　　(造价人员签字盖专用章)

复　核　人：_____
　　　　　　　(造价工程师签字盖专用章)

时间：　　年　　月　　日

一、工程概况

工程概况:本建筑物为"某小学教学楼",建设地点在重庆市市区,总建筑面积约 3 703.63 m²,建筑层数为地上 4 层教学楼,建筑高度为 15.85 m。本建筑物设计标高±0.000 相当于海拔标高 245.30 m。

二、编制依据

1. 设计施工图纸、施工招标文件、甲方编制要求等技术资料。

2. 采用现行的法律法规、标准图集、规范、工艺标准、材料做法。

三、计价依据

1.《重庆市安装工程计价定额》相关计价办法、调整文件和综合解释。

2. 材料价格依据《重庆市建设工程材料价格信息》及现行市场价调整。

3. 安全文明施工费、规费等按照相应规定足额计取。

4. 人工费按 71 元/工日计入预算。

四、其他需要说明的问题

表-04

单位工程招标控制价汇总表

工程名称:给排水工程

序　号	汇总内容	金额(元)	其中:暂估价(元)
1	分部分项工程	143 533.57	
1.1	C 给排水工程	143 533.57	
2	措施项目	8 830.66	
2.1	其中:安全文明施工费	5 050.23	
2.2	其中:建设工程竣工档案编制费	265.67	
3	其他项目		
4	规费	2 678.56	—
5	税金	5 395.49	—
	招标控制价合计＝1＋2＋3＋4＋5	160 438.28	

注:1. 本表适用于单位工程招标控制价或投标报价的汇总,如无单位工程划分,单项工程也使用本表汇总。
　　2. 分部分项工程、措施项目中暂估价中应填写材料、工程设备暂估价,其他项目中暂估价应填写专业工程暂估价。

表-08

措施项目汇总表

工程名称:给排水工程　　　　　　　　　　　　　　　　　　　　　　第1页　共1页

序　号	项目名称	金额(元)	
		合价	其中:暂估价
1	施工技术措施项目	852.82	
2	施工组织措施项目	7 977.84	
2.1	其中:安全文明施工费	5 050.23	
2.2	其中:建设工程竣工档案编制费	265.67	
	措施项目费合计＝1＋2	8 830.66	

表-09

分部分项工程项目清单计价表

工程名称:给排水工程

序　号	项目编码	项目名称	项目特征	计量单位	工程量	金额(元)		
						综合单价	合价	其中:暂估价
	C		给排水工程					
1	031001006001	塑料管	[项目特征] 1. 安装部位:室内 2. 介质:给水 3. 材质、规格:PP-R塑料,DN32 4. 连接形式:热熔 5. 压力试验及吹、洗设计要求:满足设计及规范要求 [工程内容] 1. 管道安装 2. 管件安装 3. 塑料卡固定 4. 阻火圈安装 5. 压力试验 6. 吹扫、冲洗 7. 警示带铺设	m	148.38	35.86	5 320.91	
2	031001006002	塑料管	1. 安装部位:室内 2. 介质:给水 3. 材质、规格:PP-R塑料管DN25 4. 连接形式:热熔连接 5. 压力试验及吹洗设计要求:水压试验和消毒、冲洗	m	70.65	30	2 119.5	
3	031001006003	塑料管	1. 安装部位:室内 2. 介质:给水 3. 材质、规格:PP-R塑料管DN20 4. 连接形式:热熔连接 5. 压力试验及吹洗设计要求:水压试验和消毒、冲洗	m	59.16	24.98	1 477.82	
4	031001006004	塑料管	1. 安装部位:室内 2. 介质:给水 3. 材质、规格:PP-R塑料管DN15 4. 连接形式:热熔连接 5. 压力试验及吹洗设计要求:水压试验和消毒、冲洗	m	221.84	23.81	5 282.01	

（续表）

序号	项目编码	项目名称	项目特征	计量单位	工程量	综合单价	合价	其中:暂估价
						金额(元)		
	C		给排水工程					
5	031001007001	复合管	[项目特征] 1. 安装部位:室内 2. 介质:给水 3. 材质、规格:PSP钢塑复合管 DN100 4. 连接形式:螺纹连接 5. 压力试验及吹、洗设计要求:满足设计及规范要求 [工程内容] 1. 管道安装 2. 管件安装 3. 塑料卡固定 4. 压力试验 5. 吹扫、冲洗 6. 警示带铺设	m	97.24	259.27	25 211.41	
6	031001007002	复合管	1. 安装部位:室内 2. 介质:给水 3. 材质、规格:PSP钢塑复合管 DN80 4. 连接形式:扩口式管件连接 5. 压力试验及吹洗设计要求:水压试验和消毒、冲洗	m	13.72	198.51	2 723.56	
7	031001007003	复合管	1. 安装部位:室内 2. 介质:给水 3. 材质、规格:PSP钢塑复合管 DN70 4. 连接形式:扩口式管件连接 5. 压力试验及吹洗设计要求:水压试验和消毒、冲洗	m	4.75	162.28	770.83	
8	031001007004	复合管	1. 安装部位:室内 2. 介质:给水 3. 材质、规格:PSP钢塑复合管 DN40 4. 连接形式:扩口式管件连接 5. 压力试验及吹洗设计要求:水压试验和消毒、冲洗	m	9.96	89.48	891.22	

（续表）

序　号	项目编码	项目名称	项目特征	计量单位	工程量	金额（元）		
						综合单价	合价	其中:暂估价
9	031003001001	螺纹阀门	[项目特征] 1. 类型:截止阀 2. 材质:铜 3. 规格、压力等级:DN40、低压 4. 连接形式:丝接 [工程内容] 1. 安装 2. 调试	个	4	102.32	409.28	
10	031003001002	螺纹阀门	1. 类型:截止阀 2. 规格:DN32 3. 连接方式:螺纹连接	个	8	74.3	594.4	
11	031003001003	螺纹阀门	1. 类型:截止阀 2. 规格:DN25 3. 连接方式:螺纹连接	个	5	50.86	254.3	
12	031003001004	螺纹阀门	1. 类型:截止阀 2. 规格:DN20 3. 连接方式:螺纹连接	个	8	40.08	320.64	
13	031003001005	螺纹阀门		个	10	102.72	1 027.2	
14	031003003001	焊接法兰阀门		个	1	410.53	410.53	
15	031003013001	水表	[项目特征] 1. 安装部位(室内外):室内 2. 型号、规格:DN100 3. 连接形式:法兰连接 4. 附件配置:蝶阀1个 [工程内容] 1. 组装	组	1	1 250.92	1 250.92	
16	031002003001	套管	[项目特征] 1. 名称、类型:钢套管、一般型 2. 材质:钢 3. 规格:DN125 [工程内容] 1. 制作 2. 安装 3. 除锈、刷油	个	4	81.88	327.52	

（续表）

序号	项目编码	项目名称	项目特征	计量单位	工程量	金额（元）		
						综合单价	合价	其中:暂估价
17	031002003002	套管	1. 名称：一般钢套管 2. 材质：钢材 3. 规格：DN50 4. 系统:给水系统	个	40	23.71	948.4	
18	031001005001	铸铁管	[项目特征] 1. 安装部位:室内 2. 介质:污水 3. 材质、规格:铸铁管、DN150 4. 连接形式:柔性连接 5. 接口材料:铸铁 [工程内容] 1. 管道安装 2. 管件安装 3. 压力试验 4. 吹扫、冲洗 5. 警示带铺设	m	12.54	194.5	2 439.03	
19	031001006005	塑料管	[项目特征] 1. 安装部位:室内 2. 介质:污水 3. 材质、规格:UPVC 塑料排水管 DN150 4. 连接形式:粘接 5. 阻火圈设计要求:满足规范及设计要求 [工程内容] 1. 管道安装 2. 管件安装 3. 塑料卡固定 4. 阻火圈安装 5. 压力试验 6. 吹扫、冲洗 7. 警示带铺设	m	29.2	85.26	2 489.59	
20	031001006006	塑料管	1. 安装部位:室内 2. 介质:污水 3. 材质、规格:UPVC 塑料管 DN100 4. 连接形式:承插连接	m	149.63	54.9	8 214.69	

（续表）

序 号	项目编码	项目名称	项目特征	计量单位	工程量	金额（元）		
						综合单价	合价	其中:暂估价
21	031001006007	塑料管	1. 安装部位:室内 2. 介质:污水 3. 材质、规格:UP-VC 塑料管 DN75 4. 连接形式:承插连接	m	5.6	39.34	220.3	
22	031001006008	塑料管	1. 安装部位:室内 2. 介质:污水 3. 材质、规格:UP-VC 塑料管 DN50 4. 连接形式:承插连接	m	16.4	24.63	403.93	
23	031001006009	塑料管	[项目特征] 1. 安装部位:室内 2. 介质:污水 3. 材质、规格:硬聚氯乙烯螺旋管DN150 4. 连接形式:螺母挤压密封圈连接 5. 阻火圈设计要求:满足规范及设计要求 [工程内容] 1. 管道安装 2. 管件安装 3. 塑料卡固定 4. 阻火圈安装 5. 压力试验 6. 吹扫、冲洗 7. 警示带铺设	m	36.6	86.89	3 180.17	
24	031002003003	套管	1. 名称:刚性防水套管 2. 材质:焊接钢管 3. 规格:DN150 4. 系统:污水系统	个	2	377.54	755.08	
25	031002003004	套管	1. 名称:刚性防水套管 2. 材质:焊接钢管 3. 规格:DN100 4. 系统:污水系统	个	2	312.85	625.7	
26	031002003005	套管	1. 名称:一般钢套管 2. 材质:钢材 3. 规格:DN200 4. 系统:污水系统	个	8	121.43	971.44	

（续表）

序号	项目编码	项目名称	项目特征	计量单位	工程量	金额（元）		
						综合单价	合价	其中:暂估价
27	031002003006	套管	1. 名称:一般钢套管 2. 材质:钢材 3. 规格:DN150 4. 系统:污水系统	个	8	84.45	675.6	
28	031001006010	塑料管	1. 安装部位:室内 2. 介质:雨水 3. 材质、规格:UPVC 塑料管 DN50 4. 连接形式:承插连接	m	63.18	11.99	757.53	
29	031001006011	塑料管	1. 安装部位:室内 2. 介质:雨水 3. 材质、规格:UPVC 塑料管 DN75 4. 连接形式:承插连接	m	121.14	18.09	2 191.42	
30	031001006012	塑料管	1. 安装部位:室内 2. 介质:雨水 3. 材质、规格:螺旋降噪管 DN100 4. 连接形式:承插连接	m	280.5	34.89	9 786.65	
31	031002003007	套管	1. 名称:一般钢套管 2. 材质:钢材 3. 规格:DN125 4. 系统:雨水系统	个	15	81.88	1 228.2	
32	031001006013	塑料管	1. 安装部位:室内 2. 介质:空调冷凝水 3. 材质、规格:UPVC 塑料管 DN50 4. 连接形式:承插连接	m	55.77	19.78	1 103.13	
33	031002003008	套管	1. 名称:一般钢套管 2. 材质:钢材 3. 规格:DN80 4. 系统:空调冷凝水系统	个	76	44.16	3 356.16	

（续表）

序　号	项目编码	项目名称	项目特征	计量单位	工程量	金额（元）		
						综合单价	合价	其中:暂估价
34	031004003001	洗脸盆	［项目特征］ 1. 材质:陶瓷 2. 规格、类型:台上盆 3. 附件名称、数量:存水弯、角阀、水箱及高压管各1个 ［工程内容］ 1. 器具安装 2. 附件安装	组	24	666.59	15 998.16	
35	031004006001	蹲式大便器	［项目特征］ 1. 材质:陶瓷 2. 规格、类型:蹲便器 3. 附件名称、数量:存水弯、角阀、水箱及高压管各1个 ［工程内容］ 1. 器具安装 2. 附件安装	组	52	451.78	23 492.56	
36	031004008001	其他成品卫生器具		组	40	309.63	12 385.2	
37	031004014001	给、排水附（配）件		个	48	67.73	3 251.04	
38	031004014002	给、排水附（配）件		个	8	30.49	243.92	
39	031004015001	小便槽冲洗管	［项目特征］ 1. 材质:PPR 塑料给水管 2. 规格:DN20 ［工程内容］ 1. 制作 2. 安装	m	3.7	81.38	301.11	
40	031201001001	管道刷油		m²	13.75	8.91	122.51	
	合　计						143 533.57	

表-09-1

施工技术措施项目清单计价表

工程名称:给排水工程

序号	项目编码	项目名称	项目特征	计量单位	工程量	金额(元)		
						综合单价	合价	其中:暂估价
	一	施工技术措施项目					852.82	
1	031301017001	脚手架搭拆		项	1	852.82	852.82	
	本页小计						852.82	
	合计						852.82	

表-09-2

分部分项工程项目综合单价分析表(举例)

工程名称：给排水工程

第 1 页　共 88 页

项目编码	031001006001	项目名称		塑料管												计量单位	m	综合单价	35.86

定额编号	定额项目名称	数量		基价直接工程费						管理费		利润		未计价材料费		风险费用	人材机价差	综合单价	合价
		单位	数量	基价人工费		基价材料费 定额材料费	基价机械费		小计	费率(%)	金额	费率(%)	金额						
				定额基价人工费	定额人工单价(基价)调整	定额材料费	定额基价机械费	定额机上人工单价(基价)调整											
CH0196	室内管道 塑料给水管(热熔连接)公称直径(mm以内)32	10 m	14.84	562.06	781.22	960.76	4.6		2 308.64	61.64	346.47	49	272.57	1 380		16.92	84.88		4 409.71
CH0444	管道消毒、冲洗 公称直径(mm以内)50	100 m	1.48	20.52	28.52	15.06			64.1	61.64	12.64	49	9.96			0.61	17.82		105.13
CH0450	管道压力试验 公称直径(mm以内)100	100 m	1.48	182.76	254.04	96.14	20.85	11.31	565.1	61.64	112.65	49	88.64			5.49	33.54		805.42
合　计				765.34	1 063.78	1 071.96	25.45	11.31	2 937.84	—	471.76	—	371.17	1 380		23.02	136.24		5 320.26

人工、材料、机械明细表

人工、材料及机械名称	单位	数量	基价单价	基价合价	市场单价	市场合价	备注
1. 人工							
安装综合工日	工日	20.075 8	28	562.12	71	1425.38	
安装综合工日	工日	7.260 2	28	203.29	71	515.47	

注:1. 此表适用于装饰、安装、市政安装、城市轨道交通安装、人工土石方、园林绿化工程分部分项工程或技术措施项目清单综合单价分析。
2. 此表适用于基价直接人工费为计算基础的工程使用。
3. 定额人工单价(基价)调整=定额基价人工费×[定额基价人工单价(基价)调整系数-1]。定额机上人工单价(基价)调整=定额机上人工单价(基价)调整×[定额基价机械费×定额基价人工单价(基价)调整系数-1],定额项目、编号等。投标报价如不使用本市定额为报价的依据,可不填定额项目、编号等。
4. 定额人工单价调整=定额基价人工费×调整系数按有关文件规定执行。
5. 招标文件提供了暂估单价的材料,按暂估价填入表内,并在备注栏中注明为"暂估价"。
6. 材料应注明名称、规格、型号。

表-09-2

施工技术措施项目综合单价分析表(一)

工程名称:给排水工程

项目编码	033101017001	项目名称		计量单位	项	综合单价	852.82	合价	852.82

定额编号	定额项目名称	单位	数量	基价人工费		基价直接工程费	脚手架搭拆 基价机械费		小计	管理费		利润		未计价材料费	风险费用	人材机价差	合价
				定额基价人工费	定额人工单价(基价)调整	定额基价材料费	定额基价机械费	定额机上人工单价(基价)调整		费率(%)	金额	费率(%)	金额				
BM120	脚手架搭拆费(给排水、燃气工程)	元	1	126.89	176.38	380.68			683.95	61.64	78.21	49	61.54		3.81		827.51
BM155	脚手架搭拆费(工业管道安装工程)	元	1	3.5	4.87	10.5			18.87	61.64	2.16	49	1.7		0.11		22.84
BM123	脚手架搭拆刷油(防腐蚀、绝热工程)	元	1	0.38	0.53	1.14			2.05	61.64	0.23	49	0.18		0.01		2.47
合　计				130.77	181.78	392.32			704.87		80.6		63.42		3.93		852.82

人工、材料、机械明细表

人工、材料及机械名称	单位	数量	市场单价	市场合价	基价单价	基价合价	备注
1. 人工							
人工费调整	元	130.775 7	1	130.78	1	130.78	
2. 材料							
(1) 未计价材料							
(2) 辅助材料							

注:1. 此表适用于装饰、安装、市政安装、城市轨道交通安装、人工土石方、园林绿化工程安装、人工土石方、园林绿化工程分部分项工程或技术措施项目清单综合单价分析。
2. 此表适用于基价中直接人工费、人工费为计算基础的工程使用。
3. 定额人工单价(基价)调整=定额基价人工费×定额人工调整系数,定额人工单价(基价)调整=定额基价人工费×[定额人工单价(基价)调整系数-1],定额机上人工单价(基价)调整=定额基价机械费×[定额机上人工单价(基价)调整系数-1]。
4. 投标报价如不使用本市建设工程主管部门发布的有关文件规定执行。
5. 招标文件提供了暂估价的材料,按暂估价的单价填入上表内,并在备注栏中注明为"暂估价"。
6. 材料应注明名称、规格、型号。

施工技术措施项目综合单价分析表(二)

工程名称:给排水工程

材料费调整	元	392.326 9	1	392.33	1	392.33		
(3) 其他材料费								
3. 机械								
机械费调整	元		1		1			

表-10

施工组织措施项目清单计价表

工程名称:给排水工程　　　　　标段:某小学教学楼扩建工程　　　　　第1页　共1页

序号	项目编码	项目名称	计算基础	费率（%）	金额（元）	调整费率（%）	调整后金额(元)	备注
1	031302001001	安全文明施工费	分部分项人工费＋技术措施人工价差_预算＋技术措施人工费＋人工价差_预算	19.11	5 050.23			
2	031302002001	夜间施工	分部分项人工费＋技术措施人工费	8.6	903.06			
3	031302003001	非夜间施工照明	分部分项人工费＋技术措施人工费	0				
4	031302004001	二次搬运	分部分项人工费＋技术措施人工费	0				
5	031302005001	冬雨季施工	分部分项人工费＋技术措施人工费	6.75	708.8			
6	031302006001	已完工程及设备保护	分部分项人工费＋技术措施人工费	5	525.04			
7	031302B03001	工程定位复测、点交及场地清理费	分部分项人工费＋技术措施人工费	4	420.03			
8	031302B04001	材料检验试验	分部分项人工费＋技术措施人工费	1	105.01			
9	031302B05001	建设工程竣工档案编制费	分部分项人工费＋技术措施人工费	2.53	265.67			
合　计					7 977.84			

注:1. 计算基础和费用标准按本市有关费用定额或文件执行。
　　2. 根据施工方案计算的措施费,可不填写"计算基础"和"费率"的数值,只填写"金额"数值,但应在备注栏说明施工方案出处或计算方法。
　　3. 特殊检验试验费用编制招标控制价时按估算金额列入,结算时按实调整。

表-11

其他项目清单计价汇总表

工程名称:给排水工程　　　　　　标段:某小学教学楼扩建工程　　　　　第1页　共1页

序 号	项目名称	计量单位	金额(元)	备注
1	暂列金额	项		明细详见表-11-1
2	暂估价	项		
2.1	材料(工程设备)暂估价	项		明细详见表-11-2
2.2	专业工程暂估价	项		明细详见表-11-3
3	计日工	项		明细详见表-11-4
4	总承包服务费	项		明细详见表-11-5
5	索赔与现场签证	项		明细详见表-11-6
	合 计		0	—

注:材料、设备暂估单价进入清单项目综合单价,此处不汇总。

表-11-1

暂列金额明细表

工程名称:给排水工程　　　　　　　标段:某小学教学楼扩建工程　　　　　　第1页　共1页

序　号	项目名称	计量单位	暂定金额(元)	备注
1				
合计				—

注:此表由招标人填写,如不能详列,也可只列暂列金额总额,投标人应将上述暂列金额计入投标总价中。

表-11-2

材料(工程设备)暂估单价及调整表

工程名称:给排水工程　　　　　　　　标段:某小学教学楼扩建工程　　　　　　　　第1页　共1页

序号	材料(工程设备)名称、规格、型号	计量单位	数量		暂估价(元)		调整价(元)		差额±(元)		备注
			暂估数量	实际数量	单价	合价	单价	合价	单价	合价	

注:1. 此表由招标人填写"暂估单价",并在备注栏说明暂估价的材料、工程设备拟用在那些清单项目上,投标人应将上述材料、工程设备暂估单价计入工程量清单综合单价报价中。
　　2. 材料包括原材料、燃料、构配件以及按规定应计入建筑安装工程造价的设备。

表-11-3

专业工程暂估价及结算价表

工程名称:给排水工程　　　　　　标段:某小学教学楼扩建工程　　　　　　第1页　共1页

序号	工程名称	工程内容	暂估金额(元)	结算金额(元)	差额±(元)	备注
1						
合计			0			—

注:此表由招标人填写,投标人应将上述专业工程暂估价计入投标总价中。结算时按合同约定结算金额填写。

表-11-4

计日工表

工程名称:给排水工程　　　　　　标段:某小学教学楼扩建工程　　　　　　第1页　共1页

编号	项目名称	单位	暂定数量	实际数量	综合单价（元）	合价（元）	
						暂定	实际
1	人工						
1.1							
	小计		—		—		
2	材料						
2.1							
	小计		—		—		
3	机械						
3.1							
	小计		—		—		
	合计						

注:此表项目名称、暂定数量由招标人填写,编制招标控制价时,单价由招标人按有关计价规定确定;投标时,单价由投标人自助报价,按暂定数量计算核价计入投标总价中。结算时,按发承包双方确认的实际数量计算合价。

表-11-5

总承包服务费计价表

工程名称:给排水工程　　　　　标段:某小学教学楼扩建工程　　　　　第1页　共1页

序号	项目名称	项目价值(元)	服务内容	计算基础	费率(%)	金额(元)
1						
	合计					

注:此表项目名称、服务内容由招标人填写,编制招标控制价时,费率及金额由招标人按有关计价规定确定;投标时,费率及金额由投标人自主报价,计入投标总价中。

表- 11 - 6

索赔及现场签证计价汇总表

工程名称:给排水工程　　　　　　标段:某小学教学楼扩建工程　　　　　第1页　共1页

序号	签证及索赔项目	计量单位	数量	单价(元)	合价(元)	签证及索赔依据
1						
	本页小计					—
	合计					—

注:此表项目名称、暂定数量由招标人填写,编制招标控制价时,单价由招标人按有关计价规定确定;投标时,单价由投标人自助报价,按暂定数量计算合价计入投标总价中。结算时,按发承包双方确认的实际数量计算合价。

表-12

规费、税金项目计价表

工程名称:给排水工程   标段:某小学教学楼扩建工程   第1页 共1页

序 号	项目名称	计算基础	费率(%)	金额(元)
1	规费	社会保险费及住房公积金＋工程排污费		2 678.56
1.1	社会保险费及住房公积金	分部分项工程量清单中的基价人工费＋施工技术措施项目清单中的基价人工费	25.83	2 678.56
1.2	工程排污费			
2	税金	分部分项工程＋措施项目＋其他项目＋规费	3.48	5 395.49
	合 计			8 074.05

表-13

发包人提供材料和工程设备一览表

工程名称:给排水工程　　　　　　标段:某小学教学楼扩建工程　　　　　　第 1 页　共 1 页

序号	名称、规格、型号	单位	数量	单价(元)	交货方式	送达地点	备注

注:此表由招标人填写,供投标人在投标报价、确定总承包服务费时参考。

表- 14

承包人提供主要材料和工程设备一览表
（适用于价格指数差额调整法）

工程名称:给排水工程　　　　　　标段:某小学教学楼扩建工程　　　　　第 1 页　共 1 页

序号	名称、规格、型号	变值权重 B	基本价格指数 F0	现行价格指数 F1	备注
定值权重 A			—	—	
合计		1	—	—	

注:1. "名称、规格、型号"、"基本价格指数"由招标人填写,基本价格指数应首先采用工程造价管理机构发布的价格指数,没有时,可采用发布的价格代替,如人工、机械费也采用本法调整,由招标人在"名称"栏填写。
2. "变值权重"由投标人根据该项人工 、机械费和材料设备价值在投标总报价中所占的比例填写,1 减去其比例为定值权重。
3. "现行价格指数"按约定的付款证书相关周期最后一天的前 42 天的各项价格指数填写,该指数应首先采用工程造价管理机构发布的价格指数,没有时,可采用发布的价格代替。

表-15

承包人提供主要材料和工程设备一览表
（适用造价信息差额调整法）

工程名称：给排水工程　　　　　　标段：某小学教学楼扩建工程　　　　　第 1 页　共 1 页

序号	名称、规格、型号	单位	数量	风险系数％	基准单价（元）	投标单价（元）	发承包人确认单价(元)	备注

注：1. 此表由招标人填写除"投标单价"栏的内容，投标人在投标时自主确定投标单价。
　　2. 基准单价应优先采用工程造价管理机构发布的单价，未发布的，通过市场调查确定其基准单价。

主要参考文献

[1] 刘钦. 建筑安装工程预算[M]. 北京:机械工业出版社,2019

[2] 管锡珺. 室内安装工程计量与计价[M]. 北京:中国电力出版社,2018

[3] 冯钢,景巧玲. 安装工程计量与计价[M]. 2版. 北京:北京大学出版社,2013

[4] 袁勇. 安装工程计量与计价[M]. 2版. 北京:中国电力出版社,2019

[5] 汪硕. 机电安装工程[M]. 北京:中国铁道出版社,2013

[6] 赵斌,陈丽萍. 建设工程技术与计量(安装工程)[M]. 北京:中国建筑工业出版社,2020

[7] 安宁,李柱凯. 安装工程材料[M]. 武汉:华中科技大学出版社,2019

[8] 宋莉,许萍. 安装工程计量与计价[M]. 南京:东南大学出版社,2017

[9] 王全杰,宋芳,黄丽华. 安装工程计量与计价实训教程[M]. 北京:化学工业出版社,2014

[10] 靳慧征,李斌. 建筑设备基础知识与识图[M]. 2版. 北京:北京大学出版社,2014

[11] 严煦世,范瑾初. 给水工程[M]. 4版. 北京:中国建筑工业出版社,1999

[12] 张自杰. 排水工程[M]. 4版. 北京:中国建筑工业出版社,2000

[13] 段春丽,黄仕元. 建筑电气[M]. 2版. 北京:机械工业出版社,2022

[14] 马誌溪. 建筑电气工程[M]. 北京:化学工业出版社,2006

[15] 吴仕丽. 建筑电气消防工程[M]. 北京:电子工业出版社,2011

[16] 龚威. 智能建筑消防系统识图[M]. 北京:中国电力出版社,2016

[17] 李建华. 制冷空调安装工程计价[M]. 北京:机械工业出版社,2012

[18] 张吉光,等. 高层建筑和地下建筑通风与防排烟[M]. 北京:中国建筑工业出版社,2005

[19] 重庆市城乡建设委员会. CQAZDE—2018 重庆市通用安装工程计价定额[S]. 重庆:重庆大学出版社,2019

[20] 中华人民共和国住房和城乡建设部,中华人民共和国国家质量监督检验检疫总局. GB 50856—2013 通用安装工程工程量计算规范. 北京:中国计划出版社,2013